21世纪高职高专新概念规划教材

电工技术基础
（第二版）

主　编　李中发　邹津海

副主编　江亚群　姜　燕　谭阳红　张晚英

中国水利水电出版社
www.waterpub.com.cn

内 容 提 要

本书系统地介绍了电工技术的基本概念、基本理论、基本方法及其在实际中的应用。全书共 10 章，主要内容包括：电路模型与电路定律，直流电阻电路分析、单向正弦电路分析、三相正弦电路分析、一阶动态电路分析、变压器、三相异步电动机、三相异步电动机的继电接触器控制、可编程控制器、电工测量。

本书充分体现了职业教育特色，集电工技术与应用为一体。全书叙述简明，概念清楚，知识架构合理，重点突出，难点不难；内容精炼，深入浅出，图文并茂，通俗易懂；每章前有学习要求，后有归纳小结；例题、习题丰富，并附有部分习题参考答案，易于教学，方便自学。

本书可作为各类职业院校非电专业电工技术课程的教材或参考书，也可供有关工程技术人员参考。

本书为授课教师和读者免费提供 PowerPoint 电子教案，教师可以根据教学需要任意修改，读者可以从中国水利水电出版社网站和万水书苑上下载，网址为：http://www.waterpub.com.cn/softdown/和 http://www.wsbookshow.com。

图书在版编目（CIP）数据

电工技术基础 / 李中发，邹津海主编. -- 2版. --
北京 : 中国水利水电出版社，2016.5（2019.12 重印）
21世纪高职高专新概念规划教材
ISBN 978-7-5170-4314-0

Ⅰ. ①电… Ⅱ. ①李… ②邹… Ⅲ. ①电工技术－高
等职业教育－教材 Ⅳ. ①TM

中国版本图书馆CIP数据核字(2016)第101959号

策划编辑：雷顺加　　　责任编辑：宋俊娥　　　封面设计：李　佳

书　　名	21 世纪高职高专新概念规划教材 **电工技术基础（第二版）**	
作　　者	主　编　李中发　邹津海 副主编　江亚群　姜　燕　谭阳红　张晚英	
出版发行	中国水利水电出版社 （北京市海淀区玉渊潭南路 1 号 D 座　100038） 网址：www.waterpub.com.cn E-mail：mchannel@263.net（万水） 　　　　sales@waterpub.com.cn 电话：（010）68367658（发行部）、82562819（万水）	
经　　售	北京科水图书销售中心（零售） 电话：（010）88383994、63202643、68545874 全国各地新华书店和相关出版物销售网点	
排　　版	北京万水电子信息有限公司	
印　　刷	三河市祥宏印务有限公司	
规　　格	170mm×227mm　16 开本　21 印张　388 千字	
版　　次	2004 年 8 月第 1 版　2004 年 8 月第 1 次印刷 2016 年 5 月第 2 版　2019 年 12 月第 2 次印刷	
印　　数	4001—5000 册	
定　　价	38.00 元	

凡购买我社图书，如有缺页、倒页、脱页的，本社发行部负责调换

第二版前言

《电工技术基础》一书自 2004 年出版以来，经各类职业院校教学使用近 10 余年，深受师生们的好评与欢迎。广大师生们普遍反映，本教材叙述简明，内容深入浅出，通俗易懂；编写思路紧扣教学要求，基本概念讲述清楚，重点突出，难点不难；对问题的讨论注重物理概念的阐述，分析清晰透彻，举例具有典型性且有工程实际观点；每章前有学习要求，后有归纳小结，例题丰富、习题配置齐全，且部分习题提供参考答案，易于教学，方便自学。

编者在本书第一版的基础上，根据多年的教学经验和对课程改革的实践尝试，听取众多使用本教材师生提出的宝贵意见和建议，结合目前电工技术的发展和应用情况，教学上的灵活性以及因材施教的需要，对教材进行了适当的修订。修订后的教材，更加切合理工科职业院校非电类专业的教学层次及教学特点，概念更加清晰、简明，读者更易于掌握电工技术的规律，提高应用能力。

本书的修订是在中国水利水电出版社的指导下完成的。主要修订人员分工如下：江亚群（第 1 章）、邹津海（第 2 章）、李中发（第 3 章）、朱彦卿（第 4 章）、黄清秀（第 5 章）、姜燕（第 6 章）、彭敏放（第 7 章）、谭阳红（第 8 章）、张晚英（第 9 章）、邓晓（第 10 章）。本书由李中发、邹津海担任主编，负责全书的组织、修改和定稿工作；江亚群、姜燕、谭阳红、张晚英担任副主编。

由于编者水平有限，书中疏漏和错误之处在所难免，恳请广大读者提出宝贵意见，以便修改。

编 者
2016 年 1 月

第一版前言

电工技术是研究电能在各个技术领域中应用的一门科学技术。电工技术的发展是和电能的应用紧密联系的。电自被发现并被应用以来，对人类社会的发展产生了极其广泛而深刻的影响。目前，电工技术应用十分广泛，并且已经渗透到国民经济、国防和日常生活的一切领域，在我国社会主义现代化建设中占有极其重要的地位。电能之所以得到这样广泛的应用，是因为与其他能源相比，电能具有便于转换、便于输送、便于控制等诸多优点。

电工技术课程是高等工业学校非电类专业的一门技术基础课，学生通过本课程的学习，能够获得电工技术必要的基本理论、基本知识和基本技能，了解电工技术的应用和发展，为学习相关后续课程以及从事与本专业有关的工程技术工作和科学研究工作打下一定的基础。

本教材与《电子技术基础》（李中发主编，中国水利水电出版社出版）作为电工学的一套教材，在章节安排和内容取舍上作了仔细协调。本书集电工技术和应用于一体，在内容和结构上对电工技术课程进行了优化整合。在本书编写过程中，作者根据自己多年的教学经验以及对课程改革的实践尝试，从时代发展、技术进步、知识结构、课程体系上进行总体考虑，力图实现以下目标：叙述简明，内容深入浅出，通俗易懂，便于教与学；内容精练，基本概念清楚，重点突出，难点不难；系统性强，使学生建立完整有序的概念；知识结构合理，为进一步学习相关后续课程和实际应用打下良好基础；理论教学与实践教学紧密结合，注重学生的智力开发和能力培养；力图反映新技术、新动向，以适应电工技术发展和变化的需要。

本教材的理论教学时数约为 60 学时，实践教学时数约为 20 学时，可根据各专业的实际情况进行适当取舍。

本书是在教育部"高职高专教育电工课程教学内容体系改革、建设的确定与实践"（项目编号Ⅲ31-1）课题组和中国水利水电出版社指导下编写完成的。参加本书编写工作的有：许新民（第 1 章），邹津海（第 2 章），胡锦（第 3 章），李中发（第 4 章、第 5 章），谢胜曙（第 6 章），方厚辉（第 7 章），陈洪云（第 8 章），江亚群（第 9 章），向阳（第 10 章），杨华、周少华参加了部分习题的选编工作，陈玉英、李珊珊、陈南放等做了本书的文字录入和图表制作工作。全书由李中发担任主编，负责全书的组织、修改和定稿工作；谢胜曙、方厚辉、胡锦担任副主编。

限于编者水平，书中疏漏在所难免，恳请广大读者提出宝贵意见。作者的 E-mail 地址为：li_zhongfa@163.net。

编 者

2004 年 6 月

目　　录

第1章 电路模型与电路定律

- 理解电压、电流的概念及参考方向的意义，电功率的概念及其计算。
- 理解并能正确应用电路元件的伏安关系。
- 了解电路的负载、开路及短路状态和额定值的意义。
- 理解并能正确应用基尔霍夫电压定律和基尔霍夫电流定律。
- 理解电位的概念，会分析计算电路中各点的电位。

电路是电工技术和电子技术的基础，是为学习电子电路、电机电路以及控制与测量电路等打基础的。

本章介绍电路的作用及组成、电路的基本物理量及其参考方向、电路基本元件的电压和电流关系（简称伏安关系）、电路的3种工作状态、电气设备的额定值、基尔霍夫电压定律和电流定律，以及电路中电位的概念及其计算。这些基本概念和基本定律是电路分析的重要基础。

1.1 电路及基本物理量

1.1.1 电路的组成与作用

1. 电路的组成

电路是为了某种需要而将某些电工设备或元件按一定方式组合起来所构成的电流通路。

不论电路结构的复杂程度如何，其组成都包括电源、负载和中间环节3个基本部分。

电源是提供电能的设备，如干电池、蓄电池、发电机等，其作用是将其他形式的能量转换为电能。此外，还有将某种形式的电能转换成另一种形式的电能的装置，通常也称为电源，如直流稳压电源就是将交流电转换为直流电，并在一定范围内保持输出电压稳定。

负载是取用电能的设备，如电灯、电炉、电动机等，其作用是将电能转换为其他形式的能量，如电灯把电能转换成光能和热能，电动机将电能转换成机械能等。

中间环节在电路中起传递、分配和控制电能的作用。最简单的中间环节是开关和连接导线，一般还有保护和测量装置。更为复杂的中间环节是各种电路元件组成的网络系统，电源接在它的输入端，负载接在它的输出端。

2. 电路的作用

电路的结构形式和所能完成的任务是多种多样的。按工作任务划分，电路的主要功能有两类。

电路的第一类功能是进行能量的转换、传输和分配，如电力系统电路，可将发电机发出的电能经过输电线传输到各个用电设备，再经用电设备转换成热能、光能、机械能等，其示意图如图 1-1（a）所示。

电路的第二类功能是实现信号的传递和处理等。输入信号称为激励（或信号源），输出信号称为响应，如扩音机电路，先由话筒把语言或音乐（通常称为信息）转换为相应的电压和电流，即电信号，通过放大和转换（称为信号的处理）后传递到扬声器，把电信号还原为语言或音乐，其示意图如图 1-1（b）所示。

更简单的电路如图 1-1（c）所示的手电筒电路。

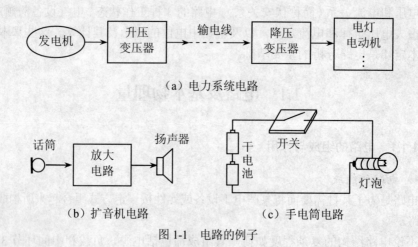

（a）电力系统电路

（b）扩音机电路　　　　　　　　（c）手电筒电路

图 1-1　电路的例子

研究电路的基本规律，首先要掌握电路中的电流、电压和功率等基本物理量。

1.1.2　电流

电流是由电荷有规则的定向运动形成的。电流是一种物理现象，又是一个表示电流强弱的物理量，在数值上等于单位时间内通过某一导体横截面的电量。

在如图 1-2 所示的导体内，设在时间 dt 内，通过导体横截面 S 的电量为 dq，则导体中的电流为：

$$i = \frac{dq}{dt}$$

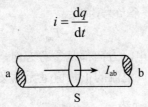

图 1-2　导体中的电流

如果电流不随时间变化，即 $\dfrac{dq}{dt}$ = 常数，则这种电流称为恒定电流，简称直流。直流电流用大写字母 I 表示，所以上式可改写为：

$$I = \frac{q}{t}$$

如果电流的大小和方向都随时间变化，则称为交变电流，简称交流。交流电流用小写字母 i 表示。

在国际单位制中，电流的单位是安培，简称安（A）。计量微小电流时，常以毫安（mA）或微安（μA）为单位，它们之间的关系为：

$$1A = 10^3 mA = 10^6 \mu A$$

习惯上把正电荷定向运动的方向（或负电荷运动的相反方向）规定为电流的实际方向，但在分析较为复杂的直流电路时，往往难于事先判断各支路中电流的实际方向；对于交流电流，其方向不断改变，在电路图中很难表示它的实际方向。为此，在分析与计算电路时，常任意选定某一方向作为电流的方向，称为正方向或参考方向，它并不一定与电流的实际方向一致。当电流的实际方向与参考方向一致时，电流为正值，如图 1-3（a）所示；当电流的实际方向与参考方向相反时，电流为负值，如图 1-3（b）所示。可见，在参考方向（正方向）选定之后，电流的值才有正负之分。

（a）电流的实际方向与参考方向一致　　　（b）电流的实际方向与参考方向相反

图 1-3　电流的实际方向与参考方向的关系

　　电流的参考方向除了用箭头表示外，还可用双下标的变量表示。如图 1-2 中的 I_{ab} 即表示参考方向由 a 指向 b 的电流。如果参考方向选定为由 b 指向 a，则为 I_{ba}。I_{ab} 和 I_{ba} 两者之间相差一个负号，即：

$$I_{ab} = -I_{ba}$$

　　今后在电路中所标注的电流方向都是参考方向，不一定是电流的实际方向。在未标定参考方向的情况下，电流的正负值毫无意义。

1.1.3　电压、电位及电动势

1. 电压与电位

　　电压是衡量电场力做功能力的物理量。如图 1-4 所示，a 和 b 是电源的两个电极，设 a 极带正电，b 极带负电，因此在两极之间产生电场，其方向从 a 指向 b。如果用导线将 a 和 b 连接起来，在电场力的作用下，正电荷将从 a 极沿导线移至 b 极（实际上是导线中的自由电子从 b 极移至 a 极，两者是等效的），这表明电场力对电荷做了功。

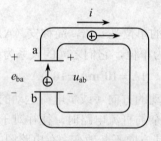

图 1-4　电压及电动势

　　为了表示电场力做功的能力，引入电压这一物理量。电场力把单位正电荷从 a 点移动到 b 点所做的功，称为 a、b 两点间的电压，用 u 表示。设电场力将正电荷 dq 从 a 点移动到 b 点所做的功为 dW，则 a、b 两点间的电压 u 为：

$$u = \frac{dW}{dq}$$

　　大小和极性都不随时间变化的电压称为恒定电压或直流电压，直流电压用大写字母 U 表示，所以上式可改写为：

$$U = \frac{W}{q}$$

　　大小和极性都随时间变化的电压称为交流电压，交流电压用小写字母 u 表示。在国际单位制中，电压的单位为伏特，简称伏（V），也可用千伏（kV）、毫伏（mV）或微伏（μV）表示。它们之间的关系为：

$$1kV = 10^3 V$$

$$1V = 10^3 mV = 10^6 μV$$

电路中某一点到参考点之间的电压，称作该点的电位。参考点也称零电位点，所以电位还可以定义为：在电路中，电场力把单位正电荷从某一点 a 移到零电位点所做的功等于该点的电位。

电路中任何一点的电位值是与参考点相比较而得出的，比其高者为正，比其低者为负。电位的单位与电压相同，用伏特（V）表示。

电路中两点间的电压也可用这两点间的电位差来表示，即：

$$U_{ab} = U_a - U_b$$

电路中任意两点间的电压是不变的，与参考点的选择无关，但电位是一个相对量，其值随参考点选择的不同而不同。

习惯上把电位降低的方向规定为电压的实际方向，用正、负号表示，也可用箭头或双下标的变量表示。

计算较复杂的电路时，电压与电流一样，实际方向较难确定，因此任意选定某一方向作为电压的参考方向，当电压实际方向与其参考方向一致时，电压为正值；当电压实际方向与其参考方向相反时，电压为负值。

电压、电流的参考方向都是任意的，彼此可互相独立假设，但为方便起见，常采用关联参考方向。关联参考方向是指假定的电压正极到负极的方向也是假定电流的流动方向，即电流与电压降参考方向一致，如图 1-5（a）所示；若电压与电流参考方向不一致，则称非关联参考方向，如图 1-5（b）所示。图中方框加两个端钮，表示任意二端元件。

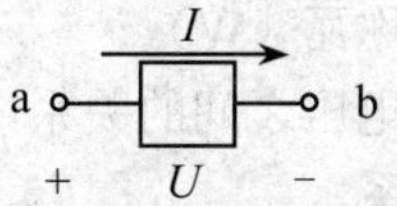

（a）关联参考方向 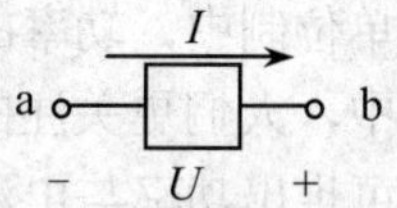　　　　　　　　（b）非关联参考方向

图 1-5　关联参考方向和非关联参考方向

当电压与电流参考方向关联时，为了简便起见，只需在电路图上标出电流参考方向或电压参考方向中的任何一种即可，如图 1-6 所示。

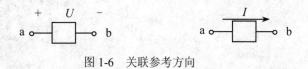

图 1-6　关联参考方向

2. 电动势

如图 1-4 所示，在电场力的作用下，正电荷从高电位端 a 沿着导线向低电位端 b 移动，电极 a 因正电荷的减少而使电位逐渐降低，电极 b 因正电荷的增多而使电位逐渐升高，其结果是 a 和 b 两电极间的电位差逐渐减小到零。与此同时，导线中的电流也会相应减小到零。

为了维持导线中的电流连续并保持恒定，必须使 a、b 间的电压保持恒定，即必须有另一种力能克服电场力而使电极 b 上的正电荷经过另一路径移向电极 a。电源就能产生这种力，称为电源力。电源力将单位正电荷由低电位端 b 经过电源内部移动到高电位端 a 所做的功，称为电源的电动势，用 e 表示。

在发电机中，电源力由原动机（内燃机、水轮机、汽轮机）提供，推动发电机转子切割磁力线产生电动势。在电池中，电源力由电极与电解液接触处的化学反应而产生。电源力克服电场力所做的功使电荷得到能量，把非电能转化为电能。

电动势的实际方向与电压实际方向相反，规定为在电源内部由低电位端指向高电位端，即电位升高的方向。

电动势的单位与电压相同，用伏特（V）表示。

1.1.4　电功率

一个电路最终的目的是要将一定的功率传送给负载，供负载将电能转换成工作时所需形式的能量。因此，电能传送和负载消耗功率是一个很重要的问题。

电场力在单位时间内所做的功称为电功率，简称功率，用 p 表示。设电场力在 dt 时间内所做的功为 dW，则功率为：

$$p = \frac{dW}{dt}$$

在国际单位制中，功率的单位为瓦特，简称瓦（W）。

在电路中，人们更关注的是功率与电流及电压之间的关系。根据电压及电流的定义式，可推出功率与电流及电压之间的关系。

设元件的电压和电流为关联参考方向，由 $u = \dfrac{dW}{dq}$ 得 $dW = udq$，所以：

$$p = \frac{dW}{dt} = u\frac{dq}{dt}$$

因为：

$$i = \frac{dq}{dt}$$

故得：

$$p = ui$$

值得注意的是，如果元件的电压和电流为非关联参考方向，则功率计算公式应为：

$$p = -ui$$

根据以上两式计算，$p > 0$ 表示元件吸收功率，起负载作用；$p < 0$ 表示元件放出功率，起电源作用。

例 1-1　计算如图 1-7 所示各元件的功率，并指出该元件是作为电源还是作为负载。

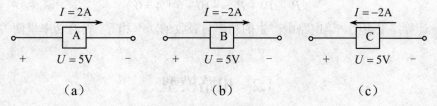

（a）　　　　　　　（b）　　　　　　　（c）

图 1-7　例 1-1 的图

解　图 1-7（a）中电流 I 与电压 U 是关联参考方向，所以：

$$P = UI = 5 \times 2 = 10 \ （\text{W}）$$

$P > 0$，说明元件 A 吸收 10W 功率，为负载。

图 1-7（b）中电流 I 与电压 U 是关联参考方向，所以：

$$P = UI = 5 \times (-2) = -10 \ （\text{W}）$$

$P < 0$，说明元件 B 产生 10W 功率，为电源。

图 1-7（c）中电流 I 与电压 U 是非关联参考方向，所以：

$$P = -UI = -5 \times (-2) = 10 \ （\text{W}）$$

$P > 0$，说明元件 C 吸收 10W 功率，为负载。

例 1-2　在如图 1-8 所示电路中，已知 $I = 1\text{A}$，$U_1 = 10\text{V}$，$U_2 = 6\text{V}$，$U_3 = 4\text{V}$。求各元件的功率，并分析电路的功率平衡关系。

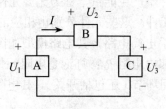

图 1-8　例 1-2 的图

解　由于元件 A 的电流与电压是非关联参考方向，所以：

$$P_1 = -U_1 I = -10 \times 1 = -10 \text{ （W）}$$

$P_1 < 0$，说明元件 A 产生 10W 功率，为电源。

由于元件 B、C 的电流与电压是关联参考方向，所以：

$$P_2 = U_2 I = 6 \times 1 = 6 \text{ （W）}$$

$$P_3 = U_3 I = 4 \times 1 = 4 \text{ （W）}$$

$P_2 > 0$，说明元件 B 吸收 6W 功率，为负载。$P_3 > 0$，说明元件 C 吸收 4W 功率，为负载。

各元件的功率之和为：

$$P_1 + P_2 + P_2 = -10 + 6 + 4 = 0$$

计算结果表明，该电路中产生的功率与吸收的功率相等，符合功率平衡关系。

1.2 电路模型

为了便于对电路进行分析计算，首先需要建立起电路模型。

1.2.1 电路模型的概念

实际电路都是由一些起不同作用的实际电路元件组成的，如发电机、变压器、电动机、电池、晶体管以及各种电阻器和电容器等。实际电路元件的电磁关系较为复杂，最简单的例子如白炽灯，白炽灯除具有消耗电能的性质（电阻性）外，当有电流通过时还会产生磁场，说明白炽灯还具有电感性。因白炽灯的电感非常微小，可以忽略不计，所以，可认为白炽灯是一个电阻元件。

为了便于对电路进行分析计算，常常将实际元件理想化（也称模型化），即在一定条件下突出元件主要的电磁性质，忽略次要因素，用一个足以表征其主要特性的理想元件近似表示。由理想电路元件组成的电路，称为电路模型。理想电路元件（此后理想两字略去）主要有电阻元件、电感元件、电容元件、理想电压源、理想电流源等。前 3 种元件不产生能量，称为无源元件，后两种元件是电路中提供能量的元件，称为有源元件。这些元件分别由相应的参数来表征。

如图 1-1（c）所示的手电筒电路，其电路模型如图 1-9 所示。干电池是电源元件，其参数为电动势 E 和内电阻 R_0；灯泡是电阻元件，其参数为电阻 R；筒体是连接干电池和灯泡的中间环节（还包括开关），其电阻忽略不计，认为是一个无电阻的理想元件。

今后所分析的都是电路模型，简称电路。电路中的各种元件用规定的图形符号表示。

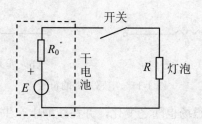

图 1-9　图 1-1（c）所示电路的电路模型

元件有线性和非线性之分，线性元件的参数是常数，与所施加的电压和电流无关。非线性元件的参数不是常数，随着电压或电流变动。

1.2.2　理想电路元件

1. 电阻元件

电阻元件是反映消耗电能这一物理现象的电路元件，符号如图 1-10 所示。在电压、电流为关联参考方向时，如图 1-10（a）所示，线性电阻元件的电压与电流成正比，即：

$$U = IR$$

这个关系称为欧姆定律，比例常数 R 称为电阻，是表征电阻元件特性的参数。当电压的单位为 V，电流的单位为 A 时，电阻的单位为欧姆，简称欧（Ω）。

如果电阻元件的电压、电流为非关联参考方向时，如图 1-10（b）所示，欧姆定律改写为：

$$u = -iR$$

电阻元件的功率为：

$$p = ui = Ri^2 = \frac{u^2}{R}$$

可见电阻元件总是消耗电能的。

　　（a）关联参考方向　　　　　　　　（b）非关联参考方向

图 1-10　电阻元件的符号

2. 电感元件

将导线绕成螺旋状或绕在铁心或磁心上，就构成了常用的电感器，当线圈中有电流流过时，会在线圈内部产生磁场。电感元件是反映电流产生磁场、存储磁场能量这一物理现象的电路元件，符号如图 1-11 所示。

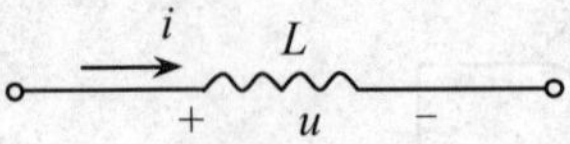

（a）关联参考方向 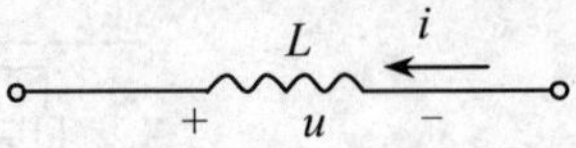　　　　　　（b）非关联参考方向

图 1-11　电感元件的符号

当电流 i 变化时，磁场也随之变化，并在线圈中产生自感电动势 e_L。根据法拉第电磁感应定律，当电压、电流为关联参考方向时，如图 1-11（a）所示，自感电动势为：

$$e_L = -L\frac{\mathrm{d}i}{\mathrm{d}t}$$

所以，电感两端的电压为：

$$u = -e_L = L\frac{\mathrm{d}i}{\mathrm{d}t}$$

比例常数 L 称为电感，是表征电感元件特性的参数。当电压的单位为 V，电流的单位为 A 时，电感的单位为亨利，简称亨（H）。

上式表明，电感两端的电压与流过电感的电流对时间的变化率成正比。也就是说，电感元件任一瞬间电压的大小并不取决于这一瞬间电流的大小，而是与这一瞬间电流的变化率成正比。电感电流变化越快，电压越大；电感电流变化越慢，电压越小。在直流电路中，电感元件虽有电流，但电流不变，故电压为零，这时电感元件相当于短路。

由于电感电压取决于电感电流的变化率，即电流只有在动态情况下才能在电感两端产生电压，故电感元件称为动态元件。

如果电感元件的电压、电流为非关联参考方向，如图 1-11（b）所示，其伏安关系为：

$$u = -L\frac{\mathrm{d}i}{\mathrm{d}t}$$

设 $t = 0$ 时流过电感的电流为零，则在任意时刻 t，电感元件中存储的磁场能量为：

$$W_L = \int_0^t p\mathrm{d}t = \int_0^t ui\mathrm{d}t = \int_0^t L\frac{\mathrm{d}i}{\mathrm{d}t}i\mathrm{d}t = \int_0^i Li\mathrm{d}i = \frac{1}{2}Li^2$$

3. 电容元件

相互绝缘且靠近的两块金属极板就构成了常用的电容器。当在电容器两端加电压时，两块极板上将出现等量的异性电荷，并在两极板间形成电场。电容元件就是反映电荷产生电场、存储电场能量这一物理现象的电路元件，符号如图 1-12所示。

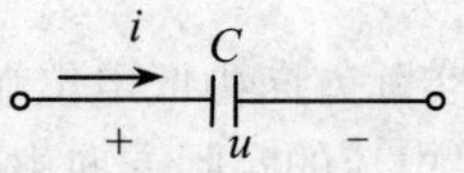

（a）关联参考方向 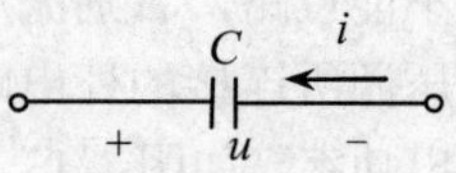　　　　　　　（b）非关联参考方向

图 1-12　电容元件的符号

电容器极板上的电量 q 与外加电压 u 成正比，即：

$$q = Cu$$

比例常数 C 称为电容，是表征电容元件特性的参数。当电压的单位为 V，电量的单位为库仑（C）时，电容的单位为法拉（F）。

当电容上的电压 u 和电流 i 为关联参考方向时，如图 1-12（a）所示，两者的关系为：

$$i = \frac{\mathrm{d}q}{\mathrm{d}t} = C\frac{\mathrm{d}u}{\mathrm{d}t}$$

上式表明，流过电容的电流与电容两端电压对时间的变化率成正比。也就是说，电容元件任一瞬间电流的大小并不取决于这一瞬间电压的大小，而是取决于这一瞬间电压变化率的大小。电容电压变化越快，电流越大；电容电压变化越慢，电流越小。在直流电路中，电容元件上虽然有电压，但电压不变化，故电流为零，这时电容元件相当于开路。

由于电容电流取决于电容电压的变化率，即电压只有在动态情况下才能有电容电流，故电容元件也称为动态元件。

如果电容元件的电压、电流为非关联参考方向，如图 1-12（b）所示，其伏安关系为：

$$i = -C\frac{\mathrm{d}u}{\mathrm{d}t}$$

设 $t = 0$ 时电容两端的电压为零，则在任意时刻 t，电容元件中存储的电场能量为：

$$W_{\mathrm{C}} = \int_0^t p\mathrm{d}t = \int_0^t ui\mathrm{d}t = \int_0^t C\frac{\mathrm{d}u}{\mathrm{d}t}u\mathrm{d}t = \int_0^u Cu\mathrm{d}u = \frac{1}{2}Cu^2$$

4. 理想电压源

理想电压源是一种能产生并能维持一定输出电压的理想电源元件，又称恒压源。恒压源的符号如图 1-13（a）所示，其中 u_{S} 为恒压源的电压。

恒压源的电压 u_{S} 为确定的时间函数，与流过的电流无关。如果恒压源的电压是定值 U_{S}，则称为直流恒压源。直流恒压源也可用如图 1-13（c）所示的符号表示，如图 1-13（d）所示是直流恒压源的电压电流关系曲线（简称伏安特性曲线）。

恒压源不能短路，否则流过的电流为无限大。

根据恒压源所连接的外电路，如果电流的实际方向由低电位端流向高电位端，则恒压源发出功率，如图 1-13（a）所示。如果电流的实际方向由高电位端流向低电位端，则恒压源吸收功率，如图 1-13（b）所示，这时恒压源是电路的负载，如蓄电池被充电。

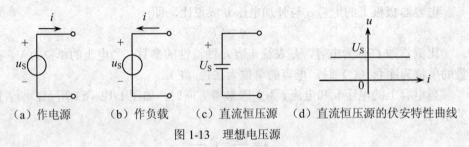

（a）作电源　　　　（b）作负载　　　　（c）直流恒压源　　（d）直流恒压源的伏安特性曲线

图 1-13　理想电压源

恒压源中的电流可为任意值，其值由外电路决定。

5. 理想电流源

理想电流源是一种能产生并能维持一定输出电流的理想电源元件，又称恒流源。恒流源的符号如图 1-14（a）所示，其中 i_S 为恒流源的电流。

恒流源的电流 i_S 为确定的时间函数，与两端的电压无关。如果恒流源的电流是定值 I_S，则称之为直流恒流源，如图 1-14（c）所示是直流恒流源的伏安特性曲线。

恒流源不能开路，否则其两端的电压为无限大。

根据恒流源所连接的外电路，若恒流源两端电压的实际方向与电流方向相反，则恒流源发出功率，如图 1-14（a）所示。若恒流源两端电压的实际方向与电流方向相同，则恒流源吸收功率，如图 1-14（b）所示，这时恒流源是电路的负载。

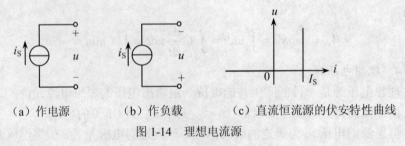

（a）作电源　　　　（b）作负载　　　　（c）直流恒流源的伏安特性曲线

图 1-14　理想电流源

恒流源两端的电压可为任意值，其值由外电路决定。

1.2.3　实际电源的两种模型

1．电压源

理想电压源实际上是不存在的，电源内部总是存在一定电阻，称之为内阻，用 R_0 表示。以电池为例，当电池两端接上负载并有电流通过时，内阻就会有能量损耗，电流越大，损耗越大，输出端电压就越低，因此电池不具有恒压输出的特性。由此可见，实际电压源可以用一个恒压源 U_S 和内阻 R_0 串联的电路模型来表示，如图 1-15（a）所示虚线框内的电路。图中 R_L 为负载，即电源的外电路。

分析该电路的功率平衡情况，有：

$$U_S I = UI + I^2 R_0$$

从而得电压源的伏安关系为：

$$U_S = U + IR_0$$

上式说明，实际电压源端电压 U 低于恒压源的电压 U_S，其原因是存在内阻压降 IR_0。如图 1-15（b）所示为实际直流电压源的伏安特性曲线。由上式或伏安特性曲线可以看出，IR_0 越小，其特性越接近恒压源。工程中常用的稳压电源及大型电网工作时，输出电压基本不随外电路变化，在一定范围内可近似看作恒压源。

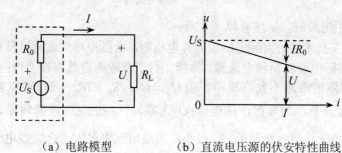

（a）电路模型　　　　　（b）直流电压源的伏安特性曲线

图 1-15　实际电压源

2．电流源

理想电流源实际上也是不存在的，由于内电阻的存在，电流源的电流并不能全部输出，有一部分将在内部分流。实际电流源可用一个恒流源 I_S 与内电阻 R_0' 并联的电路模型来表示，如图 1-16（a）所示虚线框内的电路表示一个实际电流源的电路模型。

分析该电路的功率平衡情况，有：

$$UI_S = UI + \frac{U^2}{R_0'}$$

从而得电流源的伏安关系为：

$$I_S = I + \frac{U}{R_0'}$$

显然，实际电流源输出到外电路的电流 I 小于恒流源电流 I_S，其原因是内电阻 R_0' 上产生分流 $I_0 = \frac{U}{R_0'}$。如图 1-16（b）所示是实际直流电流源的伏安特性曲线，实际电流源的内阻 R_0' 越大，内部分流越小，其特性就越接近恒流源。晶体管稳流电源及光电池等器件在一定范围内可近似看作恒流源。

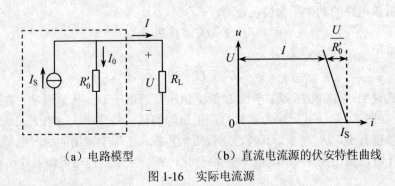

（a）电路模型　　　　　　　（b）直流电流源的伏安特性曲线

图 1-16　实际电流源

实际使用电源时，应注意以下 3 点：

（1）电工技术中，实际电压源简称电压源，常指相对负载而言具有较小内阻的电压源；实际电流源简称电流源，常指相对于负载而言具有较大内阻的电流源。

（2）实际电压源不允许短路。由 $U_S = U + IR_0 = IR_L + IR_0$ 可以看出，当负载电阻 R_L 很小甚至为零时，端电压 U 为零，这种情况叫电源短路。短路电流 $I_{SC} = \frac{U_S}{R_0}$，由于一般电压源的 R_0 很小，短路电流将很大，会烧毁电源，这是不允许的。平时，实际电压源不使用时应开路放置，因电流为零，不消耗电源的电能。

（3）实际电流源不允许开路处于空载状态。由式 $I_S = I + \frac{U}{R_0'}$ 可以看出，负载电流 I 愈小，内阻上电流 $(I_S - I)$ 就愈大，内部损耗 $(I_S - I)^2 R_0'$ 就愈大，所以不应使实际电流源处于空载状态。空载时，电源内阻把电流源的能量消耗掉，而电源对外没送出电能。平时，实际电流源不使用时应短路放置，因实际电流源的内阻 R_0' 一般都很大，电流源被短路后，通过内阻的电流很小，损耗很小，而外电路上短路后电压为零，不消耗电能。

1.3　电气设备的额定值及电路的工作状态

1.3.1　电气设备的额定值

任何电气设备都有一个标准规格，在电工术语中称为额定值，例如一盏白炽灯的规格有 220V、60W 或 220V、40W，电动机的规格为 380V、10kW 等。

每一种电气设备的额定值可以有好几项，不同的设备除了有它自己的特殊要求外，所有电气设备都规定了额定电压与额定电流或额定功率。

1. 额定电压

电气设备的绝缘材料并不是绝对不导电的，如果作用在绝缘材料上的电压过高，绝缘材料就会因承受太大的电场强度而被击穿。所谓击穿，就是指绝缘材料丧失了绝缘性能而变成了导体。为了保证电气设备的正常运行，通常规定一个设备正常使用所施加的电压数值，此值称为该电气设备的额定电压，用 U_N 表示。

2. 额定电流和额定功率

电气设备在额定电压下运行时，由于导体有电阻，所以有电流通过时导体要发热，电气设备的温度会升高。如果电流过大，使电气设备温度过高，绝缘材料会因过热而损坏。为了保证电气设备的正常运行，通常规定一个设备正常使用所施加的电流数值，此值称为该电气设备的额定电流，用 I_N 表示。电气设备在额定电流和额定电压下工作，其相应的功率叫额定功率，用 P_N 表示。对电阻性负载而言，$P_N = I_N U_N$。电动机、变压器等设备的额定电流、额定电压和额定功率常标在铭牌上，也可从产品目录中查得。

不同电气设备所标的额定值有所不同，电阻器通常都标明额定电阻与额定电流或额定功率。例如，变阻器标明的额定电阻与额定电流有 300Ω、1A；75Ω、3A 等等；电子线路中所用电阻器都标明额定电阻与额定功率（100Ω、$\frac{1}{2}$ W；2kΩ、$\frac{1}{8}$ W 等）；白炽灯、电烙铁等电气设备利用电流的热效应，这类设备的额定值主要为额定电压和额定功率。金属导体本身虽不是电气设备，但在输送电流时也要发热，因此规定了安全载流量。任何电气设备在使用时，都不应该超过它的额定值。电气设备工作在额定情况下称为额定工作状态。

必须注意的是，电气设备或元件的电压、电流和功率的实际值不一定等于它们的额定值。原因有二，一个是受外界影响，例如，电源额定电压为 220V，但电源电压经常波动，稍低于或稍高于 220V。这样，额定值为 220V、40W 的电灯上所加的电压不是 220V，实际功率也就不是 40W 了。另一原因是在一定电压下电源输出的功率和电流取决于负载的大小，负载需要多少功率和电流，电源就给多少，所以电源通常不一定处于额定工作状态，但是一般不应超过额定值。对于电动机也是这样，它的实际功率和电流也取决于它轴上所带机械负载的大小，通常也不一定处于额定工作状态。

1.3.2　电路的工作状态

电路可以处于下面几种状态中的某一状态：负载状态、开路（空载）状态和短路状态。现在分别讨论每一种状态的特点。

1. 负载状态

如图 1-17 所示为直流电源对负载（用电器）供电的电路。将开关 S 合上时，电路接通，有电流通过负载 R，这种状态称为负载状态，此时电源输出的电流 I 取决于外电路中并联的用电器的数量。为能在额定电压下工作，用电器之间一般采用并联连接。由欧姆定律可得电路中的电流：

$$I = \frac{U_S}{R_0 + R}$$

式中，R 是全部用电器的等效电阻。电路中所接的用电器常常是变动的，当并联的用电器增多时，其等效电阻 R 减小，而电源 U_S 通常为一恒定值，且内阻 R_0 很小，电源的端电压 U 变化很小，这时电源输出电流和功率将随之增大，这种情况称为电路的负载增大。反之，当并联的用电器减少时，其等效电阻增大，电源输出电流和功率将随之减小，这种情况称为电路的负载减小。

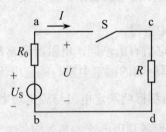

图 1-17　电路的工作状态

当电源输出的电流和电压均为额定值时，电源达到额定工作状态，或称为满载状态。一般而言，电气设备在额定工作状态时是最经济合理和安全可靠的，并能保证电气设备有一定的使用寿命。若继续增加负载，电源输出的电流将超过额定值，这时称为过载。电气设备在短时间内少量的过载，因温度的升高需要一段时间，并不会立即导致电气设备损坏，但是过载时间过长，温度超过了它的最高工作温度，就会大大缩短使用寿命，严重情况下，甚至会使电气设备很快烧毁。

负载两端的电压为：

$$U = IR$$

在忽略导线的电阻时，电源输出的电压就等于负载两端的电压。

由以上两式得：

$$U = U_S - IR_0$$

由此可见，电源端电压小于电动势，两者之差等于电流通过电源内阻所产生的压降 IR_0。内阻压降与负载电流的大小有关，电流愈大，电压降 IR_0 也愈大。

将上式中的各项乘以电流 I，得到功率平衡式：

$$UI = U_S I - I^2 R_0$$

即：

$$P = P_E - \Delta P$$

式中　　$P_E = U_S I$ ——电源产生的功率；

　　　　$\Delta P = I^2 R_0$ ——电源内阻上损耗的功率；

　　　　$P = UI$ ——电源输出的功率。

根据上面的分析可知，在负载状态下，电源的输出功率和电流取决于负载的大小，并且，电源产生的功率等于负载消耗的功率与电源内阻上损耗的功率之和，符合能量守恒定律。

2. 开路（空载）状态

在如图 1-17 所示电路中，当开关 S 断开时，电路处于开路（空载）状态。

由于开路时电路未构成闭合回路，电路中的电流为零，负载两端的电压也为零，负载不消耗功率，这时电源的端电压在数值上等于电动势，称为开路电压或空载电压，用 U_{OC} 表示。由于电路的电流为零，故电路不输出功率。

由上所述，开路时电路的主要特征可归纳为：

$$\left.\begin{array}{l} I = 0 \\ U = U_{OC} = U_S \\ P = 0 \end{array}\right\}$$

3. 短路状态

在如图 1-17 所示电路中，当电源的两端 a 和 b 由于某种原因而直接接通，即外电路电阻等于零，称电源被短路，如图 1-18 所示。这时电流仅由内阻 R_0 限制，在 R_0 很小的情况下，电流会达到很大的数值，这个电流称为短路电流，用 I_{SC} 表示。

电源短路时，由于外电路的电阻为零，所以电源的端电压也为零，电源的电动势全部降落在内电阻上。

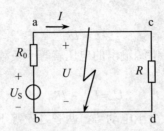

图 1-18　电路的短路状态

由上所述，电源短路时的特征可归纳为：

$$\left.\begin{array}{l} U = 0 \\[2mm] I = I_{SC} = \dfrac{U_S}{R_0} \\[4mm] P = 0 \\[2mm] P_E = \Delta P = I^2 R_0 \end{array}\right\}$$

短路通常是一种事故，应尽量避免。为了防止短路事故的危害，通常在电路中安装熔断器或其他自动开关等保护装置，一旦发生短路，能迅速切断故障电路，从而防止事故扩大，以保护电气设备和供电线路。

有时由于某种需要，人为地将电路的某一部分短路，如图 1-19 所示电路中，为防止电动机 M 的起动电流对电流表 A 的冲击，在起动时用开关 S_2 将电流表短路，使起动电流从开关 S_2 旁路通过，待起动结束，再断开 S_2，恢复电流表的作用。这种人为地将电路某一部分短路称作"短接"。

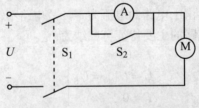

图 1-19　开关将电流表短接

例 1-3　设图 1-20 所示电路中的电源额定功率 $P_N = 22kW$，额定电压 $U_N = 220V$，内阻 $R_0 = 0.2\Omega$，R 为可调节的负载电阻。求：

（1）电源的额定电流 I_N；

（2）电源开路电压 U_{OC}；

（3）电源在额定工作情况下的负载电阻 R_N；

（4）负载发生短路时的短路电流 I_{SC}。

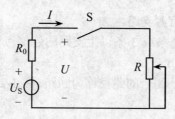

图 1-20　例 1-3 的图

解　（1）电源的额定电流为：

$$I_N = \frac{P_N}{U_N} = \frac{22 \times 10^3}{220} = 100 \quad (A)$$

（2）电源开路电压为：

$$U_{OC} = U_S = U_N + I_N R_0 = 220 + 100 \times 0.2 = 240 \quad (V)$$

（3）电源在额定状态时的负载电阻为：

$$R_N = \frac{U_N}{I_N} = \frac{220}{100} = 2.2 \quad (\Omega)$$

（4）短路电流为：

$$I_{SC} = \frac{U_S}{R_0} = \frac{240}{0.2} = 1200 \quad (A)$$

1.4　基尔霍夫定律

　　基尔霍夫定律是分析电路问题最基本的定律。基尔霍夫定律有两条，即基尔霍夫电流定律和基尔霍夫电压定律。在介绍基尔霍夫定律之前，先结合如图 1-21 所示电路介绍几个与基尔霍夫定律有关的电路名词。

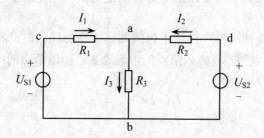

图 1-21　具有节点的多回路电路

　　（1）支路。电路中两点之间通过同一电流的不分叉的一段电路称为支路。图 1-21 中共有 3 条支路：ab、acb、adb。其中 ab 支路不含电源，称为无源支路；acb、 adb 支路含有电源，称为有源支路。

（2）节点。电路中 3 条或 3 条以上支路的连接点称为节点。图 1-21 中共有两个节点：节点 a 和节点 b。

（3）回路。电路中任一闭合的路径称为回路。图 1-21 中共有 3 条回路：acbda、acba 和 abda。

1.4.1　基尔霍夫电流定律（KCL）

基尔霍夫电流定律是描述电路中任一节点处各支路电流之间相互关系的定律。

因为电流具有连续性，在电路中任一节点上均不可能发生电荷堆积现象，所以在任一瞬时流入节点的电流之和必定等于从该节点流出的电流之和，即：

$$\sum I_入 = \sum I_出$$

这一关系称为基尔霍夫电流定律，通常又称基尔霍夫第一定理，简写为 KCL。KCL 实质上是电流连续性原理的具体反映。

在图 1-21 中，设电流 I_1、I_2、I_3 的参考方向如图中所示，对节点 a 运用 KCL，有：

$$I_1 + I_2 = I_3$$

或：

$$I_1 + I_2 - I_3 = 0$$

上式可写成：

$$\sum I = 0$$

所以 KCL 还可以表述为：在任一瞬时，通过任一个节点电流的代数和恒等于零。

运用上式列方程时，可假定流入节点的电流为正，流出节点的电流为负；也可以作相反的假定，即设流出节点的电流为正，流入节点的电流为负。

根据计算的结果，有些支路的电流可能是负值，这是由于选定的电流参考方向与实际方向相反所致。

基尔霍夫电流定律可推广应用于包围部分电路的任一假设的闭合面。

如图 1-22 所示电路，设流入节点的电流为正，流出节点的电流为负，分别对节点 a、b、c 列 KCL 方程，有：

$$I_1 - I_4 - I_6 = 0$$
$$I_2 + I_4 - I_5 = 0$$
$$I_3 + I_5 + I_6 = 0$$

将以上 3 式相加，得：

$$I_1 + I_2 + I_3 = 0$$

这一结果与把封闭区域看成一个节点，应用 KCL 列方程的结果完全相同，所以基尔霍夫电流定律不仅适用于节点，也可推广应用于包围部分电路的任一假设的封闭面，不论被包围部分的电路结构如何，流入此封闭面的电流代数和恒等于零。

例 1-4　如图 1-23 所示电路，已知电流 $I_1 = 6\mathrm{A}$，$I_2 = 5\mathrm{A}$，$I_3 = 4\mathrm{A}$，试求 I_4。

解　设流入节点的电流为正，流出节点的电流为负，由 KCL 有：

$$I_1 - I_2 - I_3 - I_4 = 0$$

$$I_4 = I_1 - I_2 - I_3 = 6 - 5 - 4 = -3 \text{（A）}$$

负号说明电流 I_4 的实际方向与图中所标的方向相反。

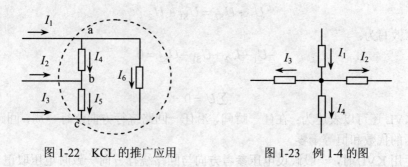

图 1-22　KCL 的推广应用　　　　　　图 1-23　例 1-4 的图

1.4.2　基尔霍夫电压定律（KVL）

基尔霍夫电压定律是描述电路中任一回路上各段电压之间相互关系的定律。

能量守恒定律是自然界中普遍存在的规律，电路也必须遵守能量守恒法则。若某段时间内，电路中某些元件得到的能量有所增加，则其他一些元件的能量必然有所减少，以保持能量的守恒，这就要求电路中各电压之间必须满足一定的关系。

从回路中任意一点出发，以顺时针方向或逆时针方向沿回路绕行一周，在这个方向上升高的电压之和应等于降低的电压之和，回到原来的出发点时，该点的电位值不发生变化，即电路中任意一点的瞬时电位具有单值性，即：

$$\sum U_{升} = \sum U_{降}$$

这一关系称为基尔霍夫电压定律，通常又称基尔霍夫第二定理，简写为 KVL。KVL 实质上是能量守恒定律的具体反映。

从如图 1-21 所示电路中取出一个回路 adbca，并重新画在图 1-24 中，依次标出各元件上的电压 U_1、U_2、U_{S1}、U_{S2}。对每个回路要规定绕行方向，在图中用虚线和箭头表示。

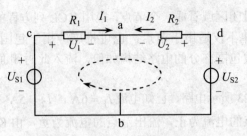

图 1-24　基尔霍夫电压定律用图

在图 1-24 中，设各电压、电流的参考方向及回路绕行方向如图所示，运用 KVL，有：

$$U_1 + U_{S2} = U_{S1} + U_2$$

上式可改写为：

$$-U_1 + U_2 + U_{S1} - U_{S2} = 0$$

即：

$$\sum U = 0$$

所以 KVL 还可以表述为：在任一瞬间，沿任一回路绕行方向绕行一周，回路中各段电压的代数和恒等于零。

运用 KVL 时，一般假设电压参考方向与回路绕行方向一致时电压取正号，电压参考方向与回路绕行方向相反时电压取负号。

根据欧姆定律，$U_1 = I_1 R_1$、$U_2 = I_2 R_2$，所以上式又可改写为：

$$-I_1 R_1 + I_2 R_2 = -U_{S1} + U_{S2}$$

即：

$$\sum IR = \sum U_{S}$$

上式为 KVL 在电阻电路中的另一种表达式，它表示在任一回路绕行方向上，回路中电阻上电压降的代数和等于回路中电压源电压的代数和。运用上式时，电流参考方向与回路绕行方向一致时 IR 前取正号，相反时取负号；电压源电压方向与回路绕行方向一致时 U_S 前取负号，相反时取正号。

基尔霍夫电压定律不仅适用于闭合回路，也可推广应用到不闭合电路上，但要将开口处的电压列入方程。例如，图 1-25（a）所示的电路中，a、b 两点没有闭合，沿着图示回路方向绕行，可得方程：

$$U_{ab} + U_{S3} + I_3 R_3 - I_2 R_2 - U_{S2} - I_1 R_1 - U_{S1} = 0$$

对于图 1-25（b）的电路可列出方程：

$$-U - IR + U_{S} = 0$$

或：

$$I = \frac{U_S - U}{R}$$

这就是一段有源电路的欧姆定律表达式。

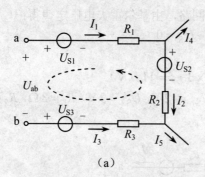
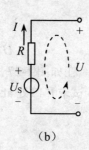

（a）　　　　　　　　　　　（b）

图 1-25　KVL 的推广应用

例 1-5　在如图 1-26 所示电路中，已知 $U_1 = 5V$，$U_3 = 3V$，$I = 2A$，试求 U_2、I_2、R_1、R_2 和 U_S。

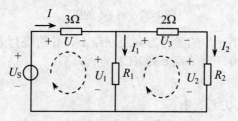

图 1-26　例 1-5 的图

解　（1）I_2 为通过 2Ω 电阻的电流，在此电阻上的电压已知为 $U_3 = 3V$，故：

$$I_2 = \frac{3}{2} = 1.5 \ (\text{A})$$

（2）R_1、R_2 和 2Ω 电阻构成一闭合回路，由基尔霍夫电压定律得：

$$U_2 + U_3 - U_1 = 0$$

所以：

$$U_2 = U_1 - U_3 = 5 - 3 = 2 \ (\text{V})$$

（3）由欧姆定律可求得：

$$R_2 = \frac{U_2}{I_2} = \frac{2}{1.5} = 1.33 \ (\Omega)$$

（4）根据基尔霍夫电流定律有：

$$I_1 = I - I_2 = 2 - 1.5 = 0.5 \ (\text{A})$$

于是由欧姆定律可求得：

$$R_1 = \frac{U_1}{I_1} = \frac{5}{0.5} = 10 \quad (\Omega)$$

（5）U_S、R_1 和 3Ω 电阻构成一闭合回路，由基尔霍夫电压定律得：

$$U + U_1 - U_S = 0$$

所以：

$$U_S = U + U_1 = 2 \times 3 + 5 = 11 \quad (V)$$

例 1-6 在如图 1-27 所示电路中，$U_{S1} = 12\,V$，$U_{S2} = 3\,V$，$R_1 = 3\,\Omega$，$R_2 = 9\,\Omega$，$R_3 = 10\,\Omega$，试求开口处 ab 两端的电压 U_{ab}。

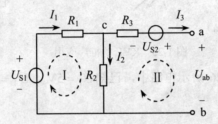

图 1-27 例 1-6 的图

解 设电流 I_1、I_2、I_3 的参考方向及回路 I、II 的绕行方向如图中所示。因 ab 处开路，所以 $I_3 = 0$。对节点 c 列 KCL 方程，有：

$$I_1 = I_2$$

对回路 I 列 KVL 方程，有：

$$I_1 R_1 + I_2 R_2 = U_{S1}$$

所以：

$$I_2 = I_1 = \frac{U_{S1}}{R_1 + R_2} = \frac{12}{3 + 9} = 1 \quad (A)$$

对回路 II 列 KVL 方程，有：

$$U_{ab} - I_2 R_2 + I_3 R_3 - U_{S2} = 0$$

所以：

$$U_{ab} = I_2 R_2 - I_3 R_3 + U_{S2} = 1 \times 9 - 0 \times 10 + 3 = 12 \quad (V)$$

1.5 电位的概念及计算

在 1.1.3 节中已对电位的概念作了初步介绍，这里对电位的概念及电位的计算方法作进一步阐述。

1.5.1　电位的概念

电位的概念对实际电路的测量十分重要。一个复杂电路的元器件数目相当可观，为了了解其工作状态，需要用万用表、示波器等仪器进行测量。若要测出任意元器件两端的电压，可以把仪器两个输入端中的一个固定接在被测电路选定的参考点（零电位点）上，即可单手操作测量各点的电位，进而求出任意两点间的电压。这种测量方法既方便又安全。

应用电位的概念对电路进行分析可使问题简化。分析电子电路时，往往需要分析、计算电路中某些点的电位，这样会使问题更加简单明确。例如，对于二极管，只有当阳极电位高于阴极电位时才导通，否则截止。

虽然电路中选定的参考点一般并不与大地相连接，但也称为"地"。在电路图中，参考点用符号"⊥"表示。

根据上述特点，画电路图时不一定将电压源的正、负端全部画出并且连成闭合回路，这样可使整个电路图看起来较为简捷，这就是电路的习惯画法，即电压源不用图形符号表示，而改为只标出其极性及电压值。如图 1-28（a）可改画为图 1-28（b），在 a 端标出 $+U_{S1}$，b 端标出 $+U_{S2}$，表示电压源 U_{S1} 的正极接在 a 端，U_{S2} 的正极接在 b 端，a、b 两点的电位值分别等于两个电压源的电压值 U_{S1} 和 U_{S2}，而负极都接在参考点。为了清楚起见，常将电压源的电位标在图的上、下、左、右，尽可能不画在中间，如图 1-28（b）所示。

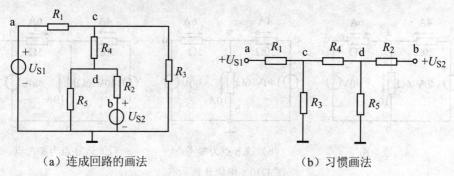

（a）连成回路的画法　　　　　　　（b）习惯画法

图 1-28　电路的两种画法

显然，电路中各电压源若无公共端，就不能采用上述习惯画法，如图 1-29 所示。

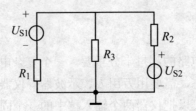

图 1-29　不能采用习惯画法的电路

1.5.2　电位的计算

计算电路中各点的电位时，应首先选定电路中某一点作为参考点，并规定参考点的电位为零，则电路中其他各点的电位就等于各点与参考点之间的电压。所以，电路中电位的计算也就是电压的计算。

实际应用中，参考点可以任意选取，但一个电路只能选定一个参考点。参考点选定后，电路中各点电位就只有惟一的值，即某点电位具体到同一电路中具有单值性。

在如图 1-30（a）所示电路中，如果选 b 点为参考点，如图 1-30（b）所示，则有 $U_b = 0$，其他各点的电位分别为：

$$U_a = U_{ab} = 10 \times 6 = 60 \ （V）$$
$$U_c = U_{cb} = 140 \ （V）$$
$$U_d = U_{db} = 90 \ （V）$$

计算结果表明，a、c、d 三点的电位均比 b 点高，具有正电位。

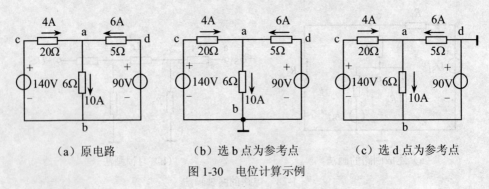

（a）原电路　　　　　　（b）选 b 点为参考点　　　　　（c）选 d 点为参考点

图 1-30　电位计算示例

在电路中，知道各点电位后，任意两点间的电压就能由两点间的电位差求得。例如，c、d 两点间的电压为：

$$U_{cd} = U_c - U_d = 140 - 90 = 50 \ （V）$$

同一个电路，若选用不同参考点，各点电位的数值也不同。如图 1-30（a）所示的电路，若选取 d 点为参考点，如图 1-30（c）所示，则 d 点电位 $U_d = 0$。其他各点的电位计算如下：

$$U_a = U_{ad} = -6 \times 5 = -30 \text{（V）}$$

$$U_b = U_{bd} = -90 \text{（V）}$$

$$U_c = U_{cb} + U_{bd} = 140 - 90 = 50 \text{（V）}$$

计算结果表明，c 点电位比参考点电位高 50V，具有正电位。a、b 点电位比参考点电位低，具有负电位。c、d 两点之间的电位差（即电压）为：

$$U_{cd} = U_c - U_d = U_c = 50 \text{（V）}$$

由此可见，电路中任意两点间的电压不随参考点的改变而改变。

从电位计算的一般原则来说，参考点的选取虽然是可以任意的，但大部分情况下，将支路汇集最多的节点选为参考点可使计算较为方便。此外，作图时，一般也将参考点画在电路的底部，分析计算比较方便。

例 1-7　在如图 1-31 所示电路中，已知 $U_{S1} = 5 \text{ V}$，$U_{S2} = 20 \text{ V}$，$U_{S3} = 30 \text{ V}$，$U_{S4} = 15 \text{ V}$，$U_{S5} = 60 \text{ V}$，$R_1 = 7\,\Omega$，$R_2 = 20\,\Omega$，$R_3 = 15\,\Omega$。求图示各点的电位，并计算电阻 R_1、R_2 和 R_3 上的电流 I_1、I_2 和 I_3。

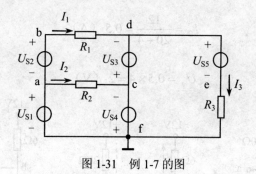

图 1-31　例 1-7 的图

解　根据电位的概念，有：

$$U_a = U_{S1} = 5 \text{（V）}$$

$$U_b = U_a + U_{S2} = 5 + 20 = 25 \text{（V）}$$

$$U_c = -U_{S4} = -15 \text{（V）}$$

$$U_d = U_c - U_{S3} = -15 - 30 = -45 \text{（V）}$$

$$U_e = U_d - U_{S5} = -45 - 60 = -105 \text{（V）}$$

由上可得：

$$U_{bd} = U_b - U_d = 25 - (-45) = 70 \text{（V）}$$

$$U_{ac} = U_a - U_c = 5 - (-15) = 20 \text{（V）}$$

$$U_{ef} = U_e - U_f = U_e = -105 \text{（V）}$$

所以，可由各点电位计算各电阻上的电压，然后计算各电阻上的电流，为：

$$I_1 = \frac{U_{bd}}{R_1} = \frac{70}{7} = 10 \ （A）$$

$$I_2 = \frac{U_{ac}}{R_2} = \frac{20}{20} = 1 \ （A）$$

$$I_3 = \frac{U_{ef}}{R_3} = \frac{-105}{15} = -7 \ （A）$$

例 1-8 在如图 1-32（a）所示电路中，求出开关 S 断开和闭合两种情况下的 a 点电位。

解 （1）S 断开时，电路如图 1-32（b）。设电流 I 方向如图，由欧姆定律得：

$$I = \frac{12 - (-12)}{20 + 4 + 6} = 0.8 \ （A）$$

a 点电位为：

$$U_a = 12 - 0.8 \times 20 = -4 \ （V）$$

（2）S 闭合时，电路如图 1-32（c），$U_b = 0$。设电流 I_2 方向如图，由欧姆定律得：

$$I_2 = \frac{12}{20 + 4} = 0.5 \ （A）$$

a 点电位为：

$$U_a = 0.5 \times 4 = 2 \ （V）$$

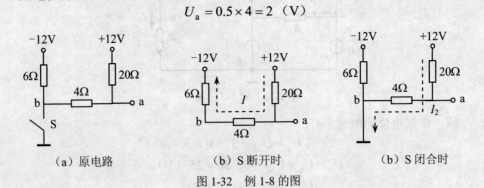

（a）原电路　　　　（b）S 断开时　　　　（b）S 闭合时

图 1-32　例 1-8 的图

本章小结

（1）电压、电流是电路的两个基本物理量。电压、电流的参考方向是假定的方向。在电路分析中引入参考方向后，电压、电流是代数量。电压、电流大于零表示电压、电流的实际方向与参考方向一致；电压、电流小于零表示电压、电流

的实际方向与参考方向相反。

（2）电阻、电感、电容和恒压源、恒流源都是理想电路元件。在关联参考方向的情况下，各种电路元件的电压、电流关系分别为

电阻元件：　　　　　　　　　　　　$u = Ri$

电感元件：　　　　　　　　　　　　$u = L\dfrac{\mathrm{d}i}{\mathrm{d}t}$

电容元件：　　　　　　　　　　　　$i = C\dfrac{\mathrm{d}u}{\mathrm{d}t}$

直流恒压源：两端的电压不变，流过的电流可以改变。

直流恒流源：发出的电流不变，两端的电压可以改变。

（3）电路有负载、开路（空载）和短路 3 种不同的工作状态。负载时 $U = U_S - RI$，电源输出的电压就等于负载两端的电压，电源输出的电流就等于负载中的电流。开路时 $I = 0$、$U = U_{OC} = U_S$。短路时 $U = 0$、$I = I_{SC} = \dfrac{U_S}{R_0}$，短路是电路的故障状态，应采取保护措施。

（4）基尔霍夫定律包括基尔霍夫电流定律和基尔霍夫电压定律，是分析电路问题最基本的定律。

基尔霍夫电流定律描述了电路中任一节点处各支路电流之间的相互关系。基尔霍夫电流定律说明，在任一瞬间，通过任一个节点电流的代数和恒等于零，即 $\sum I = 0$。基尔霍夫电流定律可推广应用于广义节点。

基尔霍夫电压定理描述了电路中任一回路上各段电压之间的相互关系。基尔霍夫电压定律说明，在任一瞬间，沿任一回路绕行方向绕行一周，回路中各段电压的代数和恒等于零，即 $\sum U = 0$ 或 $\sum U_S = \sum RI$。基尔霍夫电压定律可推广应用于假想的闭合回路。

（5）电路中某点与参考点之间的电压称为该点的电位。参考点不同，各点电位值也不同，但电路中任两点间的电压不随参考点变化。

习 题 一

1-1　在如图 1-33 所示各电路中。

（1）元件 1 消耗 10W 功率，求电压 U_{ab}；

（2）元件 2 消耗–10W 功率，求电压 U_{ab}；

（3）元件 3 产生 10W 功率，求电流 I；

（4）元件 4 产生–10W 功率，求电流 I。

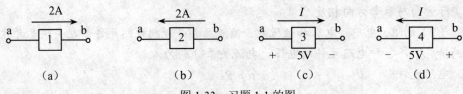

图 1-33　习题 1-1 的图

1-2　求如图 1-34 所示各电路中各电源的功率，并指出是吸收功率还是放出功率？

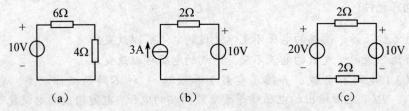

图 1-34　习题 1-2 的图

1-3　在图 1-35 中，5 个元件电流和电压的参考方向如图中所示，今通过实验测量，得知 $I_1 = -4A$，$I_2 = 6A$，$I_3 = 10A$，$U_1 = 140V$，$U_2 = -90V$，$U_3 = 60V$。

（1）试标出各电流的实际方向和各电压的实际极性（可另画一图）；

（2）判断哪些元件是电源？哪些是负载？

（3）计算各元件的功率，电源发出的功率和负载取用的功率是否平衡？

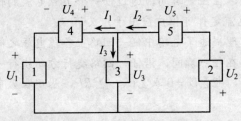

图 1-35　习题 1-3 的图

1-4　在图 1-36 中，已知 $I_1 = 3mA$，$I_2 = 1mA$。试确定元件 N 中的电流 I_3 和它的两端电压 U_3，并说明它是电源还是负载。校验整个电路中的功率是否平衡。

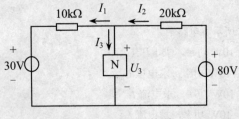

图 1-36　习题 1-4 的图

1-5   用如图 1-37 所示电路可以测量并绘制实际电源的伏安特性曲线。今测得某直流电压源的空载电压为 $U_{OC} = 225\,V$；负载时的电流和电压分别为 $I = 10\,A$、$U = 220\,V$。试绘制此电源的伏安特性曲线，并建立此电源的电压源模型及电流源模型。

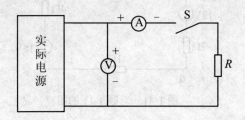

图 1-37   习题 1-5 的图

1-6   一直流发电机，其额定电压为 $U_N = 220\,V$，额定功率为 $P_N = 2.2\,kW$。

（1）试求该发电机的额定电流 I_N 和额定负载电阻 R_N；

（2）将 10 只 220V、40W 的灯泡并联作为该发电机的负载，这些灯泡是否能正常工作？为什么？

1-7   一直流电源，其开路电压为 110V，短路电流为 44A。现将一个 220V、40W 的电烙铁接在该电源上，该电烙铁能否正常工作？它实际消耗多少功率？

1-8   求图 1-38 所示电路 a、b 两点之间的电压 U_{ab}。

1-9   如图 1-39 所示的电路中，已知 $U_S = 10\,V$，$R_0 = 0.1\,\Omega$，$R = 1\,k\Omega$。求开关 S 在不同位置时，电流表和电压表的读数各为多少？

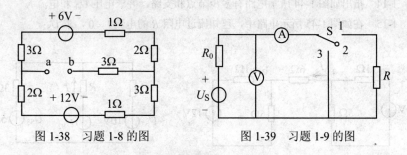

图 1-38   习题 1-8 的图   图 1-39   习题 1-9 的图

1-10   求如图 1-40 所示电路中负载吸收的功率。

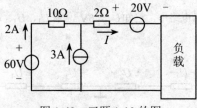

图 1-40   习题 1-10 的图

1-11 求如图 1-41 所示电路中的电压 U_{ac} 和 U_{bd}。

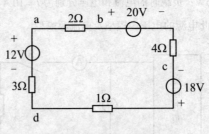

图 1-41 习题 1-11 的图

1-12 在如图 1-42 所示的电路中，已知 $U_{S1}=12V$，$U_{S2}=8V$，$R_1=0.2\Omega$，$R_2=1\Omega$，$I_1=5\,A$，求 U_{ab}、I_2、I_3、R_3。

1-13 计算图 1-43 所示电路各电源的功率。

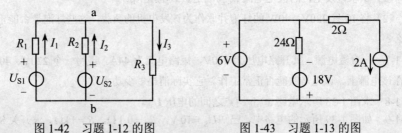

图 1-42 习题 1-12 的图   图 1-43 习题 1-13 的图

1-14 指出如图 1-44 所示电路有多少节点和支路，并求电压 U_{ab} 和电流 I。

1-15 在如图 1-45 所示电路中，已知流过电阻 R 的电流 $I=0$，求 U_{S2}。

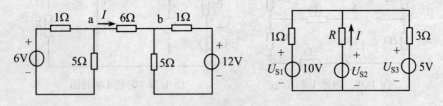

图 1-44 习题 1-14 的图   图 1-45 习题 1-15 的图

1-16 在如图 1-46 所示电路中，已知 $U_2=6V$，求 U_1、U_3、U_4 和 U_{ae}，并比较 a、b、c、d、e 各点电位的高低。

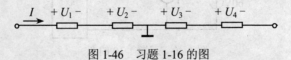

图 1-46 习题 1-16 的图

1-17　试求如图 1-47 所示电路中 a 点的电位。

1-18　试求如图 1-48 所示电路中 a 点和 b 点的电位。如将 a、b 两点直接连接或接一电阻，对电路工作有无影响？

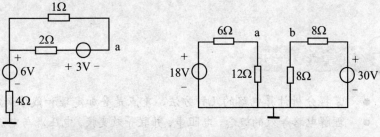

图 1-47　习题 1-17 的图　　　　　　图 1-48　习题 1-18 的图

1-19　在图 1-49 中，已知 a 点电位为 $U_a = -10\text{V}$，求电流 I_1、I_2、I_3。

1-20　在图 1-50 中，如果 15Ω 电阻上的电压降为 30V，其极性如图所示，求电阻 R 及 a 点电位。

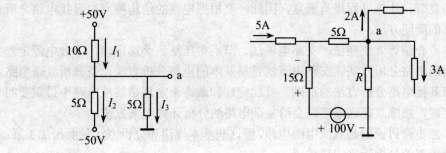

图 1-49　习题 1-19 的图　　　　　　图 1-50　习题 1-20 的图

第 2 章　直流电阻电路分析

- 掌握分析计算电路的几种方法，重点是叠加定理和戴维南定理。
- 理解电路等效的概念，电阻串、并联等效变换，电压源与电流源等效变换。
- 了解受控源的概念以及含受控源电路的分析计算。
- 了解非线性电阻的伏安特性及静态电阻、动态电阻的概念；了解简单非线性电阻电路的图解分析方法。

分析与计算电路的基本定律是欧姆定律和基尔霍夫定律。由于实际电路一般都相当复杂、计算过程极为繁复，因此，要根据电路的结构特点，寻找电路分析和计算的简便方法。

本章介绍等效变换法、支路电流法、节点电压法、叠加定理、等效电源定理等常用的电路分析方法。支路电流法是最基本的电路分析方法，是分析复杂电路和学习其他电路分析方法的基础。叠加定理和戴维南定理是线性电路中最重要的两个定理，熟练掌握这些定理会给复杂电路的分析计算带来方便。

虽然本章讨论的是直流电阻电路，但这些基本规律和分析方法只要稍加扩展，对交流电路的分析计算同样适用。

2.1　简单电路分析

电路的结构形式一般可分为简单电路和复杂电路。所谓简单电路，就是可以利用电阻串、并联方法进行分析的电路。应用这种方法对电路进行分析时，先利用电阻串、并联公式求出该电路的总电阻，然后根据欧姆定律求出总电流，最后利用分压公式或分流公式计算各个电阻的电压或电流。

2.1.1　电阻的串联

电阻串联电路的特点是通过各个电阻的电流为同一个电流。在如图 2-1（a）所示电路中，n 个电阻 R_1、R_2、$\cdots$、R_n 串联，各电阻电流均为 I，由 KVL，有：

$$U = U_1 + U_2 + \cdots + U_n$$

根据欧姆定律，$U_1 = R_1 I$、$U_2 = R_2 I$、$\cdots$、$U_n = R_n I$，代入上式得：

$$U = (R_1 + R_2 + \cdots + R_n)I$$

设：

$$R = R_1 + R_2 + \cdots + R_n$$

R 称为 n 个电阻串联时的总电阻或等效电阻，即用阻值为 R 的电阻代替图 2-1（a）中 R_1、R_2、$\cdots$、R_n 串联的电路后，该电路中的电流值不变，如图 2-1（b）所示。所以，上式又可改写为：

$$U = RI$$

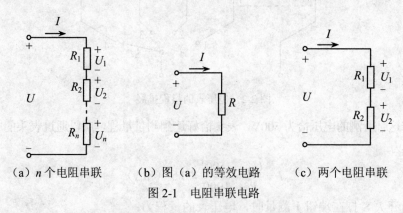

（a）n 个电阻串联　　（b）图（a）的等效电路　　（c）两个电阻串联
图 2-1　电阻串联电路

电阻串联电路中，各电阻两端的电压与其电阻值成正比，即：

$$U_k = R_k I = \frac{R_k}{R} U$$

该式称为分压公式。在图 2-1（c）所示的两个电阻串联的电路中，因为 $R = R_1 + R_2$，所以：

$$U_1 = \frac{R_1}{R_1 + R_2} U$$

$$U_2 = \frac{R_2}{R_1 + R_2} U$$

分压公式是研究串联电路中各电阻上电压分配关系的依据，许多实际电路就是利用分压原理工作的。例如，电源电压为 $U_S = 24\text{V}$，而负载工作时只要求 10V 电压，为满足负载要求，可以利用电阻串联构成一个分压电路，如图 2-1（c）所示。当 $R_1 = 1.4R_2$ 时，电阻 R_2 两端输出的电压值就是 10V。如果 R_2 是一个可变电阻器（称为电位器），则从电阻 R_2 两端输出的电压可以在 0~10V 之间变化。

例 2-1　如图 2-2 所示为由微安表（基本电流表头）和电阻串联构成的多量程电压表电路。已知微安表内阻 $R_1 = 1\text{ k}\Omega$，各档分压电阻分别为 $R_2 = 9\text{ k}\Omega$，$R_3 = 90\text{ k}\Omega$，$R_4 = 900\text{ k}\Omega$。这个电压表的最大量程（开关打在端钮 4，端钮 1、2、3 均断开）为 500V，试计算表头允许通过的最大电流及其他量程的电压值。

解　当开关 S 打在端钮 4 测量时，电压表的总电阻为：
$$R = R_1 + R_2 + R_3 + R_4 = 1 + 9 + 90 + 900 = 1000 \text{ (k}\Omega\text{)}$$

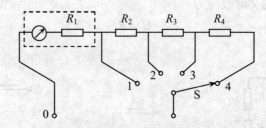

图 2-2　电压表的量程扩展

若这时所测的电压恰为 500V，表头恰好达到测量量程，所以通过表头的电流也最大，为：
$$I = \frac{U_4}{R} = \frac{500}{1000} = 0.5 \text{ (mA)}$$

当开关 S 打在端钮 1 测量时，电压表的量程为：
$$U_1 = IR_1 = 0.5 \times 1 = 0.5 \text{ (V)}$$

当开关 S 打在端钮 2 测量时，电压表的量程为：
$$U_2 = I(R_1 + R_2) = 0.5 \times (1 + 9) = 5 \text{ (V)}$$

当开关 S 打在端钮 3 测量时，电压表的量程为：
$$U_3 = I(R_1 + R_2 + R_3) = 0.5 \times (1 + 9 + 90) = 50 \text{ (V)}$$

由此可见，直接利用该表头只能测量 0.5V 以下的电压。串联分压电阻 R_2、R_3、R_4 后有 4 个量程，分别为 0.5V、5V、50V、500V，实现了电压表的量程扩展。

2.1.2　电阻的并联

电阻并联电路的特点是各个电阻两端的电压为同一个电压。在如图 2-3（a）所示电路中，n 个电阻 R_1、R_2、$\cdots$、R_n 并联，各电阻电压均为 U，由 KCL，有：
$$I = I_1 + I_2 + \cdots + I_n$$

根据欧姆定律，$I_1 = \dfrac{U}{R_1}$、$I_2 = \dfrac{U}{R_2}$、$\cdots$、$I_n = \dfrac{U}{R_n}$，代入上式得：

$$I = \left(\frac{1}{R_1} + \frac{1}{R_2} + \cdots + \frac{1}{R_n} \right) U$$

设：

$$\frac{1}{R} = \frac{1}{R_1} + \frac{1}{R_2} + \cdots + \frac{1}{R_n}$$

R 称为 n 个电阻并联时的总电阻或等效电阻，即用阻值为 R 的电阻代替图 2-3（a）中 R_1、R_2、$\cdots$、R_n 并联的电路后，该电路中的电流值不变，如图 2-3（b）所示。所以，上式又可改写为：

$$I = \frac{U}{R}$$

电阻并联电路中，各电阻流过的电流与其电阻值成反比，即：

$$I_k = \frac{U}{R_k} = \frac{R}{R_k} I$$

该式称为分流公式。在图 2-3（c）所示的两个电阻并联的电路中，因为 $R = \dfrac{R_1 R_2}{R_1 + R_2}$，所以：

$$I_1 = \frac{R_2}{R_1 + R_2} I$$

$$I_2 = \frac{R_1}{R_1 + R_2} I$$

分流公式是研究并联电路中各电阻上电流分配关系的依据，许多实际电路就是利用分流原理工作的。例如，电源提供的电流为 $I = 10\,\mathrm{A}$，而负载工作时只要求 2A 电流，为满足负载要求，可以利用电阻并联构成一个分流电路，如图 2-3（c）所示。当 $R_1 = 0.25 R_2$ 时，流过电阻 R_2 的电流就是 2A。

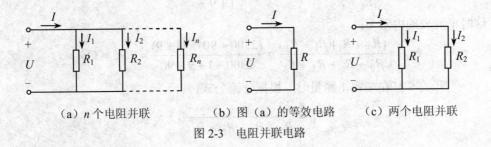

（a）n 个电阻并联　　　（b）图（a）的等效电路　　　（c）两个电阻并联

图 2-3　电阻并联电路

例 2-2　如图 2-4 所示为由表头和电阻并联构成的多量程电流表电路。已知表头内阻 $R_0 = 2300\,\Omega$，量程为 $I_0 = 50\mu A$，各分流电阻分别为 $R_1 = 1\,\Omega$，$R_2 = 9\,\Omega$，$R_3 = 90\,\Omega$。求扩展后各量程以及与各量程相应的电流表内阻。

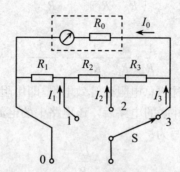

图 2-4　电流表的量程扩展

解　当开关 S 打在端钮 3 测量时，根据分流公式：

$$I_0 = \frac{R_1 + R_2 + R_3}{R_0 + R_1 + R_2 + R_3} I_3$$

所以：

$$I_3 = \frac{R_0 + R_1 + R_2 + R_3}{R_1 + R_2 + R_3} I_0 = \frac{2300 + 1 + 9 + 90}{1 + 9 + 90} \times 0.05 = 1.2 \ (\text{mA})$$

这时电流表的内阻为：

$$R_{30} = \frac{R_0(R_1 + R_2 + R_3)}{R_0 + R_1 + R_2 + R_3} = \frac{2300 \times (1 + 9 + 90)}{2300 + 1 + 9 + 90} \approx 95.83 \ (\Omega)$$

当开关 S 打在端钮 2 测量时，根据分流公式：

$$I_0 = \frac{R_1 + R_2}{R_0 + R_1 + R_2 + R_3} I_2$$

所以：

$$I_2 = \frac{R_0 + R_1 + R_2 + R_3}{R_1 + R_2} I_0 = \frac{2300 + 1 + 9 + 90}{1 + 9} \times 0.05 = 12 \ (\text{mA})$$

这时电流表的内阻为：

$$R_{20} = \frac{(R_0 + R_3)(R_1 + R_2)}{R_0 + R_1 + R_2 + R_3} = \frac{(2300 + 90) \times (1 + 9)}{2300 + 1 + 9 + 90} \approx 9.96 \ (\Omega)$$

当开关 S 打在端钮 1 测量时，根据分流公式：

$$I_0 = \frac{R_1}{R_0 + R_1 + R_2 + R_3} I_1$$

所以：

$$I_1 = \frac{R_0 + R_1 + R_2 + R_3}{R_1} I_0 = \frac{2300 + 1 + 9 + 90}{1} \times 0.05 = 120 \text{（mA）}$$

这时电流表的内阻为：

$$R_{10} = \frac{(R_0 + R_2 + R_3)R_1}{R_0 + R_1 + R_2 + R_3} = \frac{(2300 + 9 + 90) \times 1}{2300 + 1 + 9 + 90} \approx 1 \text{（Ω）}$$

2.2　复杂电路分析

所谓复杂电路，就是不能利用电阻串并联方法化简，然后应用欧姆定律进行分析的电路。如图 2-5 所示的电路，各支路的电流及电压不可能用电阻串并联方法化简求解。

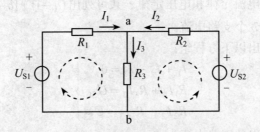

图 2-5　支路电流法用图

解决复杂电路问题的方法有两种。一种方法是根据电路待求的未知量，直接应用基尔霍夫定律列出足够的独立方程式，然后联立求解出各未知量；另一种方法是应用等效变换的概念，将电路化简或进行等效变换后，再通过欧姆定律、基尔霍夫定律或分压、分流公式求解出结果。

直接应用基尔霍夫定律列写方程式求解各未知量时，由于选取的未知量不同，解题的方法也有所不同。本书介绍支路电流法和节点电压法。

2.2.1　支路电流法

在分析计算复杂电路的各种方法中，支路电流法是最基本的方法。支路电流法是以支路电流为未知量，根据基尔霍夫电流定律和基尔霍夫电压定律，分别列出电路中的节点电流方程及回路电压方程，然后联立求解出各支路中的电流。

今以图 2-5 为例，说明支路电流法的应用。

电路中有几条支路，就有几个未知量。在如图 2-5 所示电路中，支路数 $b = 3$，节点数 $n = 2$，共要列出 3 个独立方程。电源电压和各电流的参考方向如图中所示。

首先，应用基尔霍夫电流定律分别对节点 a、b 列方程，则有：

$$I_1 + I_2 - I_3 = 0$$
$$-I_1 - I_2 + I_3 = 0$$

以上两式是等价的，其中一个方程式可由另一个方程式变换得到，是非独立方程。一般来说，对具有 n 个节点的电路应用基尔霍夫电流定律只能列出 $(n-1)$ 个独立方程。

其次，应用基尔霍夫电压定律列出其余 $b-(n-1)$ 个方程。普遍采用的方法是取网孔（内部没有包含任何支路的特殊回路）列出电压方程。图 2-5 中有两个网孔，分别对左侧和右侧网孔列出基尔霍夫电压方程，则有：

$$U_{S1} = I_1 R_1 + I_3 R_3$$
$$U_{S2} = I_2 R_2 + I_3 R_3$$

网孔的数目恰好等于 $b-(n-1)$。

应用基尔霍夫电流定律和电压定律一共可列出 $(n-1) + [b-(n-1)] = b$ 个独立方程，所以能求出 b 个支路电流。

本例中，可得出以下方程组：

$$\left. \begin{array}{r} I_1 + I_2 - I_3 = 0 \\ R_1 I_1 + R_3 I_3 = U_{S1} \\ R_2 I_2 + R_3 I_3 = U_{S2} \end{array} \right\}$$

解联立方程组，求出各支路电流为：

$$\left. \begin{array}{l} I_1 = \dfrac{U_{S1}}{R_1 + \dfrac{R_2 R_3}{R_2 + R_3}} - \dfrac{U_{S2}}{R_2 + \dfrac{R_1 R_3}{R_1 + R_3}} \cdot \dfrac{R_3}{R_1 + R_3} \\[3em] I_2 = \dfrac{U_{S2}}{R_2 + \dfrac{R_1 R_3}{R_1 + R_3}} - \dfrac{U_{S1}}{R_1 + \dfrac{R_2 R_3}{R_2 + R_3}} \cdot \dfrac{R_3}{R_2 + R_3} \\[3em] I_3 = \dfrac{U_{S1}}{R_1 + \dfrac{R_2 R_3}{R_2 + R_3}} \cdot \dfrac{R_2}{R_2 + R_3} + \dfrac{U_{S2}}{R_2 + \dfrac{R_1 R_3}{R_1 + R_3}} \cdot \dfrac{R_1}{R_1 + R_3} \end{array} \right\}$$

对于复杂电路，一般采用行列式计算较方便。

最后验算，将求出的各支路电流代入未按电压定律列方程的回路中，若方程两边平衡，则结果正确，否则结果有误。

用支路电流法求解电路的步骤归纳如下：

（1）判定电路的支路数 b 和节点数 n；

（2）在电路图中标出各支路电流的参考方向和各回路绕行方向；

（3）根据 KCL 列出 $(n-1)$ 个独立的节点电流方程式；

（4）根据 KVL 列出 $b-(n-1)$ 个独立的回路电压方程式；

（5）解联立方程组，求出各支路电流，必要时可求出各元件的电压和功率。

例 2-3　如图 2-6 所示电路，用支路电流法求各支路电流及各元件的功率。

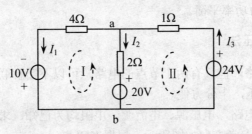

图 2-6　例 2-3 的图

解　图中共两个节点，3 条支路，两个网孔。各支路电流 I_1、I_2、I_3 的参考方向及回路绕行方向如图中所示。根据 KCL 列出节点 a 的电流方程，设流出节点的电流为负，流入节点的电流为正，则有：

$$-I_1 - I_2 + I_3 = 0$$

根据 KVL 列出回路 I、II 的电压方程：

$$4I_1 - 2I_2 = 30$$

$$I_3 + 2I_2 = 4$$

联立以上 3 式，解之得：

$$I_1 = 7A$$

$$I_2 = -1A$$

$$I_3 = 6A$$

$I_2 < 0$ 说明其实际方向与图示方向相反。

4Ω电阻的功率为：

$$P_1 = 4I_1^2 = 4 \times 7^2 = 196 \ （W）$$

2Ω电阻的功率为：

$$P_2 = 2I_2^2 = 2 \times (-1)^2 = 2 \ （W）$$

1Ω电阻的功率为：

$$P_3 = 1 \times I_3^2 = 1 \times 6^2 = 36 \ （W）$$

10V 电压源的功率为：

$$P_4 = -10I_1 = -10 \times 7 = -70 \ （W）$$

20V 电压源的功率为：

$$P_5 = 20I_2 = 20 \times (-1) = -20 \ （W）$$

24V 电压源的功率为：

$$P_6 = -24I_3 = -24 \times 6 = -144 \ （W）$$

由以上计算可知，3 个电源均发出功率，共 234W，3 个电阻总共吸收的功率也是 234W，电路的功率平衡。

2.2.2　节点电压法

对于有多个支路，但只有两个节点的电路，可以不需解联立方程组，直接求出两个节点间的电压，十分方便。

如图 2-7 所示电路，电压源、电流源、电阻均为已知，求各支路电流。设未知电流 I_1、I_2、I_3 的参考方向如图所示，根据 KCL 有：

$$I_1 + I_2 - I_3 - I_{S1} + I_{S2} = 0$$

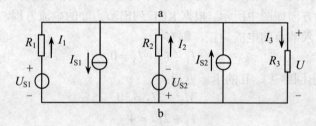

图 2-7　节点电压法用图

设节点 a、b 间电压为 U，参考方向如图 2-7 所示，各支路的电流可根据 KVL或欧姆定律求出，为：

$$I_1 = \frac{U_{S1} - U}{R_1}$$

$$I_2 = \frac{-U_{S2} - U}{R_2}$$

$$I_3 = \frac{U}{R_3}$$

将以上 3 式代入 KCL 方程，得：

$$\frac{U_{S1} - U}{R_1} + \frac{-U_{S2} - U}{R_2} - \frac{U}{R_3} - I_{S1} + I_{S2} = 0$$

整理后得出求节点电压的公式，为：

$$U = \frac{\dfrac{U_{S1}}{R_1} - \dfrac{U_{S2}}{R_2} - I_{S1} + I_{S2}}{\dfrac{1}{R_1} + \dfrac{1}{R_2} + \dfrac{1}{R_3}} = \frac{\sum \dfrac{U_S}{R} + \sum I_S}{\sum \dfrac{1}{R}}$$

上式称为弥尔曼公式，适用于任何只有两个节点的电路。式中分母的各项总为正，分子中各项的正负符号为：电压源 U_S 的参考方向与节点电压 U 的参考方向相同时取正号，反之取负号；电流源 I_S 的参考方向与节点电压 U 的参考方向相反时取正号，反之取负号。

　　例 2-4　用节点电压法求如图 2-8 所示电路的各支路电流。

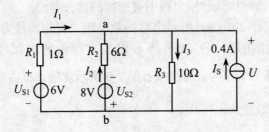

图 2-8　例 2-4 的图

　　解　图 2-8 所示的电路只有两个节点 a 和 b。节点 a、b 间的电压为：

$$U = \frac{\dfrac{U_{S1}}{R_1} - \dfrac{U_{S2}}{R_2} + I_S}{\dfrac{1}{R_1} + \dfrac{1}{R_2} + \dfrac{1}{R_3}} = \frac{\dfrac{6}{1} - \dfrac{8}{6} + 0.4}{\dfrac{1}{1} + \dfrac{1}{6} + \dfrac{1}{10}} = 4 \ (\text{V})$$

由此可计算出各支路电流：

$$I_1 = \frac{U_{S1} - U}{R_1} = \frac{6 - 4}{1} = 2 \ (\text{A})$$

$$I_2 = \frac{-U_{S2} - U}{R_2} = \frac{-8 - 4}{6} = -2 \ (\text{A})$$

$$I_3 = \frac{U}{R_3} = \frac{4}{10} = 0.4 \ (\text{A})$$

　　对于多于两个节点的电路，可以假设任意一个节点为参考节点，用 KCL 列出其余各节点的电流方程，再用 KVL 或欧姆定律写出各支路电流的表达式，代入各电流方程求解，即可求出其余各节点相对于参考节点的电压，进而可求出各支路的电流及各元件的功率。

2.3　电压源与电流源的等效变换

2.3.1　电路等效变换的概念

在电路分析中，等效变换是一个很重要的概念。应用等效变换，往往可以把由多个元件组成的复杂电路化简为相对简单的甚至是由一个元件组成的电路，从而使电路的分析计算得到简化。

电路的等效变换就是保持电路一部分电压、电流不变，对其余部分进行适当的结构变化，用新电路结构代替原电路中被变换的部分电路。

例如，若要计算图 2-9（a）所示电路的总电流，可将虚线方框内由 R_1、R_2 两个电阻并联的电路用图 2-9（b）所示虚线方框内的电阻 R 代替，只要 $R = \dfrac{R_1 R_2}{R_1 + R_2}$，则计算结果相同。这意味着图 2-9 所示虚线方框内的两部分电路相互等效，可以进行等效变换。

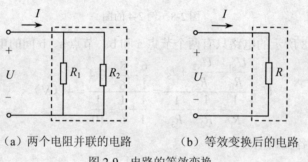

（a）两个电阻并联的电路　　　（b）等效变换后的电路

图 2-9　电路的等效变换

需要注意的是，因为等效的目的不是为了分析被等效部分电路内部的问题，而是分析被等效部分以外电路的作用，所以电路的等效指的是外电路的等效，对内通常是不等效的。

2.3.2　电压源与电流源的等效变换

用电压源或电流源向同一个负载电阻供电，若能产生相同的供电效果（负载电阻上的电压 U 和电流 I 相同），则这两个电源是等效的。

第 1 章中讨论了实际电源的两种电路模型：一种是电压为 U_S 的恒压源与内阻 R_0 串联的电路；另一种是电流为 I_S 的恒流源与内阻 R_0' 并联的电路。分别如图 2-10（a）、（b）所示。两种电源模型之间是等效的，可以等效变换。

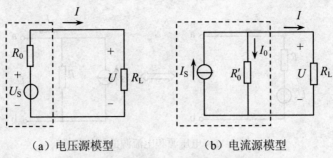

（a）电压源模型　　　　　（b）电流源模型

图 2-10　实际电源的两种电路模型

由电压源的伏安关系式 $U_S = U + IR_0$ 可得：

$$I = \frac{U_S}{R_0} - \frac{U}{R_0}$$

式中，R_0 为电压源的内阻。

对于电流源，其伏安关系可改写为：

$$I = I_S - \frac{U}{R_0'}$$

式中，R_0' 为电流源的内阻。

若电压源和电流源对外电路等效，则以上两式的对应项相等，因此可求得等效变换的条件为：

$$U_S = I_S R_0'$$

或：

$$I_S = \frac{U_S}{R_0}$$

且：

$$R_0 = R_0'$$

这就是电压源与电流源的等效变换公式。

电压源与电流源的等效变换并不限于内阻，只要是电压为 U_S 的恒压源与某个电阻 R 串联的电路，都可以利用电压源与电流源的等效变换公式将其转换为电流为 I_S 的恒流源与电阻 R 并联的电路，反之亦然，如图 2-11 所示。

电压源和电流源作等效变换时要注意以下几点：

（1）电压源和电流源间的等效关系是仅对外电路而言的，至于电源内部，是不等效的。

例如，外电路开路时，电压源内部不发出功率，内阻 R_0 上不消耗功率；但对于电流源来说，当外电路开路时，内部有电流通过，内阻 R_0' 上有功率损耗。

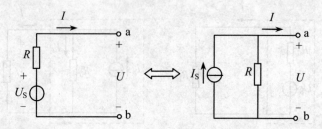

图 2-11   电压源和电流源的等效变换

（2）注意电源的极性。因为对外电路产生的电流方向相同，所以电压源的正极性端与电流源电流流出的一端相对应。

（3）理想电压源和理想电流源之间没有等效关系。理想电压源短路电流 I_{SC} 为无穷大；理想电流源开路电压 U_{OC} 无穷大，都不能得到有限的数值，故两者不存在等效变换的条件。

例 2-5   有一直流电压源，$U_S = 230\,\text{V}$，$R_0 = 1\,\Omega$，负载电阻 $R_L = 22\,\Omega$。

（1）求此电源的两种等效电路并作图；

（2）用电源的两种等效电路分别求电压 U 和电流 I；

（3）比较电源两种等效电路的内部电流、电压和消耗的功率。

解   （1）由题可知，电压源的两个参数为：

$$U_S = 230\,\text{V}$$

$$R_0 = 1\,\Omega$$

电压源变换成等效电流源后的两个参数为：

$$I_S = \frac{U_S}{R_0} = \frac{230}{1} = 230 \ (\text{A})$$

$$R_0' = R_0 = 1\,\Omega$$

电源的两种等效电路如图 2-12 所示。

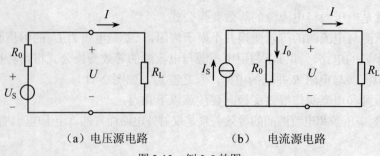

（a）电压源电路   （b） 电流源电路

图 2-12   例 2-5 的图

（2）计算电压 U 和电流 I。

在图 2-12（a）所示的电压源中：

$$I = \frac{U_S}{R_0 + R_L} = \frac{230}{1 + 22} = 10 \ （A）$$

$$U = IR_L = 10 \times 22 = 220 \ （V）$$

在图 2-12（b）所示的电流源中：

$$I = \frac{R_0}{R_0 + R_L} I_S = \frac{1}{1 + 22} \times 230 = 10 \ （A）$$

$$U = IR_L = 10 \times 22 = 220 \ （A）$$

此电源的两种等效电路在负载 R_L 上的电压和电流相等，即对外电路是等效的。

（3）计算内阻压降和电源内部损耗的功率。

在图 2-12（a）中，通过电压源的电流为 10A，理想电压源 U_S 供给电路的功率为：

$$P = IU_S = 10 \times 230 = 2300 \ （W）$$

内阻 R_0 的压降为：

$$U_0 = IR_0 = 10 \times 1 = 10 \ （V）$$

消耗在内阻 R_0 上的功率为：

$$P_0 = I^2 R_0 = 10^2 \times 1 = 100 \ （W）$$

在图 2-12（b）中，理想电流源 I_S 供给电路的功率为：

$$P = I_S U = 230 \times 220 = 50600 \ （W）$$

内阻 R_0 的电流为：

$$I_0 = \frac{U}{R_0} = \frac{220}{1} = 220 \ （A）$$

消耗在内阻 R_0 上的功率为：

$$P_0 = \frac{U^2}{R_0} = \frac{220^2}{1} = 48400 \ （W）$$

这说明电源的两种等效电路在电源内部的电流、电压、功率都不相等，即对电源内部来说是不等效的。

例 2-6　试用电压源与电流源等效变换的方法计算图 2-13（a）中的电流 I。

解　根据图 2-13 的变换次序，最后化简为图 2-13（e）的电路。

在变换过程中，当有多个理想电流源并联时，可等效为一个理想电流源，如由图 2-13（b）变换到图 2-13（c）；当有多个理想电压源串联时，可等效为一个理想电压源，如由图 2-13（d）变换到图 2-13（e）。

由图 2-13（e）可得：

$$I = \frac{2}{4+6} = 0.2 \quad (A)$$

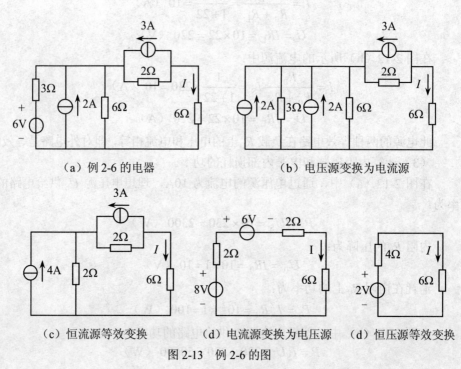

（a）例 2-6 的电器　　　　　　　　　　（b）电压源变换为电流源

（c）恒流源等效变换　　　（d）电流源变换为电压源　　（d）恒压源等效变换

图 2-13　例 2-6 的图

2.4　电路定理

电路分析理论中已将一些分析方法总结为电路定理。本节将介绍叠加定理和等效电源定理，它们是电路理论中最重要的两个定理。在只需求解电路中某一支路的电压、电流时，运用叠加定理或等效电源定理有时更加方便。

2.4.1　叠加定理

如果线性电路中有多个电源共同作用，则任何一条支路的电流或电压，等于电路中各个电源分别单独作用时在该支路所产生的电流或电压的代数和，这就是叠加定理。叠加定理是反映线性电路基本性质的一个重要定理。

当某电源单独作用于电路时，其余电源应该除去，称为除源。对电压源来说，令电压源电压 U_S 为零值，相当于短路；对电流源来说，令电流源电流 I_S 为零值，相当于开路。

现以图 2-5 所示的电路为例，来证明叠加定理的正确性。为了清楚，将图 2-5 重新画出，如图 2-14（a）所示。

图 2-14（b）所示电路只有 U_{S1} 单独作用，可以计算出：

$$\left.\begin{array}{l} I_1' = \dfrac{U_{S1}}{R_1 + \dfrac{R_2 R_3}{R_2 + R_3}} \\[4mm] I_2' = I_1' \dfrac{R_3}{R_2 + R_3} \\[4mm] I_3' = I_1' \dfrac{R_2}{R_2 + R_3} \end{array}\right\}$$

图 2-14（c）所示电路只有 U_{S2} 单独作用，可以计算出：

$$\left.\begin{array}{l} I_2'' = \dfrac{U_{S2}}{R_2 + \dfrac{R_1 R_3}{R_1 + R_3}} \\[4mm] I_1'' = I_2'' \dfrac{R_3}{R_1 + R_3} \\[4mm] I_3'' = I_2'' \dfrac{R_1}{R_1 + R_3} \end{array}\right\}$$

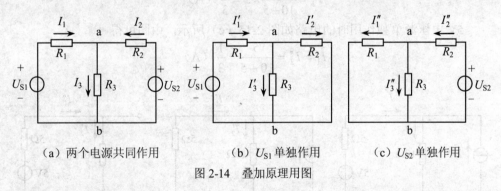

（a）两个电源共同作用　　　（b）U_{S1} 单独作用　　　（c）U_{S2} 单独作用

图 2-14　叠加原理用图

按图 2-14（a）、（b）、（c）所标电流的参考方向，可以写出当 U_{S1} 和 U_{S2} 同时作用时各支路的电流分别为：

$$I_1 = I_1' - I_1''$$
$$I_2 = -I_2' + I_2''$$
$$I_3 = I_3' + I_3''$$

其中 I_1' 与 I_1 参考方向相同，所以取正号，而 I_1'' 与 I_1 参考方向相反，所以取负号，另外两式类似。

由以上各式就可以得到用支路电流法所得到的各支路电流的表达式，这就证明了叠加定理的正确性。

最后着重指出，叠加定理只适用于线性电路，线性电路中的电流和电压可以用叠加定理来求解，但功率的计算不能用叠加定理。例如，图 2-14（a）中电阻 R_3 上的功率计算为：

$$P_3 = I_3^2 R_3 = (I_3' + I_3'')^2 R_3 = I_3'^2 R_3 + 2I_3' I_3'' R_3 + I_3''^2 R_3$$

对于图 2-14（b）和（c），可分别写出：

$$P_3' = I_3'^2 R_3$$

$$P_3'' = I_3''^2 R_3$$

显然：

$$P_3 \neq P_3' + P_3''$$

例 2-7　用叠加定理求如图 2-15（a）所示电路的电流 I_1、I_2。

解　2A 电流源单独作用时的电路如图 2-15（b）所示，由图可得：

$$I_1' = -\frac{10}{10+5} \times 2 = -\frac{4}{3} \text{（A）}$$

$$I_2' = \frac{5}{10+5} \times 2 = \frac{2}{3} \text{（A）}$$

5V 电压源单独作用时的电路如图 2-15（c）所示，由图可得

$$I_1'' = I_2'' = \frac{5}{10+5} = \frac{1}{3} \text{（A）}$$

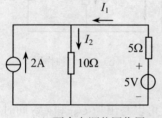
（a）两个电源共同作用

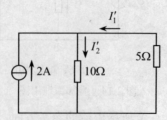
（b）2A 电流源单独作用

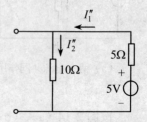
（c）5V 电压源单独作用

图 2-15　例 2-7 的图

根据叠加定理，两个电源共同作用时的电流 I_1、I_2 分别为：

$$I_1 = I_1' + I_1'' = -\frac{4}{3} + \frac{1}{3} = -1 \text{（A）}$$

$$I_2 = I_2' + I_2'' = \frac{2}{3} + \frac{1}{3} = 1 \text{（A）}$$

2.4.2　等效电源定理

在介绍等效电源定理之前，先介绍二端网络的概念。

二端网络就是具有两个出线端的部分电路。含有电源的二端网络称为有源二端网络；不含电源的二端网络称为无源二端网络。二端网络可以是简单或任意复杂的电路。

当需要计算复杂电路中的某一支路时，可将该支路划出（如图 2-16 所示 ab 支路，其中电阻为 R_L），其余部分就是一个有源二端网络（如图 2-16（a）所示方框部分）。有源二端网络对于所要计算的支路而言，仅相当一个电源，因此，可以简化为一个等效电源。经过等效变换后，ab 支路中的电流及其两端电压没有变动。

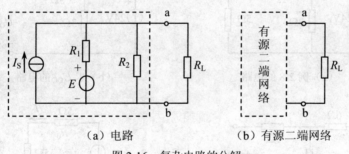

（a）电路　　　　　　　　（b）有源二端网络

图 2-16　复杂电路的分解

根据第 1 章所述，一个电源可以用两种电路模型来表示：一种是电压为 U_S 的恒压源与内阻 R_0 串联的电路（电压源）；另一种是恒流源 I_S 与内阻 R_0 并联的电路（电流源）。相应于有源二端网络的两种等效电源，有下述两个定理。

1. 戴维南定理

戴维南定理指出，任何一个线性有源二端网络都可以用一个电压源，即恒压源与内阻串联的电源等效代替。恒压源与内阻的串联组合称为戴维南等效电路。恒压源的电压等于该有源二端网络的开路电压 U_{OC}，串联的内阻等于该有源二端网络去除所有电源（恒压源短路，恒流源开路）后得到的无源二端网络 a、b 两端之间的等效电阻 R_0，如图 2-17 所示，待求支路 R_L 中的电流即为：

$$I = \frac{U_{OC}}{R_0 + R_L}$$

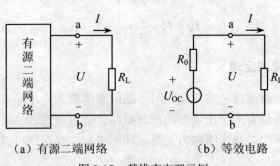

（a）有源二端网络　　　　（b）等效电路

图 2-17　戴维南定理示例

例 2-8　用戴维南定理求如图 2-18（a）所示电路中通过 5Ω电阻的电流 I。

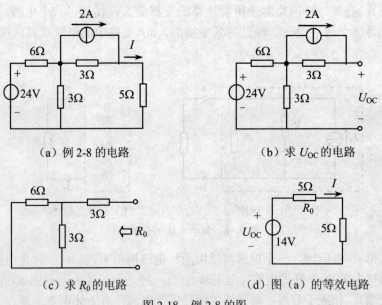

（a）例 2-8 的电路　　　　　　　（b）求 U_{OC} 的电路

（c）求 R_0 的电路　　　　　　（d）图（a）的等效电路

图 2-18　例 2-8 的图

解　（1）断开待求支路，得有源二端网络如图 2-18（b）所示。由图 2-18（b）可求得该有源二端网络的开路电压 U_{OC} 为：

$$U_{OC} = 2 \times 3 + \frac{3}{6+3} \times 24 = 14 \ （V）$$

（2）将图 2-18（b）中的恒压源短路，恒流源开路，除源后的无源二端网络如图 2-18（c）所示，可求得等效电阻 R_0 为：

$$R_0 = 3 + \frac{6 \times 3}{6+3} = 3 + 2 = 5 \ (\Omega)$$

（3）根据 U_{OC} 和 R_0 画出戴维南等效电路，并接上待求支路，得图 2-18（a）的等效电路，如图 2-18（d）所示，由图可求得 I 为：

$$I = \frac{14}{5+5} = 1.4 \ (\text{A})$$

例 2-9　用戴维南定理求如图 2-19（a）所示电路中通过 R_L 支路的电流 I_L。

解　（1）断开待求支路，得有源二端网络如图 2-19（b）所示。由图 2-19（b）可求得该有源二端网络的开路电压 U_{OC} 为：

$$U_{OC} = \frac{R_2}{R_1 + R_2} U_{S1} + U_{S2} - \frac{R_4}{R_4 + R_5 + R_6} U_{S3}$$

$$= \frac{3}{6+3} \times 18 + 26 - \frac{10}{10+8+2} \times 20 = 22 \ (\text{V})$$

（2）将图 2-19（b）中的恒压源短路，恒流源开路，除源后的无源二端网络如图 2-19（c）所示，由图可求得等效电阻 R_0 为：

$$R_0 = \frac{R_1 R_2}{R_1 + R_2} + R_3 + \frac{R_4 (R_5 + R_6)}{R_4 + R_5 + R_6} = \frac{6 \times 3}{6+3} + 3 + \frac{10 \times (8+2)}{10+8+2} = 10 \ (\Omega)$$

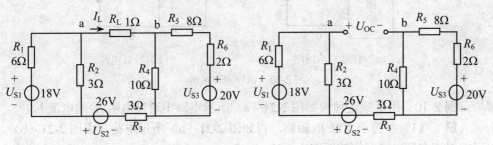

（a）例 2-9 的电路　　　　　　　　　　　　（b）求 U_{OC} 的电路

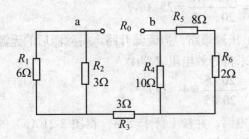

（c）求 R_0 的电路

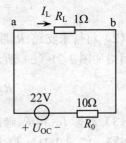

（d）图（a）的等效电路

图 2-19　例 2-9 的图

（3）根据 U_{OC} 和 R_0 画出戴维南等效电路，并接上待求支路，得图 2-19（a）的等效电路，如图 2-19（d）所示，由图可求得 I 为：

$$I = \frac{U_{OC}}{R_0 + R_L} = \frac{22}{10 + 1} = 2 \ (\text{A})$$

2. 诺顿定理

诺顿定理指出，任何一个线性有源二端网络都可以用一个电流源即恒流源与内阻并联的电路等效代替。恒流源与内阻的并联组合称为诺顿等效电路。恒流源的电流等于该有源二端网络的短路电流 I_{SC}，并联的内阻等于该有源二端网络去除所有电源（恒压源短路，恒流源开路）后得到的无源二端网络 a、b 两端之间的等效电阻 R_0，如图 2-20 所示。待求支路 R_L 中的电流 I 即为：

$$I = \frac{R_0}{R_0 + R_L} I_{SC}$$

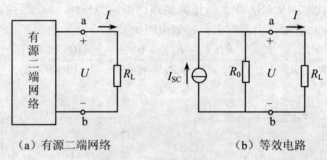

（a）有源二端网络 　　　　　（b）等效电路

图 2-20　诺顿定理示例

例 2-10　用诺顿定理求如图 2-21（a）所示电路中通过电阻 R_3 的电流 I。

解　（1）将待求支路 R_3 短路，得如图 2-21（b）所示电路，由图 2-21（b）可求得该有源二端网络的短路电流 I_{SC} 为：

$$I_{SC} = \frac{U_{S1}}{R_1} + \frac{U_{S2}}{R_2} = \frac{140}{20} + \frac{90}{5} = 25 \ (\text{A})$$

（2）将待求支路 R_3 断开，并将恒压源短路，恒流源开路，得除源后的无源二端网络如图 2-21（c）所示，由图可求得等效电阻 R_0 为：

$$R_0 = \frac{R_1 R_2}{R_1 + R_2} = \frac{20 \times 5}{20 + 5} = 4 \ (\Omega)$$

（3）根据 I_{SC} 和 R_0 画出诺顿等效电路，并接上待求支路，得图 2-21（a）的等效电路，如图 2-21（d）所示，由图可求得 I 为：

$$I = \frac{R_0}{R_0 + R_3} I_S = \frac{4}{4 + 6} \times 25 = 10 \ (\text{A})$$

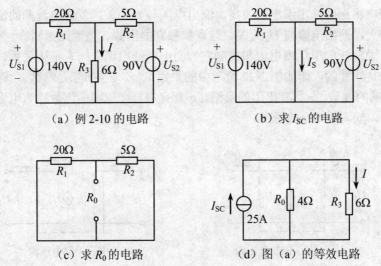

（a）例 2-10 的电路　　　　　　　　　（b）求 I_{SC} 的电路

（c）求 R_0 的电路　　　　　　　　（d）图（a）的等效电路

图 2-21　例 2-10 的图

2.5　含受控源电路的分析

2.5.1　受控源

前面讨论的电压源和电流源都是恒定值或是时间函数,这类电源称为独立源。

除此以外，还有另一类电源，其输出的电压或电流是电路中其他支路的电压或电流的函数，也就是说，这类电源输出的电压或电流受电路中其他支路的电压或电流控制，这类电源称为受控源，也称非独立电源。当控制电压或电流消失或等于零时，受控源的电压或电流也为零。

受控源有两对端钮，一对为受控端钮，或称为输出端钮，输出电压或电流；另一对为控制端钮，或称为输入端钮，输入控制量。因此，受控源是四端元件。

根据受控源是电压源还是电流源，以及受控源是受电压控制还是受电流控制，受控源可分为电压控制电压源（VCVS）、电流控制电压源（CCVS）、电压控制电流源（VCCS）和电流控制电流源（CCCS）4 种类型。4 种受控源的模型分别如图 2-22 所示。

电压控制的受控源，其输入端电阻为无穷大；电流控制的受控源，其输入端电阻为零。这样，控制端消耗的功率为零。因此受控源的功率可由受控端来计算，即：

$$P = P_2 = U_2 I_2$$

　　受控电压源的输出端电阻为零，输出电压与 I_2 无关；受控电流源的输出端电阻为无穷大，输出电流与 U_2 无关。这点和独立恒压源、恒流源相同。

　　如果受控源的电压或电流和控制它们的电压或电流之间有正比关系，则这种控制作用是线性的，即如图 2-22 所示中的系数 μ、r、g 及 β 都是常数。其中，μ 和 β 是无量纲的纯数，r 具有电阻的量纲，g 具有电导（电阻的倒数称为电导，单位为西门子，简写为 S）的量纲。

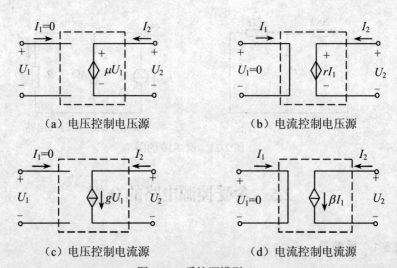

（a）电压控制电压源　　　　　　　　　（b）电流控制电压源

（c）电压控制电流源　　　　　　　　　（d）电流控制电流源

图 2-22　受控源模型

　　在电路图中，受控源用菱形符号表示，以便与独立源的圆形符号相区别。每一种线性受控源是由两个线性方程式表征的：

电压控制电压源　　　　　　$I_1 = 0$，$U_2 = \mu U_1$

电流控制电压源　　　　　　$U_1 = 0$，$U_2 = r I_1$

电压控制电流源　　　　　　$I_1 = 0$，$I_2 = g U_1$

电流控制电流源　　　　　　$U_1 = 0$，$I_2 = \beta I_1$

2.5.2　含受控源电路的分析

　　前面介绍的电路分析方法同样适用于含有受控源的线性电路的分析，但考虑到受控源的特性，将在下列各例中说明分析与计算时需要注意的地方。

　　例 2-11　用支路电流法求如图 2-23 所示电路中的各支路电流。

　　解　用支路电流法建立求解电路的方程组时，应先把受控源暂时作为独立源去列写支路电流方程。但因为受控源输出的电压或电流是电路中某一支路电压或电流（即控制量）的函数，所以，一般情况下还要用支路电流来表示受控源的控制量，使电路中未知量的数目与独立方程式数目相等，这样才能求解出所需未知量。

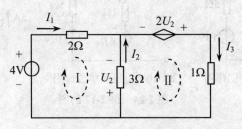

图 2-23　例 2-11 的图

如图 2-23 所示的电路中有 3 条支路，根据图中所标各支路电流的参考方向及回路的环绕方向，可以列出支路电流法的 3 个方程式为：

$$I_1 + I_2 - I_3 = 0$$
$$2I_1 - 3I_2 = 4$$
$$I_3 + 3I_2 = 2U_2$$

由于电路中含有一个电压控制电压源，所列 3 个方程中除了支路电流 I_1、I_2、I_3 外，还有控制量 U_2，共 4 个未知量，所以还需增加一个方程。由图 2-23 可得控制量 U_2 与支路电流 I_2 的关系为：

$$U_2 = 3I_2$$

联立以上 4 式，解得：

$$I_1 = 8A$$
$$I_2 = 4A$$
$$I_3 = 12A$$

例 2-12　应用叠加定理求如图 2-24（a）所示电路中的电压 U 和电流 I_2。

解　应用叠加定理分析含受控源的电路时，独立源在电路中的作用可以分别单独考虑，但受控源不能这样处理。因为只要控制支路中有控制量存在，受控源就会出现，所以受控源不可能单独出现，也不可以在控制量存在时取消。

综上所述，应用叠加定理分析图 2-24（a）所示电路时，图 2-24（a）所示电路中的电压 U 等于图 2-24（b）和图 2-24（c）所示两个电路中电压 U' 和 U'' 的代数和。在图 2-24（b）所示电路中，10V 电压源单独作用；图 2-24（c）所示电路中，5A 电流源单独作用。两个电路中受控源均应保留。

在图 2-24（b）中，由基尔霍夫定律，有：

$$I_1' = I_2'$$
$$5I_1' + I_2' = 10 - 4I_1'$$

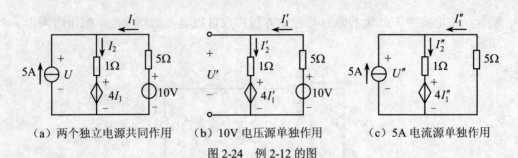

（a）两个独立电源共同作用　　（b）10V 电压源单独作用　　（c）5A 电流源单独作用

图 2-24　例 2-12 的图

解得：

$$I_1' = I_2' = 1 \text{（A）}$$

$$U' = 10 - 5I_1' = 10 - 5 \times 1 = 5 \text{（V）}$$

在图 2-24（c）中，由基尔霍夫定律，有：

$$I_1'' + 5 - I_2'' = 0$$

$$5I_1'' + I_2'' = -4I_1''$$

解得：

$$I_1'' = -0.5 \text{（A）}$$

$$I_2'' = 4.5 \text{（A）}$$

$$U'' = -5I_1'' = -5 \times (-0.5) = 2.5 \text{（V）}$$

所以：

$$U = U' + U'' = 5 + 2.5 = 7.5 \text{（V）}$$

$$I_2 = I_2' + I_2'' = 1 + 4.5 = 5.5 \text{（A）}$$

例 2-13　应用戴维南定理求如图 2-25 所示电路中的电流 I_2。

解　应用等效电源定理分析含受控源的电路时，不能将受控源和它的控制量分割在两个网络中，二者必须在同一个网络中。求等效电源的内阻 R_0 时，有源二端网络中的独立电源均应为零，但受控源是否为零取决于控制量是否为零，因此 R_0 不能用电阻串并联的方法计算。一般采用以下两种方法计算 R_0。

（1）开路短路法。即求出有源二端网络的开路电压 U_{OC} 和短路电流 I_{SC}，则：

$$R_0 = \frac{U_{OC}}{I_{SC}}$$

（2）外加电压法。即在不含独立源的二端网络（内含受控源）两端之间加一个电压 U，求出在这个电压作用下输入到网络的电流 I，则：

$$R_0 = \frac{U}{I}$$

根据以上思路，该例的求解过程如下：

（1）求开路电压 U_{OC}。

由图 2-25（b），有：

$$I_1' = -10 \text{（A）}$$

$$U_{\mathrm{OC}} = 20 - 6I_1' = 20 - 6 \times (-10) = 80 \text{（V）}$$

（2）求短路电流 I_{SC}。

由图 2-25（c），有：

$$I_{\mathrm{SC}} = I_1'' + 10 = \frac{20}{6} + 10 = \frac{40}{3} \text{（A）}$$

（3）求等效电源的内阻 R_0。

$$R_0 = \frac{U_{\mathrm{OC}}}{I_{\mathrm{SC}}} = \frac{80}{\dfrac{40}{3}} = 6 \text{（Ω）}$$

若用外加电压法计算 R_0，在除去独立源而含有受控源的二端网络端口处加一电压 U，求出相应的端口电流 I，如图 2-25（d）所示，可以得出：

$$I = \frac{U}{6}$$

所以：

$$R_0 = \frac{U}{I} = 6 \text{（Ω）}$$

（4）求电流 I_2。

由图 2-25（e）得：

$$I_2 = \frac{80}{4+6} = 8 \text{（A）}$$

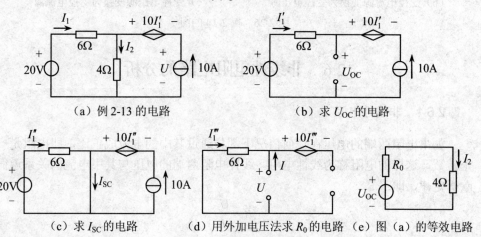

（a）例 2-13 的电路　　　　　　　（b）求 U_{OC} 的电路

（c）求 I_{SC} 的电路　　　（d）用外加电压法求 R_0 的电路　（e）图（a）的等效电路

图 2-25　例 2-13 的图

例 2-14 在如图 2-26（a）所示的电路中，用电压源与电流源的等效变换求电流 I。

解 受控电压源与受控电流源也可等效变换，如图 2-26（b）所示，但在变换过程中不能把受控源的控制量变换掉。在本例中，不能把 8Ω 电阻中的电流 I 变换掉。

进行变换后得到如图 2-26（c）所示的电路，应用基尔霍夫电流定律列出：

$$1 - I - I' + I = 0$$

所以：

$$I' = 1 \text{ （A）}$$

$$I = \frac{4I'}{8} = \frac{4 \times 1}{8} = 0.5 \text{ （A）}$$

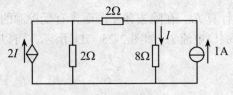

（a）例 2-14 的电路

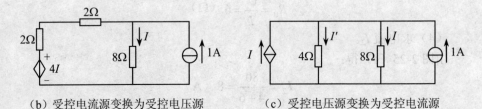

（b）受控电流源变换为受控电压源 （c）受控电压源变换为受控电流源

图 2-26 例 2-14 的图

2.6 非线性电阻电路的分析

2.6.1 非线性电阻

如果电阻两端的电压在任何情况下都与通过其中的电流成正比，即电阻是一个常数，这样的电阻称为线性电阻。线性电阻两端的电压与其中电流的关系遵循欧姆定律，即：

$$R = \frac{U}{I}$$

线性电阻的伏安特性曲线是一条直线，如图 2-27（a）所示。

　　如果电阻不是一个常数，而是随着电压或电流变动，这种电阻称为非线性电阻。非线性电阻的伏安特性曲线是一条曲线，如图 2-27（b）、（c）所示分别为白炽灯丝和二极管的伏安特性曲线。非线性电阻的符号如图 2-28 所示。

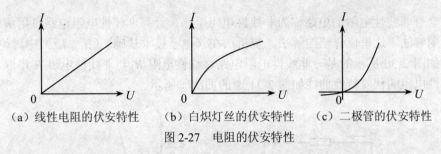

（a）线性电阻的伏安特性　　（b）白炽灯丝的伏安特性　　（c）二极管的伏安特性

图 2-27　电阻的伏安特性

　　因为非线性电阻的阻值是随电压或电流而变动的，所以计算阻值时，必须指明它的工作电流或工作电压。由规定的工作电流或工作电压确定的工作状态称为非线性元件的工作点，如图 2-29 所示伏安特性曲线上的 Q 点。

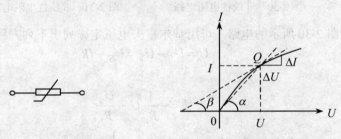

图 2-28　非线性电阻的符号　　图 2-29　静态电阻和动态电阻的图解方法

　　计算非线性电阻要区分两种情况。一种是只对某一工作点求电压和电流的关系，即根据非线性元件的工作条件选定工作点 Q，由伏安特性曲线确定它的工作电压 U 和工作电流 I，如图 2-29 所示，其比值为：

$$R = \frac{U}{I} = \frac{1}{\tan \alpha}$$

R 称为非线性元件的静态电阻或直流电阻。

　　另一种情况是在工作点附近取一小段曲线，将这一小段伏安特性曲线近似看作直线，求电压变化量 ΔU 和电流变化量 ΔI 的比值的极限，即：

$$r = \lim_{\Delta I \to 0} \frac{\Delta U}{\Delta I} = \frac{\mathrm{d}U}{\mathrm{d}I} = \frac{1}{\tan \beta}$$

　　这样求得的电阻称为非线性元件的动态电阻或微变电阻，常用小写字母 r 表示。动态电阻在数值上等于伏安特性曲线上工作点 Q 处的切线斜率的倒数。

由于非线性电阻的阻值不是常数，所以计算静态电阻和动态电阻时必须选择工作点，当所选工作点改变时，静态电阻和动态电阻的数值也随之改变。

2.6.2 非线性电阻电路的分析

含有非线性电阻的电路称为非线性电阻电路。计算非线性电阻电路可用解析法和图解法。这里仅介绍图解法，解析法在《电子技术基础》（第二版）中讨论。

如图 2-30 所示的是一非线性电阻电路，线性电阻 R_1 与非线性电阻 R 串联，非线性电阻的伏安特性曲线如图 2-31 中的曲线①所示。

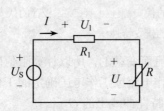

图 2-30　非线性电阻电路　　　图 2-31　非线性电阻电路的图解法

对图 2-30 所示的电路，可用基尔霍夫电压定律列出下列方程：

$$U = U_S - U_1 = U_S - IR_1$$

或：

$$I = -\frac{1}{R_1}U + \frac{U_S}{R_1}$$

这是一个直线方程，其斜率为 $\tan\alpha = -\dfrac{1}{R_1}$，在横轴上的截距为 U_S，纵轴上的截距为 $\dfrac{U_S}{R_1}$。显然，这是一条不过原点的直线，称为负载线，如图 2-32 中的直线②所示。

电路的工作情况由负载线与非线性电阻 R 的伏安特性曲线的交点 Q 确定，因为两者的交点既表示了非线性电阻 R 上电压与电流间的关系，同时也符合电路中电压与电流的关系。

例 2-15　已知如图 2-32（a）所示电路中，$U_S = 8\,\text{V}$，$R_1 = 3\,\text{k}\Omega$，$R_2 = 1\,\text{k}\Omega$，$R_3 = 0.25\,\text{k}\Omega$，二极管 VD 的伏安特性曲线如图 2-32（c）中的曲线①所示，求通过二极管的电流 I 及端电压 U。

解　首先根据戴维南定理将 a、b 左边的有源二端网络作等效变换，得到如图 2-32（b）所示的等效电路。其中：

$$U_{OC} = \frac{R_2}{R_1 + R_2} U_S = \frac{1}{3+1} \times 8 = 2 \quad (V)$$

$$R_0 = \frac{R_1 R_2}{R_1 + R_2} + R_3 = \frac{1 \times 3}{1 + 3} + 0.25 = 1 \quad (k\Omega)$$

把图 2-32（b）所示等效电路中的二极管作为负载，可写出负载线方程：

$$U = U_{OC} - IR_0$$

根据上式在图 2-32(c)中作出负载线②。负载线在横轴上的截距 $U = U_{OC} = 2$（V），在纵轴上的截距 $I = \dfrac{U_{OC}}{R_0} = \dfrac{2}{1} = 2$（mA）。负载线②与二极管的特性曲线①的交点 Q 就是二极管的工作点。由工作点 Q 可得：

$$U = 0.6V$$

$$I = 1.4mA$$

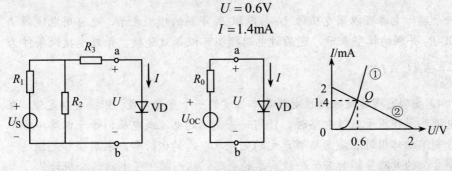

（a）例 2-15 的电路　　　（b）图（a）的等效电路　　　（c）图解法求电流 I 及电压 U

图 2-32　例 2-15 的图

（1）支路电流法是直接运用基尔霍夫定律和元件伏安关系列方程求解电路的方法，是分析电路最基本的方法。用支路电流法求解电路时，先要判定电路的支路数 b 和节点数 n，并在电路图中标出各支路电流的参考方向和各回路的绕行方向，然后根据 KCL 列出 $(n-1)$ 个独立的节点电流方程，根据 KVL 列出 $b-(n-1)$ 个独立的回路电压方程，最后联立这些方程，即可求出各支路电流，必要时再求出各元件的电压和功率。

（2）对于有多个支路，但只有两个节点的电路，可以不需解联立方程组，运用弥尔曼公式 $U = \dfrac{\sum \dfrac{U_S}{R} + \sum I_S}{\sum \dfrac{1}{R}}$ 直接求出两个节点间的电压，进而求出各支路电流。

　　（3）具有相同伏安关系的不同电路称为等效电路，将某一电路用与其等效的电路替换的过程称为等效变换。将电路进行适当的等效变换，可以使电路的分析计算得到简化。

　　多个电阻串联时，可等效为一个电阻，等效电阻 $R=\sum R_k$。两个电阻串联时，电压分配公式为：$U_1=\dfrac{R_1}{R_1+R_2}U$，$U_2=\dfrac{R_2}{R_1+R_2}U$。

　　多个电阻并联时，也可等效为一个电阻，等效电阻 R 可由公式 $\dfrac{1}{R}=\sum\dfrac{1}{R_k}$ 求得。

两个电阻并联时，电流分配公式为：$I_1=\dfrac{R_2}{R_1+R_2}I$，$I_2=\dfrac{R_1}{R_1+R_2}I$。

　　一个实际电源可以用电压源 U_S 与内阻 R_0 串联的模型表示，也可用电流源 I_S 与内阻 R_0 并联的模型表示，这两种电路模型可以等效变换，等效变换的条件为 $I_S=\dfrac{U_S}{R_0}$ 或 $U_S=I_SR_0$。

　　（4）叠加定理是反映线性电路基本性质的一个重要定理。根据叠加定理，在多个电源共同作用于线性电路时，任何一条支路的电流或电压，等于电路中各个电源分别单独作用时在该支路所产生的电流或电压的代数和。运用叠加定理，可将一个复杂的电路分解为若干个较简单的电路，从而简化了电路的分析计算。

　　（5）等效电源定理包括戴维南定理和诺顿定理。

　　戴维南定理是用等效方法分析电路最常用的定理。戴维南定理表明：任何一个线性有源二端网络可以用一个恒压源与内阻串联的等效电源代替。恒压源的电压等于该有源二端网络的开路电压，串联的内阻等于该二端网络去除所有电源后所得无源二端网络两端之间的等效电阻。

　　诺顿定理表明：任何一个线性有源二端网络可以用一个恒流源与内阻并联的等效电源代替。恒流源的电流等于该二端网络的短路电流，并联的内阻等于该二端网络去除所有电源后所得无源二端网络两端之间的等效电阻。

　　必须特别指出，等效电源定理只适用于对外电路的等效，而对被变换部分的内部是不等效的。

　　（6）受控源输出的电压或电流受电路中其他支路的电压或电流控制。控制量的大小及方向改变时，受控源输出的电压或电流的大小及方向也将随之改变。受控源在电路中不能独立存在。含有受控源的线性电路仍可用基尔霍夫定律及线性电路的基本分析方法分析。

　　（7）如果一个电阻不是常数，而是随电压或电流变化的，就称为非线性电阻。

非线性电阻的伏安特性是一条曲线。不同的工作条件对应于不同的负载线。负载线与伏安特性曲线的交点称为工作点 Q，由工作点 Q 所确定的工作电压 U 和工作电流 I 的比值称为非线性电阻的静态电阻 R，即 $R = \dfrac{U}{I}$。在工作点 Q 附近，电压变化量 ΔU 和电流变化量 ΔI 的比值的极限称为非线性电阻的动态电阻 r，即：

$$r = \lim_{\Delta I \to 0} \frac{\Delta U}{\Delta I} = \frac{\mathrm{d}U}{\mathrm{d}I}$$

求解非线性电阻电路常采用图解法。

 习题二

2-1　求图 2-33 所示各电路 a、b 两端的等效电阻。

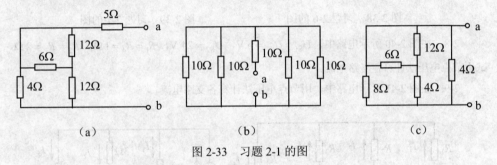

图 2-33　习题 2-1 的图

2-2　求图 2-34 所示电路中的电压 U。

2-3　求图 2-35 所示电路中的电流 I 和电压 U_{ab}。

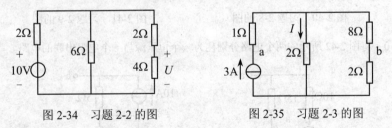

图 2-34　习题 2-2 的图　　　　图 2-35　习题 2-3 的图

2-4　求图 2-36 所示电路中的电流 I。

2-5　求图 2-37 所示电路中的电压 U_{ab}。

2-6　在图 2-38 中，$U_{S1} = 244\,\text{V}$，$U_{S2} = 252\,\text{V}$，$R_1 = 8\,\Omega$，$R_2 = 4\,\Omega$，$R_3 = 20\,\Omega$。用支路电流法计算各支路电流，并证明电源产生的功率等于电阻上消耗的总功率。

2-7　在图 2-39 所示电路中，用支路电流法计算各支路电流。

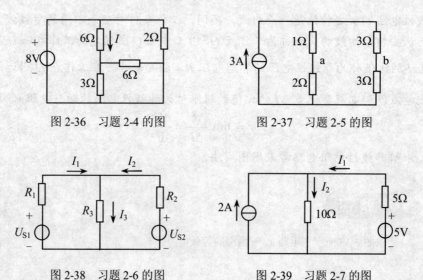

图 2-36　习题 2-4 的图　　　　　　图 2-37　习题 2-5 的图

图 2-38　习题 2-6 的图　　　　　　图 2-39　习题 2-7 的图

2-8　在图 2-40 所示电路中，$U_{S1} = U_{S3} = 6\ \text{V}$，$U_{S2} = 24\ \text{V}$，$R_1 = R_4 = 1\ \Omega$，$R_2 = R_3 = 2\ \Omega$，试用节点电压法计算各支路电流。

2-9　在图 2-41 所示电路中，用节点电压法计算各支路电流。

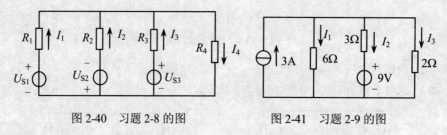

图 2-40　习题 2-8 的图　　　　　　图 2-41　习题 2-9 的图

2-10　将图 2-42 所示的两个电路分别化为一个恒压源与一个电阻串联的电路。

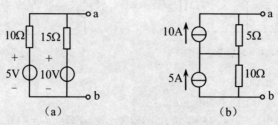

图 2-42　习题 2-10 的图

2-11　试用电压源与电流源等效变换的方法计算图 2-43 所示电路中流过 2Ω电阻的电流 I。

2-12　写出图 2-44 所示电路中输出电压 U_2 与输入电压 U_1 的比值。

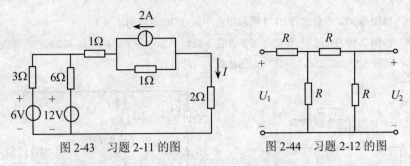

图 2-43　习题 2-11 的图　　　　　图 2-44　习题 2-12 的图

2-13　试用电压源与电流源等效变换的方法求图 2-45 所示各电路中的电流 I。

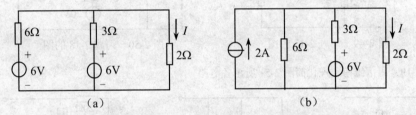

（a）　　　　　　　　　　　　（b）

图 2-45　习题 2-13 的电路

2-14　试用叠加定理计算图 2-46 所示电路中流过 4Ω 电阻的电流 I。

2-15　试用叠加定理计算图 2-47 所示电路中流过 3Ω 电阻的电流 I。

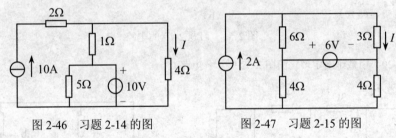

图 2-46　习题 2-14 的图　　　　　图 2-47　习题 2-15 的图

2-16　如图 2-48（a）所示，$U_S = 12\,\mathrm{V}$，$R_1 = R_2 = R_3 = R_4$，$U_{ab} = 10\,\mathrm{V}$。若将恒压源除去后（如图 2-48（b）所示），试问这时 U_{ab} 等于多少？

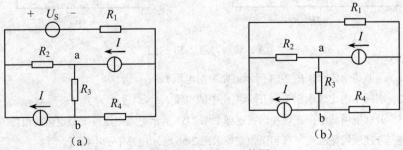

（a）　　　　　　　　　　　　（b）

图 2-48　习题 2-16 的图

2-17　试用叠加定理计算图 2-49 所示电路中流过 3Ω电阻的电流 I。

2-18　在图 2-50 中，（1）当将开关 S 合在 a 点时，求电流 I_1、I_2 和 I_3；（2）当将开关 S 合在 b 点时，利用（1）的结果，用叠加定理计算 I_1、I_2 和 I_3。

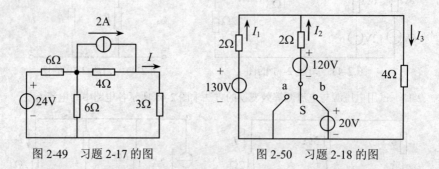

图 2-49　习题 2-17 的图　　　　图 2-50　习题 2-18 的图

2-19　用戴维南定理化简图 2-51 所示各电路。

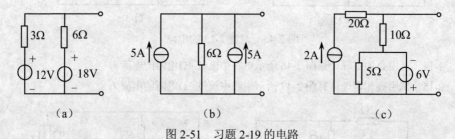

（a）　　　　　　　　　（b）　　　　　　　　　（c）

图 2-51　习题 2-19 的电路

2-20　用戴维南定理化简图 2-52 所示各电路。

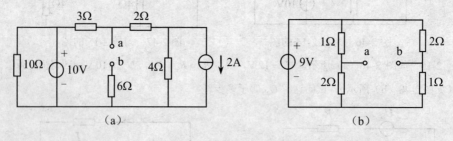

（a）　　　　　　　　　　　　　　　（b）

图 2-52　习题 2-20 的图

2-21　用戴维南定理求图 2-53 所示电路中的电流 I。

2-22　用戴维南定理求图 2-54 所示电路中的电流 I。

2-23　分别应用戴维南定理和诺顿定理求图 2-55 所示电路中通过 12Ω电阻的电流 I。

2-24　分别应用戴维南定理和诺顿定理求图 2-56 所示电路中的电流 I_L。

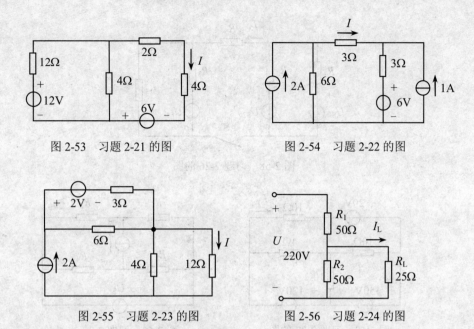

图 2-53　习题 2-21 的图　　　　　　　　图 2-54　习题 2-22 的图

图 2-55　习题 2-23 的图　　　　　　　　图 2-56　习题 2-24 的图

2-25　图 2-57 所示的 R-$2R$ 梯形网络用于电子技术的数模转换，试用叠加定理求证输出端的电流 I 为

$$I = \frac{U_R}{3R \times 2^4}(2^3 + 2^2 + 2^1 + 2^0)$$

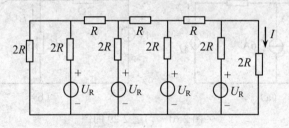

图 2-57　习题 2-25 的图

2-26　在图 2-58 中，已知 $U_{S1} = 15\text{V}$，$U_{S2} = 4\text{V}$，$U_{S3} = 13\text{V}$，$R_1 = R_2 = R_3 = R_4 = 1\Omega$，$R_5 = 9\ \Omega$，（1）当开关 S 断开时，试求电阻 R_5 上的电压 U_5 和电流 I_5；（2）当开关 S 闭合时，试用戴维南定理计算 I_5。

2-27　用戴维南定理计算图 2-59 所示电路中的电流 I。

2-28　在图 2-60 中，已知 $U_S = 10\text{V}$，$I_S = 2\text{A}$，$R_1 = 6\ \Omega$，$R_2 = 4\ \Omega$，$R_3 = 9\ \Omega$，$R_4 = 2\ \Omega$，分别用戴维南定理和诺顿定理求电阻 R_1 上的电流。

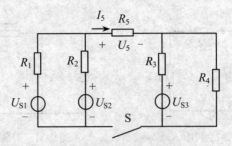

图 2-58　习题 2-26 的图

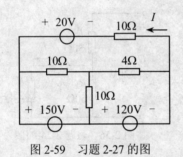

图 2-59　习题 2-27 的图

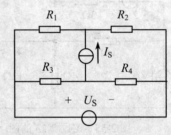

图 2-60　习题 2-28 的图

2-29　用支路电流法求图 2-61 所示两电路中的各支路电流。

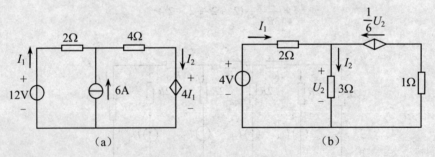

（a）

（b）

图 2-61　习题 2-29 的图

2-30　用叠加定理求图 2-62 所示电路中的电流 I。

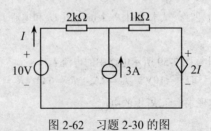

图 2-62　习题 2-30 的图

2-31　试求图 2-63 所示电路的戴维南等效电路和诺顿等效电路。

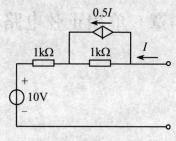

图 2-63　习题 2-31 的图

2-32　试用图解法计算图 2-64（a）所示电路中非线性电阻 R 的电流 I 及其两端电压 U。图 2-64（b）所示是非线性电阻 R 的伏安特性曲线。

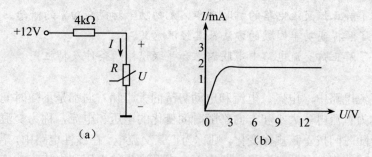

图 2-64　习题 2-32 的图

第 3 章　单相正弦电路分析

- 理解正弦交流电的三要素、相位差、有效值和相量表示法。
- 理解电路基本定律的相量形式、阻抗和相量图。
- 掌握用相量法分析和计算简单正弦交流电路的方法。
- 理解并掌握正弦交流电路的有功功率、功率因数的概念和计算。
- 了解正弦交流电路的瞬时功率、无功功率和视在功率的概念。
- 了解提高功率因数的方法及其经济意义。
- 了解正弦交流电路中串联谐振和并联谐振的条件及特征。

在直流电路中，电压、电流和电动势等的大小和方向都是不随时间变化的恒定值，称为直流电。大小和方向都随时间变化的电压和电流，称为交流电。若电压或电流随时间按正弦规律变化，则称为正弦交流电。在线性电路中，若电源（激励）为时间的正弦函数，则稳定状态下由电源产生的电压和电流（响应）也必为时间的正弦函数，这样的电路称为正弦交流稳态电路，简称正弦交流电路。

在现代技术中，无论是生产用电还是生活用电，几乎都采用正弦交流电。即使某些应用直流电的场合，如电解、电车、电子仪器设备等，也多是将交流电经整流设备整流得到。此外，无线电工程及模拟电子技术中的基本工作信号采用的也多是正弦电压、电流信号。

正弦交流电之所以得到广泛应用，是由于它具有许多优良性能，例如，正弦交流电便于产生和使用；交流电机比直流电机结构简单、造价低廉、运行可靠、使用维护方便；正弦交流电很容易利用变压器进行不同电压的变换和远距离传送。

正弦交流电路和直流电路具有根本的区别，但直流电路的分析方法原则上也适用于正弦交流电路。由于正弦交流电路中电压及电流的大小和方向随时间按正弦规律变化，因此分析和计算比直流电路要复杂得多。

本章介绍正弦交流电路的分析方法，包括正弦交流电的基本概念，正弦量的相量表示方法，基尔霍夫定律及元件伏安关系的相量形式，阻抗串、并联电路的分析，正弦交流电路的功率及提高功率因数的意义和方法，交流电路中的串、并联谐振现象。

　　本章的内容是电工学课程的重要部分。本章所讨论的一些基本概念、基本理论和基本分析方法是学习电机、电器及电子技术的重要理论基础。

3.1　正弦交流电的基本概念

3.1.1　正弦量的三要素

　　大小和方向随时间按正弦规律变化的电压和电流称为正弦电压和正弦电流。按正弦规律变化的电压、电流等统称为正弦量。

　　正弦量可用时间的正弦函数来表示，也可用时间的余弦函数来表示，本书一律采用正弦函数。按正弦规律变化的电动势 e、电压 u 和电流 i 用正弦函数表示为：

$$e = E_m \sin(\omega t + \theta_e)$$
$$u = U_m \sin(\omega t + \theta_u)$$
$$i = I_m \sin(\omega t + \theta_i)$$

下面结合以上 3 个表达式介绍几个正弦量的特征量。

1. 瞬时值和振幅

　　通常用小写字母 e、u、i 表示正弦电动势、电压和电流随时间变化的正弦函数，也表示它们在某一瞬时 t 的量值，称为正弦交流电的瞬时值。

　　正弦量在不同的时刻有不同的瞬时值，其中最大瞬时值称为正弦量的振幅，也称最大值或幅值，用大写字母加下标 m 表示。E_m、U_m、I_m 分别为正弦电动势、电压和电流的振幅。振幅表明了正弦量在变化过程中所能达到的最大值，是正弦量的重要特征量之一。

　　如图 3-1（a）所示是流过正弦电流的一条支路。在指定了电流参考方向和计算时间的坐标原点之后，就可画出正弦电流的波形，称为正弦波，如图 3-1（b）所示。横坐标可定为 ωt，也可定为时间 t，依需要而定，两者相差一个比例常数 ω。图上标出了 t_1 时刻的瞬时值 $i(t_1)$ 和振幅 I_m，以及其他一些特征量。当 i 为正时，表示该支路电流的实际方向与参考方向一致；当 i 为负时，表示电流的实际方向与参考方向相反。

2. 周期和频率

　　正弦量完整变化一周所需的时间 T 称为周期，如图 3-1（b）所示。周期的大小反映正弦量变化的快慢，其单位为秒（s）。

　　正弦量在单位时间内变化的周数称为频率，记为 f，单位为赫兹（Hz）。频率也是反映正弦量变化快慢的一个物理量。

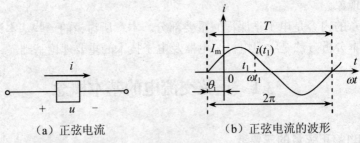

（a）正弦电流　　　　　（b）正弦电流的波形

图 3-1　正弦电流及其波形

周期与频率互为倒数，即：

$$f = \frac{1}{T}$$

我国电力系统所用的频率标准为 50Hz，称为工频。通常的交流电动机和照明负荷都采用这种频率。在其他技术领域内，使用各种不同的频率，例如，电子技术中常用的音频信号发生器的频率为 20Hz～20kHz；无线电工程上用的频率则高达 $10^4 \sim 30 \times 10^{10}$Hz。

正弦量变化的快慢除用周期和频率表示外，还可以用角频率 ω 表示。角频率 ω 在数值上等于每秒内所经历的电角度（弧度数），单位为弧度/秒（rad/s）。因为交流电变化一个周期的角度相当于 2π 弧度，如图 3-1（b）所示，即：

$$[\omega(t+T) + \theta_i] - (\omega t + \theta_i) = 2\pi$$

所以 ω 与 T 和 f 的关系为：

$$\omega = \frac{2\pi}{T} = 2\pi f$$

例 3-1　我国工农业动力和照明用的交流电频率为 $f_1 = 50$Hz，中央人民广播电台的载波频率为 $f_2 = 540$kHz，求这两个正弦交流电的角频率和周期。

解　因为 $f_1 = 50$Hz，所以：

$$\omega_1 = 2\pi f_1 = 2 \times 3.14 \times 50 = 314 \text{（rad/s）}$$

$$T_1 = \frac{1}{f_1} = \frac{1}{50} = 0.02 \text{（s）}$$

同理，可计算出 $f_2 = 540$kHz 的角频率和周期分别为：

$$\omega_2 = 2\pi f_2 = 2 \times 3.14 \times 540 \times 10^3 = 340 \times 10^6 \text{（rad/s）}$$

$$T_2 = \frac{1}{f_2} = \frac{1}{540 \times 10^3} = 1.85 \times 10^{-6} \text{（s）} = 1.85 \text{（μs）}$$

3．相位和初相

正弦量表达式中的角度称为相位角，简称相位，表示正弦量变化的进程。正弦电动势、电压和电流的相位分别为 $\omega t + \theta_e$、$\omega t + \theta_u$ 和 $\omega t + \theta_i$。相位的单位一般用弧度（rad），有时为了方便，也可用度为单位。

　　$t = 0$ 时刻的相位称为初相位，简称初相。正弦电动势、电压和电流的初相分别为 θ_e、θ_u 和 θ_i。

　　一个正弦量的振幅确定后，其初始值由初相决定。如正弦电流：

$$i = I_m \sin(\omega t + \theta_i)$$

其初始值为：

$$i(0) = I_m \sin(\omega \times 0 + \theta_i) = I_m \sin\theta_i$$

　　可见，所取的计时起点不同，正弦量的初相不同，其初始值也不同。

　　对于一个正弦量，若已知其振幅、频率（角频率或周期）和初相，即可写出该正弦量的数学表达式，求出任一瞬时的值，并画出波形图。所以，通常把振幅、频率（角频率或周期）和初相这 3 个特征量称为正弦量的三要素。

　　例 3-2　已知某正弦电流 $i = 100\sin 314t$（A），试求：

　　（1）i 的振幅 I_m、角频率 ω、频率 f 和周期 T；

　　（2）i 达到第一个正的最大值的时刻 t_1 以及当 $t_2 = \dfrac{1}{300}$ s 和 $t_3 = 15$ ms 时的瞬时值。

　　解　（1）由正弦电流 i 的表达式可得 i 的振幅为：

$$I_m = 100\,\text{A}$$

角频率为：

$$\omega = 314\,\text{rad/s}$$

所以频率为：

$$f = \frac{\omega}{2\pi} = \frac{314}{2 \times 3.14} = 50\ （\text{Hz}）$$

周期为：

$$T = \frac{1}{f} = \frac{1}{50} = 0.02\,(\text{s}) = 20\ （\text{ms}）$$

　　（2）当 $\omega t_1 = \dfrac{\pi}{2}$ 时 i 达到第一个正的最大值，所以：

$$t_1 = \frac{\pi}{2} \times \frac{1}{\omega} = \frac{3.14}{2} \times \frac{1}{314} = 0.005\,(\text{s}) = 5\ （\text{ms}）$$

　　在 $t_2 = \dfrac{1}{300}$ s 时 i 的瞬时值为：

$$i(t_2) = 100\sin(314t_2) = 100\sin\left(100\pi \times \frac{1}{300}\right) = 100\sin\frac{\pi}{3} = 86.6\ （\text{A}）$$

在 $t_3 = 15\text{ms} = 0.015\text{s}$ 时 i 的瞬时值为：

$$i(t_3) = 100\sin(314t_2) = 100\sin(100\pi \times 0.015) = 100\sin\frac{3\pi}{2} = -100 \quad (\text{A})$$

由计算结果可知，电流瞬时值有正负之分。当 i 为正时，表示电流的实际方向与图中设定的参考方向一致，其波形处于正半周；当 i 为负时，表示电流的实际方向与图中设定的参考方向相反，其波形处于负半周。

3.1.2　相位差

两个同频率正弦量的相位之差称为相位差，用 φ 表示。设两个同频率的正弦电压 u 和正弦电流 i 分别为：

$$u = U_m \sin(\omega t + \theta_u)$$
$$i = I_m \sin(\omega t + \theta_i)$$

则它们的相位差 φ 为：

$$\varphi = (\omega t + \theta_u) - (\omega t + \theta_i) = \theta_u - \theta_i$$

即两个同频率正弦量的相位差等于它们的初相之差。可见，虽然一个正弦量的初相与计时起点的选择有关，但两个同频率正弦量的相位差却并不因计时起点的改变而改变。

为了比较同频率的各个正弦量之间的相位关系，通常可任意选择一个正弦量，令其初相为零，此正弦量称为参考正弦量。一旦选定参考正弦量，其余正弦量的相位关系都以参考正弦量为准，具有一定的初相。在同一个电路中，参考正弦量的选取是任意的，但只能选一个。

相位差描述了两个同频率正弦量随时间变化步调上的先后。以正弦电压 u 和正弦电流 i 的相位差 $\varphi = \theta_u - \theta_i$ 为例，有以下几种情况：

（1）如果 $\varphi = 0$，则称电压 u 与电流 i 同相，如图 3-2（a）所示，这时电压 u 与电流 i 同时达到正最大值，同时达到零值，步调完全一致。

（2）如果 $\varphi > 0$，则称电压 u 在相位上超前电流 i 一个角度 φ，或称电流 i 滞后电压 u 一个角度 φ，如图 3-2（b）所示。

（3）如果 $\varphi = \pm 180°$，则称电压 u 与电流 i 反相，如图 3-2（c）所示。

（4）如果 $\varphi = \pm 90°$，则称电压 u 与电流 i 正交，如图 3-2（d）所示。

讨论相位差问题时应当注意，只有同频率正弦量才能对相位进行比较。这是因为只有同频率正弦量在任意时刻的相位差是恒定的，能够确定超前、滞后的关系，而不同频率正弦量的相位差是随时间变化的，无法确定超前、滞后的关系，因此不能进行相位的比较。

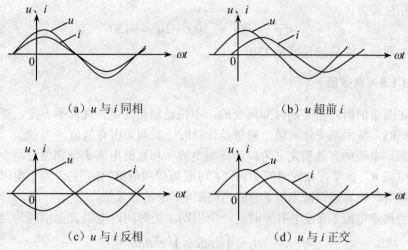

　　　　（a）u 与 i 同相　　　　　　　　　　　　（b）u 超前 i

　　　　（c）u 与 i 反相　　　　　　　　　　　　（d）u 与 i 正交

图 3-2　两个同频率正弦量的相位差

　　例 3-3　设有两个同频率的正弦电流分别为：

$$i_1 = 6\cos(\omega t + 80°)\ \text{A}$$

$$i_2 = 8\sin(\omega t + 30°)\ \text{A}$$

请问哪一个电流滞后？滞后的角度是多少？

　　解　在比较正弦量的相位关系时，首先应使各正弦量的函数形式一致。此例中，两个电流的函数形式不同，i_1 为余弦函数，i_2 为正弦函数。把 i_1 改写成用正弦函数表示，即：

$$i_1 = 6\sin(\omega t + 80° + 90°) = 6\sin(\omega t + 170°)\ \text{A}$$

所以相位差为：

$$\varphi = \theta_1 - \theta_2 = 170° - 30° = 140°$$

电流 i_2 滞后，滞后的角度是 140°。

　　例 3-4　设有两个同频率的正弦电流分别为：

$$i_1 = -6\sin(\omega t + 80°)\ \text{A}$$

$$i_2 = 8\sin(\omega t + 30°)\ \text{A}$$

请问哪一个电流滞后？滞后的角度是多少？

　　解　在比较正弦量的相位关系时，还应使各正弦量的正负符号一致。此例中，两个电流的正负符号不同，在比较前先把 i_1 的负号移到相位内。负号表示反相，差 $\pm180°$。若式中原来的初相为正，就减去 180°；若式中原来的初相为负，就加上 180°。i_1 改写为：

$$i_1 = 6\sin(\omega t + 80° - 180°) = 6\sin(\omega t - 100°)\ \text{A}$$

所以相位差为：

$$\varphi = \theta_1 - \theta_2 = -100° - 30° = -130°$$

电流 i_1 滞后，滞后的角度是 $130°$。

3.1.3　有效值

正弦量的瞬时值是随时间而变的，不论是测量还是计算都不方便。像正弦量这类随时间按周期变化的量，测量及计算时一般都采用有效值。

周期电流的有效值定义为：让周期电流 i 和直流电流 I 分别通过两个阻值相等的电阻 R，如果在相同时间 T 内（T 可取为周期电流的周期），两个电阻消耗的能量相等，则称该直流电流 I 的值为周期电流 i 的有效值。

当周期电流 i 流过电阻 R 时，一个周期 T 的时间内电阻 R 上消耗的能量为：

$$W_i = \int_0^T p\mathrm{d}t = \int_0^T i^2 R\mathrm{d}t$$

当直流电流 I 流过电阻 R 时，在相同的时间 T 内电阻 R 上消耗的能量为：

$$W_I = I^2 RT$$

根据周期电流有效值的定义，有：

$$I^2 RT = \int_0^T i^2 R\mathrm{d}t$$

$$I = \sqrt{\frac{1}{T} \int_0^T i^2 \mathrm{d}t}$$

可见周期电流的有效值是瞬时值的平方在一个周期内的平均值再开方，故周期电流的有效值又称为方均根值或均方根值。

同理，周期电动势和电压的有效值分别为：

$$E = \sqrt{\frac{1}{T} \int_0^T e^2 \mathrm{d}t}$$

$$U = \sqrt{\frac{1}{T} \int_0^T u^2 \mathrm{d}t}$$

如果周期电流为正弦量，即：

$$i = I_m \sin(\omega t + \theta_i)$$

则正弦电流的有效值为：

$$I = \sqrt{\frac{1}{T} \int_0^T I_m^2 \sin^2(\omega t + \theta_i)\mathrm{d}t} = \frac{I_m}{\sqrt{2}} = 0.707 I_m$$

同理，正弦电动势和正弦电压的有效值分别为：

$$E = \frac{E_{\mathrm{m}}}{\sqrt{2}} = 0.707 E_{\mathrm{m}}$$

$$U = \frac{U_{\mathrm{m}}}{\sqrt{2}} = 0.707 U_{\mathrm{m}}$$

在实际应用中，一般所讲交流电的大小都是指有效值。例如，电动机的铭牌、仪表的刻度等所标的电压、电流都是有效值，只有在分析电路中各元件的耐压和绝缘可靠性等时，才用到振幅。所以，通常也把有效值、频率（角频率或周期）和初相称为正弦量的三要素。

引入了有效值以后，正弦电动势 e、电压 u 和电流 i 又可表示为：

$$e = \sqrt{2}E \sin(\omega t + \theta_{\mathrm{e}})$$

$$u = \sqrt{2}U \sin(\omega t + \theta_{\mathrm{u}})$$

$$i = \sqrt{2}I \sin(\omega t + \theta_{\mathrm{i}})$$

例 3-5　已知正弦电压 u 在 $t = 0$ 时的值为 8.66V，初相 $\theta_{\mathrm{u}} = 60°$，经过 $t = \dfrac{1}{600}$ s，u 达到第一个正的最大值，试写出该电压的正弦表达式。

解　根据题意，可直接写出该电压的正弦表达式：

$$u = \sqrt{2}U \sin(\omega t + \theta_{\mathrm{u}}) = \sqrt{2}U \sin(\omega t + 60°)$$

当 $t = 0$ 时：

$$u(0) = \sqrt{2}U \sin 60° = 8.66 \quad (\text{V})$$

故得 u 的有效值为：

$$U = \frac{8.66}{\sqrt{2} \sin 60°} = 5\sqrt{2} \quad (\text{V})$$

所以：

$$u = 5\sqrt{2} \times \sqrt{2} \sin(\omega t + 60°) = 10 \sin(\omega t + 60°) \quad (\text{V})$$

因为当 $t = \dfrac{1}{600}$ s，$u = U_{\mathrm{m}} = 10$V，所以：

$$\frac{1}{600}\omega + \frac{\pi}{3} = \frac{\pi}{2}$$

角频率：

$$\omega = \left(\frac{\pi}{2} - \frac{\pi}{3}\right) \times 600 = 100\pi \quad (\text{rad/s})$$

所以，u 的正弦表达式为：

$$u = 10 \sin(100\pi t + 60°) \text{ V}$$

例 3-6　一个耐压为 100V 的电容器，能否用在电压有效值为 100V 的交流电源上？

解　有效值为 100V 的交流电压，其振幅为：

$$U_\mathrm{m} = \sqrt{2}U = \sqrt{2} \times 100 = 141 \text{（V）}$$

超过了电容器的耐压标准，可能会使电容器击穿，所以不能用在电压有效值为 100V 的交流电源上。

3.2　正弦交流电的相量表示法

在分析正弦交流电路时，必然涉及到正弦量的代数运算，甚至还有微分、积分运算。如果用三角函数来表示正弦量进行运算，将使运算显得十分复杂。

例 3-7　如图 3-3 所示，已知 i_1、i_2 为同频率的正弦电流，即：

$$i_1 = 4\sqrt{2}\sin(\omega t + 60°)\text{A}$$
$$i_2 = 2\sqrt{2}\sin(\omega t - 30°)\text{A}$$

试求电流 i。

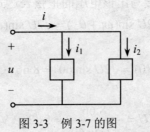

图 3-3　例 3-7 的图

解　根据 KCL，$i = i_1 + i_2$。为了求出电流 i，可利用三角运算公式计算，求出电流 i 的振幅和初相，计算过程如下：

$$i = 4\sqrt{2}\sin(\omega t + 60°) + 2\sqrt{2}\sin(\omega t - 30°)$$
$$= 4\sqrt{2}(\sin\omega t\cos 60° + \cos\omega t\sin 60°) + 2\sqrt{2}(\sin\omega t\cos 30° - \cos\omega t\sin 30°)$$
$$= \sqrt{2}(2\sin\omega t + 3.464\cos\omega t) + \sqrt{2}(1.732\sin\omega t - \cos\omega t)$$
$$= 3.732\sqrt{2}\sin\omega t + 2.464\sqrt{2}\cos\omega t$$
$$= \sqrt{3.732^2 + 2.464^2} \times \sqrt{2}\left(\frac{3.732}{\sqrt{3.732^2 + 2.464^2}}\sin\omega t + \frac{2.464}{\sqrt{3.732^2 + 2.464^2}}\cos\omega t\right)$$
$$= 4.472\sqrt{2}(\cos\varphi\sin\omega t + \sin\varphi\cos\omega t)$$
$$= 4.472\sqrt{2}\sin(\omega t + \varphi)\text{（A）}$$

其中：

$$\varphi = \arctan \frac{2.464}{3.732} = \arctan 0.66 = 33.4°$$

所以：

$$i = 4.472\sqrt{2}\sin(\omega t + 33.4°)\text{A}$$

从这个例子可以得出以下两个结论。

（1）两个同频率的正弦量相加，其结果仍是频率相同的正弦量。实际上，在正弦稳态电路中，同频率正弦量的加、减、乘、除运算以及微分、积分运算等，其结果都是频率相同的正弦量，这表明正弦稳态电路中各处的电压以及电流都是同频率的正弦量。

（2）使用三角函数表示正弦量虽然直观，但在运算时非常繁琐。

采用复数代表正弦量可以使正弦稳态电路的分析和计算得到简化。为此，先复习一下复数的有关概念及其四则运算。

3.2.1 复数及其运算

1. 复数的表示

复数可用复平面上的有向线段表示。设 A 为一复数，a_1 和 a_2 分别为其实部和虚部，则复数 A 可用如图 3-4 所示的有向线段表示。该有向线段的长度 a 称为复数 A 的模，模总是取正值。该有向线段与实轴正方向的夹角 θ 称为复数 A 的辐角。

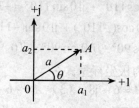

图 3-4 复数的表示

由图 3-4 可得复数 A 的直角坐标形式（代数型）为：

$$A = a_1 + ja_2$$

其中 $j = \sqrt{-1}$ 为虚部单位。由图 3-4 可得：

$$\left.\begin{array}{l} a_1 = a\cos\theta \\ a_2 = a\sin\theta \end{array}\right\}$$

因此复数 A 又可表示为三角函数型，即：

$$A = a(\cos\theta + j\sin\theta)$$

其中：

$$a = \sqrt{a_1^2 + a_2^2} \Big\}$$
$$\theta = \arctan \frac{a_2}{a_1} \Big\}$$

根据欧拉公式：

$$e^{j\theta} = \cos\theta + j\sin\theta$$

复数 A 也可表示为指数型：

$$A = ae^{j\theta}$$

因为：

$$e^{\pm j90°} = \cos 90° \pm j\sin 90° = 0 \pm j = \pm j$$

可见，任意一个复数乘上 $+j$ 后逆时针旋转 $90°$，乘上 $-j$ 后顺时针旋转 $90°$。

在工程上，常把指数型简写为极坐标型：

$$A = a\ \underline{/\theta}$$

利用复数对正弦稳态电路进行分析和计算时，常常需要在代数型和指数型之间进行转换。转换时需注意，复数的模只取正值，辐角的取值根据复数在复平面上的象限而定。

例 3-8 将下列复数化为代数型。

（1） $A = 10\underline{/36.9°}$；（2） $A = 10\underline{/110°}$；（3） $A = 10\underline{/-110°}$；（4） $A = 10\underline{/90°}$

解 （1） $A = 10\underline{/36.9°} = 10\cos 36.9° + j10\sin 36.9° = 8 + j6$

（2） $A = 10\underline{/110°} = 10\cos 110° + j10\sin 110° = -3.420 + j9.397$

（3） $A = 10\underline{/-110°} = 10\cos(-110°) + j10\sin(-110°) = -3.420 - j9.397$

（4） $A = 10\underline{/90°} = 10\cos 90° + j10\sin 90° = j10$

例 3-9 将下列复数化为极坐标型。

（1） $A = 6 + j8$；（2） $A = 6 - j8$；（3） $A = -6 - j8$；（4） $A = -j10$

解 （1）因为 $a = \sqrt{6^2 + 8^2} = 10$，$\theta = \arctan \frac{8}{6} = 53.1°$，所以：

$$A = 6 + j8 = 10\underline{/53.1°}$$

（2）因为 $a = \sqrt{6^2 + (-8)^2} = 10$，$\theta = \arctan \frac{-8}{6} = -53.1°$，所以：

$$A = 6 - j8 = 10\underline{/-53.1°}$$

注意，要由实部和虚部的正、负号来判断辐角 θ 的象限。

（3）因为 $a = \sqrt{(-6)^2 + (-8)^2} = 10$，$\theta = \arctan \frac{-8}{-6} = 53.1° + 180° = 233.1°$，所以：

$$A = -6 - j8 = 10\underline{/233.1°}$$

此题的 θ 也可为 $53.1° - 180° = -126.9°$。

（4）因为 $a = \sqrt{0^2 + (-10)^2} = 10$，$\theta = \arctan\dfrac{-10}{0} = -90°$，所以：

$$A = -j10 = 10\underline{/-90°}$$

2．复数的四则运算

（1）相等。若两复数的实部和虚部分别相等，则两复数相等。

例如，有两复数分别为 $A = a_1 + ja_2$、$B = b_1 + jb_2$，若 $a_1 = b_1$、$a_2 = b_2$，则 $A = B$。

当复数表示为指数型时，若两复数的模和辐角分别相等，则两复数相等。

（2）加减运算。几个复数相加或相减，就是把它们的实部和虚部分别相加或相减。因此，必须将复数事先化成代数型才能进行加减运算。

例如，若 $A = a_1 + ja_2$、$B = b_1 + jb_2$，则：

$$A \pm B = (a_1 + ja_2) \pm (b_1 + jb_2) = (a_1 \pm b_1) + j(a_2 \pm b_2)$$

复数的加减运算也可以在复平面上用有向线段来表示，如图 3-5 所示。可见，求两复数之和的运算若在复平面上用有向线段来表示是符合平行四边形求和法则的，如图 3-5（a）所示。

两复数相减，如 $A - B$，可看成是 $A + (-B)$，作为加法处理，如图 3-5（b）所示。注意，复数 B 与 $-B$ 的关系是它们的模相等，但方向相反。

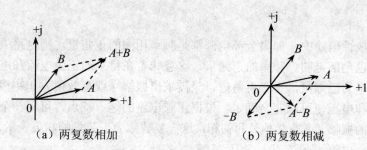

（a）两复数相加　　　　　　　　　　　（b）两复数相减

图 3-5　复数加减运算

（3）乘法运算。设 $A = a_1 + ja_2$、$B = b_1 + jb_2$，则：

$$AB = (a_1 + ja_2)(b_1 + jb_2)$$
$$= a_1b_1 + ja_1b_2 + ja_2b_1 + j^2a_2b_2$$

因为 $j^2 = -1$，所以：

$$AB = (a_1b_1 - a_2b_2) + j(a_1b_2 + a_2b_1)$$

若 $A = a\underline{/\theta_1}$、$B = b\underline{/\theta_2}$，则：

$$A \cdot B = ae^{j\theta_1} \cdot be^{j\theta_2} = abe^{j(\theta_1 + \theta_2)} = ab \underline{/(\theta_1 + \theta_2)}$$

可见，两复数相乘，等于其模相乘，其辐角相加。

（4）除法运算。设 $A = a_1 + ja_2$、$B = b_1 + jb_2$，则：

$$\frac{A}{B} = \frac{a_1 + ja_2}{b_1 + jb_2} = \frac{(a_1 + ja_2)(b_1 - jb_2)}{(b_1 + jb_2)(b_1 - jb_2)} = \frac{a_1 b_1 + a_2 b_2}{b_1^2 + b_2^2} + j\frac{a_2 b_1 - a_1 b_2}{b_1^2 + b_2^2}$$

若 $A = a \underline{/\theta_1}$、$B = b \underline{/\theta_2}$，则：

$$\frac{A}{B} = \frac{ae^{j\theta_1}}{be^{j\theta_2}} = \frac{a}{b} e^{j(\theta_1 - \theta_2)} = \frac{a}{b} \underline{/(\theta_1 - \theta_2)}$$

可见，两复数相除，等于其模相除，其辐角相减。

一般来说，复数的乘、除运算采用指数型比较方便。

例 3-10　已知 $A = 6 + j8 = 10 \underline{/53.1°}$，$B = 4 - j3 = 5 \underline{/-36.9°}$。试计算 $A + B$、$A - B$、AB、$\frac{A}{B}$。

解
$$A + B = 6 + j8 + 4 - j3 = 10 + j5 = 11.18 \underline{/26.6°}$$
$$A - B = 6 + j8 - 4 + j3 = 2 + j11 = 11.18 \underline{/79.7°}$$
$$AB = (10 \underline{/53.1°})(5 \underline{/-36.9°}) = 50 \underline{/16.2°}$$

$$\frac{A}{B} = \frac{10 \underline{/53.1°}}{5 \underline{/-36.9°}} = 2 \underline{/90°}$$

3.2.2　正弦量的相量表示法

1. 相量

在线性电路中，如果全部电源都是频率相同的正弦量，则电路中各处的电流和电压也全部是同一频率的正弦量，这意味着在待求的正弦电流和电压的三要素中，频率为已知量，不必再考虑，只需求出振幅（或有效值）和初相，待求的正弦电流和电压便可以完全确定。根据正弦电路的这一特点，可用一个复数来反映正弦量的振幅（或有效值）和初相，这一复数称为正弦量的相量表示，简称相量。例如正弦电流：

$$i = \sqrt{2}I \sin(\omega t + \theta_i)$$

用相量表示，记为：

$$\dot{I} = Ie^{j\theta_i} = I \underline{/\theta_i}$$

同理，对于正弦电压和正弦电动势：

$$u = \sqrt{2}U \sin(\omega t + \theta_u)$$
$$e = \sqrt{2}E \sin(\omega t + \theta_e)$$

用相量表示，分别为：

$$\dot{U} = Ue^{j\theta_u} = U\ \underline{/\theta_u}$$
$$\dot{E} = Ee^{j\theta_e} = E\ \underline{/\theta_e}$$

式中，在大写字母上加一黑点，是为了与一般复数相区别。

相量与正弦量是相互对应的关系。知道了正弦量的函数表达式，就可以写出代表它的相量；反之，若已知相量，可以写出它所代表的正弦量的函数表达式。

值得注意的是，相量与正弦量是完全不同的量，相量只代表正弦量的复数，并不等于正弦量，并且只有正弦量才能用相量表示，相量不能表示非正弦周期量。

一个正弦量可以用有效值相量表示，也可以用振幅相量表示。正弦电流、电压和电动势的振幅相量分别为：

$$\dot{I}_m = I_me^{j\theta_i} = I_m\ \underline{/\theta_i}$$
$$\dot{U}_m = U_me^{j\theta_u} = U_m\ \underline{/\theta_u}$$
$$\dot{E}_m = E_me^{j\theta_e} = E_m\ \underline{/\theta_e}$$

显然，有效值相量和振幅相量的关系为：

$$\dot{I} = \frac{1}{\sqrt{2}}\dot{I}_m$$
$$\dot{U} = \frac{1}{\sqrt{2}}\dot{U}_m$$
$$\dot{E} = \frac{1}{\sqrt{2}}\dot{E}_m$$

今后若无特别说明，凡相量均是指有效值相量。

2. 相量图

相量是复数，可以在复平面上用有向线段表示。将几个同频率的正弦量在同一个复平面上用相量表示出来，所得的图形称为相量图。画相量图时坐标轴可采用极坐标。

例 3-11　分别写出代表下列正弦电流的相量，并画出相量图。

（1）$i_1 = 10\sqrt{2}\sin\omega t$（A）

（2）$i_2 = 10\sqrt{2}\sin(\omega t + 60°)$（A）

（3）$i_3 = 10\sqrt{2}\sin(\omega t - 60°)$（A）

解　（1）$\dot{I}_1 = 10\ \underline{/0°} = 10\cos 0° + j10\sin 0° = 10$（A）

（2）$\dot{I}_2 = 10\ \underline{/60°} = 10\cos 60° + j10\sin 60° = 5 + j8.66$（A）

（3）$\dot{I}_3 = 10\ \underline{/-60°} = 10\cos 60° - j10\sin 60° = 5 - j8.66$（A）

相量图如图 3-6 所示。画相量图时需注意，从实轴开始，逆时针旋转的幅角为正值，顺时针旋转的幅角为负值。

例 3-12 分别写出下列相量所代表的正弦量，并画出相量图。

（1）$\dot{I} = 5 + \text{j}10$（A）

（2）$\dot{U} = 8 - \text{j}6$（V）

解 （1）因为 $\dot{I} = 5 + \text{j}10\text{A} = 11.18\underline{/63.4°}$（A），所以：

$$i = 11.18\sqrt{2}\sin(\omega t + 63.4°) \text{（A）}$$

（2）因为 $\dot{U} = 8 - \text{j}6\text{V} = 10\underline{/-36.9°}\text{V}$，所以：

$$u = 10\sqrt{2}\sin(\omega t - 36.9°) \text{（V）}$$

相量图如图 3-7 所示，图中 $\theta_i = 63.4°$ 为电流 i 的初相，$\theta_u = -36.9°$ 为电压 u 的初相，φ 为电流 i 与电压 u 的相位差，为：

$$\varphi = \theta_i - \theta_u = 63.4° - (-36.9°) = 100.3°。$$

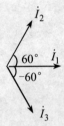 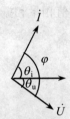

图 3-6　例 3-11 的相量图　　　　图 3-7　例 3-12 的相量图

从以上两例可以看出，在相量图上能形象地看出各个正弦量的大小和相互间的相位关系。例如，在图 3-7 中，电流相量 $\dot{I}$ 比电压相量 $\dot{U}$ 超前的相位为 φ（$\varphi = 100.3°$），也就是正弦电流 i 在相位上比正弦电压 u 超前了 φ 角。

值得注意的是，只有同频率的正弦量才能画在同一相量图上，不同频率的正弦量不能画在同一个相量图上，否则无法比较和计算。

相量虽然不等于正弦量，但却具有明确的物理意义。以电流相量为例，从相量图可以看出，如果将电流的振幅相量 $\dot{I}_m = I_m e^{\text{j}\theta_i}$ 乘上因子 $e^{\text{j}\omega t}$，则得到一个与时间有关的相量 $I_m e^{\text{j}(\theta_i + \omega t)}$。该相量的模不变，但辐角 $\theta_i + \omega t$ 却随时间均匀增加，即在复平面上该相量以恒定角速度 ω 逆时针旋转，如图 3-8（a）所示。所以相量 $I_m e^{\text{j}(\theta_i + \omega t)}$ 称为旋转相量，因子 $e^{\text{j}\omega t}$ 称为旋转因子。显然，旋转相量 $I_m e^{\text{j}(\theta_i + \omega t)}$ 在虚轴上的投影就等于 $I_m \sin(\omega t + \theta_i)$，正好是用正弦函数表示的正弦电流 i，如图 3-8（b）所示。

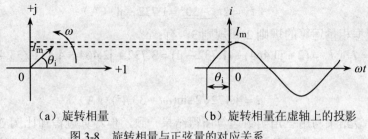

（a）旋转相量　　　　　　（b）旋转相量在虚轴上的投影

图 3-8　旋转相量与正弦量的对应关系

3.3　电路基本定律的相量形式

用相量表示正弦量实质上是一种数学变换，变换的目的是为了简化运算。

为了用相量来分析计算正弦交流电路，必须知道电阻、电感、电容这 3 种元件伏安关系的相量形式，以及 KCL、KVL 的相量形式。

3.3.1　相量运算规则

为了求出 KCL、KVL 及上述 3 种元件伏安关系的相量形式，下面不加证明地给出同频率正弦量对应的相量运算规则。

规则 1：若 i 为正弦量，代表它的相量为 $\dot{I}$，则 ki 也是同频率的正弦量（k 为实常数），代表它的相量为 $k\dot{I}$。

规则 2：若 i_1 为正弦量，代表它的相量为 $\dot{I}_1$，i_2 为另一同频率的正弦量，代表它的相量为 $\dot{I}_2$，则 $i_1 + i_2$ 也是同频率的正弦量，其相量为 $\dot{I}_1 + \dot{I}_2$。

规则 3：若 i_1 为正弦量，代表它的相量为 $\dot{I}_1$，i_2 为另一同频率的正弦量，代表它的相量为 $\dot{I}_2$，则 $i_1 = i_2$ 的充分必要条件是 $\dot{I}_1 = \dot{I}_2$。

规则 4：若 i 为角频率是 ω 的正弦量，代表它的相量为 $\dot{I}$，则 $\dfrac{\mathrm{d}i}{\mathrm{d}t}$ 也是同频率的正弦量，其相量为 $\mathrm{j}\omega\dot{I}$。

例 3-13　用相量法重新计算例 3-7 中的电流 i，并画出相量图。

解　在例 3-7 中，正弦电流 i_1、i_2 分别为：

$$i_1 = 4\sqrt{2}\sin(\omega t + 60°)　(\text{A})$$
$$i_2 = 2\sqrt{2}\sin(\omega t - 30°)　(\text{A})$$

将例 3-7 的图（图 3-3）重新画出，如图 3-9（a）所示。根据 KCL，$i = i_1 + i_2$，用相量表示 i_1、i_2：

$$\dot{I}_1 = 4\underline{/60°} = 2 + \mathrm{j}3.464　(\text{A})$$

$$\dot{I}_2 = 2 \ \underline{/-30°} = 1.732 - \text{j}1 \ (\text{A})$$

根据相量运算的规则 2 和规则 3，有：

$$\dot{I} = \dot{I}_1 + \dot{I}_2 = (2 + \text{j}3.464) + (1.732 - \text{j}1) = 3.732 + \text{j}2.464 = 4.472 \ \underline{/33.4°} \ (\text{A})$$

所以：

$$i = 4.472\sqrt{2} \sin(\omega t + 33.4°) \ (\text{A})$$

计算结果与用三角函数运算所得结果一致，但计算过程却比例 3-7 简单、方便的多。这种运用正弦量的相量和相应的相量运算规则求解正弦交流电路的方法称为相量法。通常，在求解正弦交流电路时，用相量图分析易于理解，用复数计算能得出较准确的结果。

该例中的相量图如图 3-9（b）所示。

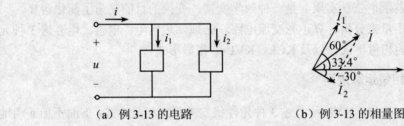

（a）例 3-13 的电路　　　（b）例 3-13 的相量图

图 3-9　例 3-13 的图

3.3.2　元件伏安关系的相量形式

在以下推导过程中，设元件两端的电压和流过元件的电流均采用关联参考方向，并设电压、电流的正弦表达式分别为：

$$u = \sqrt{2}U \sin(\omega t + \theta_\text{u})$$
$$i = \sqrt{2}I \sin(\omega t + \theta_\text{i})$$

则代表它们的相量分别为：

$$\dot{U} = U \ \underline{/\theta_\text{u}}$$
$$\dot{I} = I \ \underline{/\theta_\text{i}}$$

1. 电阻元件

如图 3-10（a）所示，根据欧姆定律，任意时刻电阻 R 的电压和电流之间的关系为：

$$u = Ri$$

根据相量运算的规则 1 和规则 3，有：

$$\dot{U} = R\dot{I}$$

上式称为电阻元件欧姆定律的相量形式。将 $\dot{U}=U\underline{/\theta_\mathrm{u}}$、$\dot{I}=I\underline{/\theta_\mathrm{i}}$ 代入上式，得：

$$U\underline{/\theta_\mathrm{u}}=RI\underline{/\theta_\mathrm{i}}$$

根据复数相等的定义，可得如下两个关系式：

（1）电压与电流之间的有效值关系：

$$U=RI$$

或：

$$I=\frac{U}{R}$$

（2）电压与电流之间的相位关系：

$$\theta_\mathrm{u}=\theta_\mathrm{i}$$

说明电阻元件的电压与电流同相。

可见电阻元件欧姆定律的相量形式不仅表明了电阻上电压与电流之间的有效值关系，还表明了电压与电流的相位关系。

根据电阻元件欧姆定律的相量形式，可画出电阻元件的模型，如图 3-10（b）所示。由于电流、电压均用相量表示，故称为相量模型。

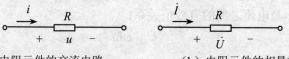

（a）电阻元件的交流电路　　　　　　（b）电阻元件的相量模型

图 3-10　电阻元件的相量模型

电阻元件的相量图和电流、电压瞬时值关系分别如图 3-11（a）、（b）所示。

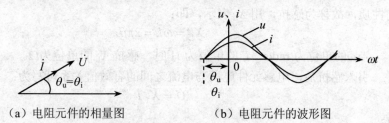

（a）电阻元件的相量图　　　　　　（b）电阻元件的波形图

图 3-11　电阻元件的相量图和波形图

例 3-14　在图 3-10 中，已知电压 $u=4\sqrt{2}\sin(100t+20°)$（V），电阻 $R=2\Omega$，求电流 i。

解　用相量法求解正弦电路可按以下 3 个步骤进行。

（1）写出已知正弦量的相量。在本例中，已知正弦电压 u 的相量为：

$$\dot{U}=4\underline{/20°}\text{（V）}$$

（2）根据相量关系式进行计算。在本例中，根据电阻元件欧姆定律的相量形式，得：

$$\dot{I} = \frac{\dot{U}}{R} = \frac{4 \, \underline{/20°}}{2} = 2 \, \underline{/20°} \quad \text{（A）}$$

（3）根据求出的相量写出对应的正弦表达式。在本例中，电流 i 的正弦表达式为：

$$i = 2\sqrt{2} \sin(100t + 20°) \quad \text{（A）}$$

2. 电感元件

如图 3-12（a）所示，任意时刻电感 L 上电压与电流之间的关系为：

$$u = L \frac{\mathrm{d}i}{\mathrm{d}t}$$

根据相量运算的规则 1、规则 3 和规则 4，有：

$$\dot{U} = j\omega L \dot{I}$$

上式就是电感元件伏安关系的相量形式。将 $\dot{U} = U \, \underline{/\theta_u}$、$\dot{I} = I \, \underline{/\theta_i}$ 代入上式，得：

$$U \, \underline{/\theta_u} = j\omega L I \, \underline{/\theta_i} = \omega L I \, \underline{/(\theta_i + 90°)}$$

根据复数相等的定义，可得如下两个关系式：

（1）电压与电流之间的有效值关系：

$$U = \omega L I$$

或：

$$I = \frac{U}{\omega L}$$

可见，当电压一定时，ωL 越大，电感中的电流越小，ωL 具有阻止电流通过的性质，故称为感抗，用 X_L 表示，即：

$$X_L = \omega L = 2\pi f L$$

当 ω 的单位为 rad/s，L 的单位为 H 时，感抗 X_L 的单位为 Ω。

引入感抗后，电感元件电压与电流之间的有效值关系可写为：

$$U = X_L I$$

或：

$$I = \frac{U}{X_L}$$

上式在形式上与直流电路中的欧姆定律相同，但必须注意，感抗 X_L 与电阻 R 虽然具有相同的量纲，但性质却有很大区别。感抗 X_L 与电感 L 及频率 f 成正比，因此频率越高，电感对电流的阻碍作用越大。而对直流来讲，由于频率 $f = 0$，感抗 $X_L = 0$，电感相当于短路。因此，电感元件有阻交流、通直流的作用。

（2）电压与电流之间的相位关系：

$$\theta_u = \theta_i + 90°$$

说明电感上电压的相位超前电流 90°。

可见电感元件伏安关系的相量形式不仅表明了电感上电压与电流之间的有效值关系，而且还表明了电压与电流的相位关系。

引入感抗后，电感元件伏安关系的相量形式可进一步写为：

$$\dot{U} = jX_L \dot{I}$$

上式称为电感元件欧姆定律的相量形式。

将电流、电压均用相量表示，电感用 jX_L 表示，则得电感元件的相量模型，如图 3-12（b）所示。

（a）电感元件的交流电路　　　　　　（b）电感元件的相量模型

图 3-12　电感元件的相量模型

电感元件的相量图和电流、电压瞬时值关系分别如图 3-13（a）、（b）所示。

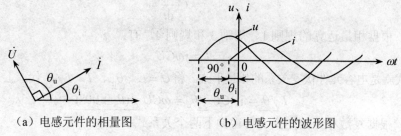

（a）电感元件的相量图　　　　　（b）电感元件的波形图

图 3-13　电感元件的相量图和波形图

例 3-15　在图 3-12 中，已知电压 $u = 100\sqrt{2}\sin(\omega t + 60°)$（V），电感 $L = 10\text{mH}$，分别求电压频率为 50Hz 和 50kHz 时通过电感的电流 i。

解　（1）写出已知正弦量的相量。

$$\dot{U} = 100 \underline{/60°} \text{（A）}$$

（2）根据相量关系式进行计算。

当频率为 50Hz 时：

$$\omega = 2\pi f = 2 \times 3.14 \times 50 = 314 \text{（rad/s）}$$

$$X_L = \omega L = 314 \times 10 \times 10^{-3} = 3.14 \text{（}\Omega\text{）}$$

$$\dot{I} = \frac{\dot{U}}{jX_L} = \frac{100\underline{/60^\circ}}{j3.14} = 31.85\underline{/-30^\circ} \quad (A)$$

当频率为 50kHz 时：

$$\omega = 2\pi f = 2 \times 3.14 \times 50 \times 10^3 = 3.14 \times 10^5 \quad (rad/s)$$

$$X_L = \omega L = 3.14 \times 10^5 \times 10 \times 10^{-3} = 3140 \quad (\Omega)$$

$$\dot{I} = \frac{\dot{U}}{jX_L} = \frac{100\underline{/80^\circ}}{j3140} = 0.03185\underline{/-30^\circ} \quad (A) = 31.85\underline{/-30^\circ} \quad (mA)$$

（3）根据求出的相量写出对应的正弦表达式。

当频率为 50Hz 时：

$$i = 31.85\sqrt{2}\sin(314t - 30^\circ) \quad (A)$$

当频率为 50kHz 时：

$$i = 31.85\sqrt{2}\sin(3.14 \times 10^5 t - 30^\circ) \quad (mA)$$

从本例的计算可知，电感元件在高频时感抗大，对电流的阻碍作用大；在低频时感抗小，对电流的阻碍作用小，可见电感元件能有效地阻止高频电流通过。

3. 电容元件

如图 3-14（a）所示，任意时刻电容 C 上电压与电流之间的关系为：

$$i = C\frac{du}{dt}$$

根据相量运算的规则 1、规则 3 和规则 4，有：

$$\dot{I} = j\omega C\dot{U}$$

上式就是电容元件伏安关系的相量形式。将 $\dot{U} = U\underline{/\theta_u}$、$\dot{I} = I\underline{/\theta_i}$ 代入上式，得：

$$I\underline{/\theta_i} = j\omega CU\underline{/\theta_u} = \omega CU\underline{/(\theta_u + 90^\circ)}$$

根据复数相等的定义，可得如下两个关系式：

（1）电压与电流之间的有效值关系：

$$I = \omega CU$$

或：

$$I = \omega CU = \frac{U}{\frac{1}{\omega C}}$$

可见，当电压一定时，$\frac{1}{\omega C}$ 越大，电容中的电流越小，$\frac{1}{\omega C}$ 具有阻止电流通过的性质，故称为容抗，用 X_C 表示，即：

$$X_C = \frac{1}{\omega C} = \frac{1}{2\pi fC}$$

当 ω 的单位为 rad/s，C 的单位为 F 时，容抗 X_C 的单位为 Ω。

引入容抗后，电容元件电压与电流之间的有效值关系可写为：

$$I = \frac{U}{X_C}$$

或：

$$U = X_C I$$

上式在形式上与直流电路中的欧姆定律相同，但必须注意，容抗 X_C 与电阻 R 的性质有很大区别。容抗 X_C 与电容 C 及频率 f 成反比，因此频率越低，电容对电流的阻碍作用越大。而对直流来讲，由于频率 $f = 0$，容抗 $X_C = \infty$，电容相当于开路。因此，电容元件有通交流、隔直流的作用，与电感元件的特性正好相反。

（2）电压与电流之间的相位关系：

$$\theta_i = \theta_u + 90°$$

说明电容上电流的相位超前电压 $90°$。

可见电容元件伏安关系的相量形式不仅表明了电容上电压与电流之间的有效值关系，而且还表明了电压与电流的相位关系。

引入容抗后，电容元件伏安关系的相量形式可进一步写为：

$$\dot{U} = -jX_C \dot{I}$$

上式称为电容元件欧姆定律的相量形式。

将电流、电压均用相量表示，电容用 $-jX_C$ 表示，则得电容元件的相量模型，如图 3-14（b）所示。

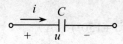 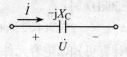

　　（a）电容元件的交流电路　　　　（b）电容元件的相量模型

图 3-14　电容元件的相量模型

电容元件的相量图和电流、电压瞬时值关系分别如图 3-15（a）、（b）所示。

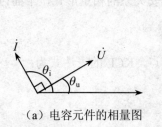 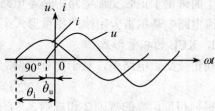

　　（a）电容元件的相量图　　　　　（b）电容元件的波形图

图 3-15　电容元件的相量图和波形图

例 3-16　在图 3-14 中，已知电压 $u = 100\sqrt{2}\sin(\omega t + 60°)$（V），电容 $C = 10\mu F$，分别求电压频率为 50Hz 和 50kHz 时通过电容的电流 i。

解　（1）写出已知正弦量的相量。

$$\dot{U} = 100 \underline{/60°}\ （V）$$

（2）根据相量关系式进行计算。

当频率为 50Hz 时：

$$\omega = 2\pi f = 2 \times 3.14 \times 50 = 314\ （rad/s）$$

$$X_C = \frac{1}{\omega C} = \frac{1}{314 \times 10 \times 10^{-6}} = 318.5\ （\Omega）$$

$$\dot{I} = \frac{\dot{U}}{-jX_C} = \frac{100 \underline{/60°}}{-j318.5} = 0.314 \underline{/150°}\ （A）$$

当频率为 50kHz 时：

$$\omega = 2\pi f = 2 \times 3.14 \times 50 \times 10^3 = 3.14 \times 10^5\ （rad/s）$$

$$X_C = \frac{1}{\omega C} = \frac{1}{3.14 \times 10^5 \times 10 \times 10^{-6}} = 0.3185\ （\Omega）$$

$$\dot{I} = \frac{\dot{U}}{-jX_C} = \frac{100 \underline{/60°}}{-j0.3185} = 314 \underline{/150°}\ （A）$$

（3）根据求出的相量写出对应的正弦表达式。

当频率为 50Hz 时：

$$i = 0.314\sqrt{2}\sin(314t + 150°)\ （A）$$

当频率为 50kHz 时：

$$i = 314\sqrt{2}\sin(3.14 \times 10^5 t + 150°)\ （A）$$

从本例的计算可知，电容元件在低频时容抗大，对电流的阻碍作用大；在高频时容抗小，对电流的阻碍作用小。电容元件与电感元件的特性正好相反。

3.3.3　KCL、KVL 的相量形式

上面讨论了正弦交流电路中基本电路元件伏安关系的相量形式，下面讨论正弦交流电路中基尔霍夫定律的相量形式。

1. KCL 的相量形式

在正弦交流电路中，对于任意时刻的任意节点，KCL 的表达式为：

$$\sum i = 0$$

根据相量运算的规则 2 和规则 3，有：

$$\sum \dot{I} = 0$$

上式称为 KCL 的相量形式。它可以表述为：在正弦交流电路中，对于任意时刻的任意节点，流入或流出该节点的各支路电流相量的代数和恒等于零。

例如，对于图 3-16 所示的节点，设流入节点的电流为正，根据 KCL 有：

$$i_1 - i_2 - i_3 - i_4 = 0$$

那么，在正弦交流电路中，该节点的 KCL 的相量形式可以写成：

$$\dot{I}_1 - \dot{I}_2 - \dot{I}_3 - \dot{I}_4 = 0$$

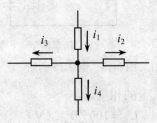

图 3-16　KCL 用图

2. KVL 的相量形式

在正弦交流电路中，对于任意时刻的任意节点，KVL 的表达式为：

$$\sum u = 0$$

根据相量运算的规则 2 和规则 3，有：

$$\sum \dot{U} = 0$$

上式称为 KVL 的相量形式。它可以表述为：在正弦交流电路中，对于任意时刻的任意回路，各段电压相量的代数和恒等于零。

例如，对于图 3-17 所示的回路，设回路的绕行方向如图所示，根据 KVL 有：

$$u_1 - u_2 + u_3 - u_4 = 0$$

那么，在正弦交流电路中，该回路的 KVL 的相量形式可以写成：

$$\dot{U}_1 - \dot{U}_2 + \dot{U}_3 - \dot{U}_4 = 0$$

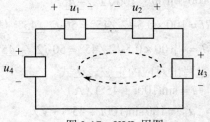

图 3-17　KVL 用图

电阻、电感、电容这 3 种元件伏安关系的相量形式以及 KCL、KVL 的相量形式是分析一般交流电路的基础。

例 3-17　在图 3-18（a）所示的 RC 串联电路中，已知电阻 $R=100\Omega$，电容 $C=100\mu F$，电源电压 $u_S=100\sqrt{2}\sin100t$（V），求 i、u_R 和 u_C，并画出相量图。

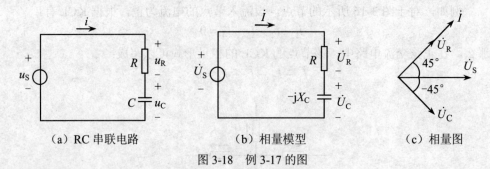

（a）RC 串联电路　　　　　（b）相量模型　　　　　（c）相量图

图 3-18　例 3-17 的图

解　（1）写出已知正弦量的相量。

$$\dot{U}_S=100\underline{/0°}\quad(V)$$

（2）根据相量关系式进行计算。

电路的相量模型如图 3-18（b）所示。容抗为：

$$X_C=\frac{1}{\omega C}=\frac{1}{100\times100\times10^{-6}}=100\quad(\Omega)$$

根据 KVL 的相量形式，有：

$$\dot{U}_S=\dot{U}_R+\dot{U}_C$$

根据元件伏安关系的相量形式，有：

$$\dot{U}_R=R\dot{I}$$

$$\dot{U}_C=-jX_C\dot{I}$$

所以：

$$\dot{U}_S=\dot{U}_R+\dot{U}_C=R\dot{I}-jX_C\dot{I}=(R-jX_C)\dot{I}$$

$$\dot{I}=\frac{\dot{U}_S}{R-jX_C}=\frac{100\underline{/0°}}{100-j100}=\frac{100\underline{/0°}}{100\sqrt{2}\underline{/-45°}}=0.5\sqrt{2}\underline{/45°}\quad(A)$$

$$\dot{U}_R=R\dot{I}=100\times0.5\sqrt{2}\underline{/45°}=50\sqrt{2}\underline{/45°}\quad(V)$$

$$\dot{U}_C=-jX_C\dot{I}=-j100\times0.5\sqrt{2}\underline{/45°}=50\sqrt{2}\underline{/-45°}\quad(V)$$

（3）根据求出的相量写出对应的正弦表达式。

$$i=\sin(100t+45°)\quad(A)$$

$$u_R=100\sin(100t+45°)\quad(V)$$

$$u_C=100\sin(100t-45°)\quad(V)$$

相量图如图 3-18（c）所示。

　　例 3-18　在如图 3-19（a）所示的 RL 并联电路中，已知电流表 A_1、A_2 的读数均为 10A，求电流表 A 的读数。

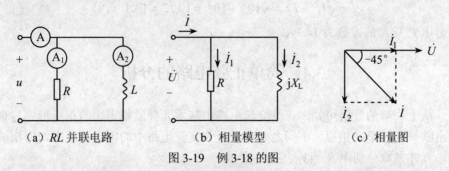

　　（a）*RL* 并联电路　　　　　　（b）相量模型　　　　　　（c）相量图

图 3-19　例 3-18 的图

　　解　正弦交流电路中电压表、电流表的读数均为有效值，而有效值关系式一般是不满足基尔霍夫定律的，所以本题中电流表 A 的读数不是 $10+10 = 20$（A）。

　　下面对本题用两种方法进行求解。

　　（1）利用相量关系式求解。

　　电路的相量模型如图 3-19（b）所示，图中电压、电流均用相量表示，电感用 jX_L 表示。设两并联支路的电压有效值为 U，初相为 $0°$，即设电压相量为：

$$\dot{U} = U \underline{/0°} \quad (V)$$

　　因电阻中的电流与电压同相，所以有：

$$\dot{I}_1 = I_1 \underline{/0°} \quad (A)$$

　　电流表 A_1 的读数为正弦电流 i_1 的有效值，即 $I_1 = 10A$。所以：

$$\dot{I}_1 = 10 \underline{/0°} = 10 \quad (A)$$

　　而电感中的电流滞后电压 $90°$，所以有：

$$\dot{I}_2 = I_2 \underline{/-90°} \quad (A)$$

　　电流表 A_2 的读数为正弦电流 i_2 的有效值，即 $I_2 = 10A$。所以：

$$\dot{I}_2 = 10 \underline{/-90°} = -j10 \quad (A)$$

　　由 KCL 可知：

$$\dot{I} = \dot{I}_1 + \dot{I}_2 = 10 - j10 = 10\sqrt{2} \underline{/-45°} \quad (A)$$

其有效值为 $10\sqrt{2}A = 14.1A$，即电流表 A 的读数为 14.1A。

　　（2）利用相量图求解。

　　设电压相量 $\dot{U}$ 为参考相量，即 $\dot{U} = U\underline{/0°}$。因为电阻上的电压、电流同相，故相量 $\dot{I}_1$ 与 $\dot{U}$ 同相；因为电感的电流滞后电压 $90°$（电压超前电流 $90°$），故相量 $\dot{I}_2$ 与 $\dot{U}$ 垂直，且处于滞后的位置。根据已知条件，相量 $\dot{I}_1$、$\dot{I}_2$ 的长度相等，都等于

10，由这两个相量所构成的平行四边形的对角线可确定相量 $\dot{I}$，相量图如图 3-19（c）所示。由相量图得：

$$I = \sqrt{I_1^2 + I_2^2} = \sqrt{10^2 + 10^2} = 10\sqrt{2} = 14.1 \ （A）$$

故得电流表 A 的读数为 14.1A。

3.4　简单正弦电路的分析

从上一节的分析可知，正弦交流电路中基本元件欧姆定律的相量形式与直流电路欧姆定律形式相似，不同之处在于正弦交流电路中的电流和电压均用相量表示，元件参数分别用 R、jX_L、$-jX_C$ 表示。

分析直流电路时用到的基尔霍夫定律同样适用丁正弦交流电路的相量分析，而且直流电路中根据欧姆定律和基尔霍夫定律推导出来的结论、定理和分析方法可以推广到正弦交流电路中。

3.4.1　阻抗

1.　阻抗的定义

设正弦交流电路中有一无源二端网络，其端口电压和端口电流均用相量表示，且采用关联参考方向，如图 3-20（a）所示。定义端口电压相量 $\dot{U}$ 和端口电流相量 $\dot{I}$ 的比值为该无源二端网络的阻抗，并用字母 Z 表示，即：

$$Z = \frac{\dot{U}}{\dot{I}}$$

其模型如图 3-20（b）所示。

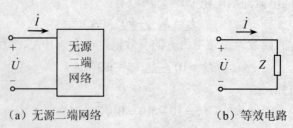

（a）无源二端网络　　　　　　（b）等效电路

图 3-20　阻抗的定义

上式可改写为：

$$\dot{U} = Z\dot{I}$$

上式与电阻电路中的欧姆定律相似，只是电流和电压都用相量表示，称为欧姆定律的相量形式。

显然，阻抗的单位为欧姆（Ω）。由于电压相量 $\dot{U}$ 和电流相量 $\dot{I}$ 一般为复数，所以阻抗 Z 一般也为复数，故又称为复阻抗。

根据阻抗的定义，可知电阻、电感、电容的阻抗分别为：

$$Z_R = R$$
$$Z_L = jX_L = j\omega L$$
$$Z_C = -jX_C = -j\frac{1}{\omega C}$$

2. 阻抗的性质

阻抗 Z 是一个复数，可表示为：

$$Z = R + jX = |Z| \underline{/\varphi_z}$$

其中，实部 R 称为阻抗的电阻部分，虚部 X 称为阻抗的电抗部分；$|Z|$ 称为阻抗模，φ_z 称为阻抗角。它们之间的关系为：

$$\left.\begin{array}{l} |Z| = \sqrt{R^2 + X^2} \\[2mm] \varphi_z = \arctan\dfrac{X}{R} \\[2mm] R = |Z|\cos\varphi_z \\[2mm] X = |Z|\sin\varphi_z \end{array}\right\}$$

根据阻抗 Z 的电抗部分 X 可知无源二端网络（阻抗）的性质。若 $X > 0$，无源二端网络呈电感的性质（感性），原电路可以等效成电阻与电感相串联的电路；若 $X < 0$，无源二端网络呈电容的性质（容性），原电路可以等效成电阻与电容相串联的电路；若 $X = 0$，无源二端网络呈纯电阻的性质，原电路可以等效成一个电阻。

根据阻抗的定义，有：

$$Z = \frac{\dot{U}}{\dot{I}} = \frac{U\underline{/\theta_u}}{I\underline{/\theta_i}} = \frac{U}{I}\underline{/(\theta_u - \theta_i)} = Z\underline{/\varphi_z}$$

式中：

$$|Z| = \frac{U}{I}$$
$$\varphi_z = \theta_u - \theta_i$$

由此可见，在正弦交流电路中，对于一个无源二端网络，阻抗模等于其端口的正弦电压与正弦电流的有效值（或振幅）之比，阻抗角等于电压超前电流的相位角。若 $\varphi_z > 0$，表示电压超前电流，电路呈感性；若 $\varphi_z < 0$，表示电压滞后电流，电路呈容性；若 $\varphi_z = 0$，表示电压与电流同相，电路呈纯电阻性。

3.4.2 RLC 串联电路

RLC 串联电路如图 3-21（a）所示，如图 3-21（b）所示为其相量模型，电路中电流和电压用相量表示，电阻、电感、电容分别用阻抗表示。

设电路中的电流为：

$$i = \sqrt{2}I\sin(\omega t + \theta_i)$$

电流相量为：

$$\dot{I} = I\underline{/\theta_i}$$

由 KVL，得：

$$\dot{U} = \dot{U}_R + \dot{U}_L + \dot{U}_C$$

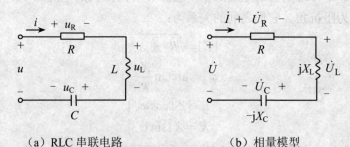

（a）RLC 串联电路   （b）相量模型

图 3-21　RLC 串联电路及其相量模型

根据 R、L、C 元件的伏安关系，有：

$$\dot{U}_R = R\dot{I}$$
$$\dot{U}_L = jX_L\dot{I}$$
$$\dot{U}_C = -jX_C\dot{I}$$

式中 $X_L = \omega L$，$X_C = \dfrac{1}{\omega C}$。

所以：

$$\dot{U} = [R + j(X_L - X_C)]\dot{I} = Z\dot{I}$$

可见 RLC 串联电路的总阻抗 Z 为：

$$Z = Z_R + Z_L + Z_C = R + j(X_L - X_C) = R + jX$$

由于电抗部分 $X = X_L - X_C = \omega L - \dfrac{1}{\omega C}$ 是一个与频率有关的量，因此，在不同频率下，阻抗 Z 有不同的性质。

（1）当 $\omega L > \dfrac{1}{\omega C}$ 时，$X > 0$，$\varphi_z > 0$，电压超前于电流，电路呈感性，相量

图如图 3-22（a）所示。图中设电流相量为参考相量，即 $\dot{I} = I\underline{/0°}$。电阻上的电压 $\dot{U}_R$ 与 $\dot{I}$ 同相，有效值为 $U_R = RI$；电感电压 $\dot{U}_L$ 超前电流相量 90°，有效值为 $U_L = X_L I$；电容电压 $\dot{U}_C$ 滞后电流相量 90°，有效值为 $U_C = X_C I$。由于 $X_L > X_C$，所以 $U_L > U_C$，故电感电压相量 $\dot{U}_L$ 的长度要比电容电压相量 $\dot{U}_C$ 长一些。总电压相量 $\dot{U} = \dot{U}_R + \dot{U}_L + \dot{U}_C$，符合平行四边形法则。从相量图看出，电压 $\dot{U}$ 超前于电流 $\dot{I}$。

（2）当 $\omega L < \dfrac{1}{\omega C}$ 时，$X < 0$，$\varphi_z < 0$，电压滞后于电流，电路呈容性，相量图如图 3-22（b）所示。此时，由于 $X_L < X_C$，所以 $U_L < U_C$，故电容电压相量 $\dot{U}_C$ 的长度要比电感电压相量 $\dot{U}_L$ 长一些。从相量图看出，电压 $\dot{U}$ 滞后于电流 $\dot{I}$。

（3）当 $\omega L = \dfrac{1}{\omega C}$ 时，$X = 0$，$\varphi_z = 0$，电压与电流同相，电路呈纯电阻性，相量图如图 3-22（c）所示。此时，由于 $X_L = X_C$，所以 $U_L = U_C$，故电感电压相量 $\dot{U}_L$ 与电容电压相量 $\dot{U}_C$ 大小相等，方向相反。总电压相量 $\dot{U}$ 等于电阻电压相量 $\dot{U}_R$，且与电流相量 $\dot{I}$ 同相，这时称 RLC 串联电路发生了串联谐振。

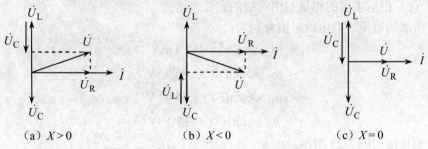

（a）$X > 0$　　　　　（b）$X < 0$　　　　　（c）$X = 0$

图 3-22　RLC 串联电路的相量图

值得注意的是，尽管总电压相量 $\dot{U} = \dot{U}_R + \dot{U}_L + \dot{U}_C$，但是从相量图可知，它们的有效值（相量图中各电压相量的长度）之间的关系为：

$$U = \sqrt{U_R^2 + (U_L - U_C)^2}$$

例 3-19　RLC 串联电路如图 3-21(a)所示。已知电阻 $R = 5\,\text{k}\Omega$，电感 $L = 6\,\text{mH}$，电容 $C = 0.001\,\mu\text{F}$，电压 $u = 5\sqrt{2}\sin 10^6 t$ （V）。

（1）求电流 i 和各元件上的电压，并画出相量图；

（2）当角频率变为 $\omega = 2 \times 10^5\,\text{rad/s}$ 时，电路的性质有无改变。

解　（1）按相量法的 3 个步骤求解。

（a）写出已知正弦量的相量。

$$\dot{U} = 5\underline{/0°} \quad (\text{V})$$

（b）根据相量关系式进行计算。

$$X_{\text{L}} = \omega L = 10^6 \times 6 \times 10^{-3} = 6 \quad (\text{k}\Omega)$$

$$X_{\text{C}} = \frac{1}{\omega C} = \frac{1}{10^6 \times 0.001 \times 10^{-6}} = 1 \quad (\text{k}\Omega)$$

$$Z = R + \text{j}(X_{\text{L}} - X_{\text{C}}) = 5 + \text{j}(6-1) = 5 + \text{j}5 = 5\sqrt{2}\ \underline{/45°} \quad (\text{k}\Omega)$$

阻抗角 $\varphi_{\text{z}} = 45°$，所以该电路呈感性。

电流相量：

$$\dot{I} = \frac{\dot{U}}{Z} = \frac{5\underline{/0°}}{5\sqrt{2}\ \underline{/45°}} = 0.5\sqrt{2}\ \underline{/-45°} \quad (\text{mA})$$

电阻电压相量、电感电压相量和电容电压相量分别为：

$$\dot{U}_{\text{R}} = R\dot{I} = 5 \times 0.5\sqrt{2}\ \underline{/-45°} = 2.5\sqrt{2}\ \underline{/-45°} \quad (\text{V})$$

$$\dot{U}_{\text{L}} = \text{j}X_{\text{L}}\dot{I} = \text{j}6 \times 0.5\sqrt{2}\ \underline{/-45°} = 3\sqrt{2}\ \underline{/45°} \quad (\text{V})$$

$$\dot{U}_{\text{C}} = -\text{j}X_{\text{C}}\dot{I} = -\text{j}1 \times 0.5\sqrt{2}\ \underline{/-45°} = 0.5\sqrt{2}\ \underline{/-135°} \quad (\text{V})$$

（c）根据求出的相量写出对应的正弦表达式。

所求的电流、电压瞬时值分别为：

$$i = \sin(10^6 t - 45°) \text{ mA}$$

$$u_{\text{R}} = 5\sin(10^6 t - 45°) \text{ V}$$

$$u_{\text{L}} = 6\sin(10^6 t + 45°) \text{ V}$$

$$u_{\text{C}} = \sin(10^6 t - 135°) \text{ V}$$

相量图如图 3-23 所示。

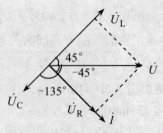

图 3-23　例 3-19 的相量图

（2）$\omega = 2 \times 10^5 \text{rad/s}$ 时，电路的阻抗 Z 为：

$$Z = R + j(X_L - X_C)$$

$$= 5 + j\left(2 \times 10^5 \times 6 \times 10^{-3} - \frac{1}{2 \times 10^5 \times 0.001 \times 10^{-6}}\right)$$

$$= 5 - j8.8 = 10.12 \underline{/-60.4^\circ} \quad (\text{k}\Omega)$$

可见此时电路呈容性，电路的性质发生了变化。

3.4.3　RLC 并联电路

RLC 并联电路如图 3-24（a）所示，如图 3-24（b）所示为其相量模型，电路中电流和电压用相量表示，电阻、电感、电容分别用阻抗表示。

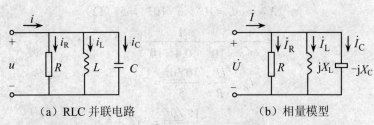

（a）RLC 并联电路　　　　　　　　（b）相量模型

图 3-24　*RLC* 并联电路及其相量模型

设电路中的电压为：

$$u = \sqrt{2}U \sin(\omega t + \theta_u)$$

电压相量为：

$$\dot{U} = U \underline{/\theta_u}$$

由 KCL，得：

$$\dot{I} = \dot{I}_R + \dot{I}_L + \dot{I}_C$$

根据 *R*、*L*、*C* 元件的伏安关系，有：

$$\dot{I}_R = \frac{\dot{U}}{R}$$

$$\dot{I}_L = \frac{\dot{U}}{jX_L}$$

$$\dot{I}_C = \frac{\dot{U}}{-jX_C}$$

式中 $X_L = \omega L$，$X_C = \dfrac{1}{\omega C}$。

所以：

$$\dot{I} = \dot{U}\left[\frac{1}{R} + j\left(\frac{1}{X_C} - \frac{1}{X_L}\right)\right]$$

例 3-20 RLC 并联电路如图 3-24(a) 所示。已知 $R = 5\,\Omega$，$L = 5\,\mu\text{H}$，$C = 0.4\,\mu\text{F}$，电压有效值为 $U = 10\,\text{V}$，$\omega = 10^6\,\text{rad/s}$，求总电流 i，并说明电路的性质。

解 （1）写出已知正弦量的相量。

设电压的初相为 $0°$，即设电压相量为：

$$\dot{U} = 10\underline{/0°}\ (\text{V})$$

（2）根据相量关系式进行计算。

$$X_L = \omega L = 10^6 \times 5 \times 10^{-6} = 5\ (\Omega)$$

$$X_C = \frac{1}{\omega C} = \frac{1}{10^6 \times 0.4 \times 10^{-6}} = 2.5\ (\Omega)$$

$$\dot{I}_R = \frac{\dot{U}}{R} = \frac{10\underline{/0°}}{5} = 2\ (\text{A})$$

$$\dot{I}_L = \frac{\dot{U}}{jX_L} = \frac{10\underline{/0°}}{j5} = -j2\ (\text{A})$$

$$\dot{I}_C = \frac{\dot{U}}{-jX_C} = \frac{10\underline{/0°}}{-j2.5} = j4\ (\text{A})$$

$$\dot{I} = \dot{I}_R + \dot{I}_L + \dot{I}_C = 2 - j2 + j4 = 2 + j2 = 2\sqrt{2}\underline{/45°}\ (\text{A})$$

（3）根据求出的相量写出对应的正弦表达式。

$$i = 4\sin(10^6 t + 45°)\ (\text{A})$$

因为电流的相位超前电压 $45°$，所以该电路呈容性。

3.4.4 阻抗的串联及并联

1. 阻抗的串联

设有两个阻抗 Z_1、Z_2 串联，如图 3-25（a）所示。根据 KVL 和欧姆定律的相量形式，有：

$$\dot{U} = \dot{U}_1 + \dot{U}_2 = Z_1\dot{I} + Z_2\dot{I} = (Z_1 + Z_2)\dot{I}$$

根据阻抗的定义，总的端口阻抗 Z 为：

$$Z = Z_1 + Z_2$$

其等效电路如图 3-25（b）所示。

引入了相量和阻抗的概念后，正弦交流电路的分析方法与电阻电路完全相同，很多公式的形式也完全一致。例如，两阻抗串联的分压公式为：

$$\dot{U}_1 = \frac{Z_1}{Z_1 + Z_2}\dot{U}$$

$$\dot{U}_2 = \frac{Z_2}{Z_1 + Z_2}\dot{U}$$

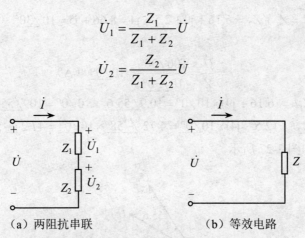

（a）两阻抗串联　　　　　　　　（b）等效电路

图 3-25　阻抗的串联

2. 阻抗的并联

同样，两个阻抗并联，如图 3-26（a）所示，也可得出总阻抗 Z 为：

$$Z = \frac{Z_1 Z_2}{Z_1 + Z_2}$$

其等效电路如图 3-26（b）所示。

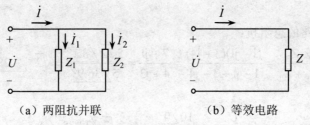

（a）两阻抗并联　　　　　　　　（b）等效电路

图 3-26　阻抗的并联

两阻抗并联的分流公式为：

$$\dot{I}_1 = \frac{Z_2}{Z_1 + Z_2}\dot{I}$$

$$\dot{I}_2 = \frac{Z_1}{Z_1 + Z_2}\dot{I}$$

例 3-21　在如图 3-25（a）所示的两个阻抗串联的电路中，已知 $Z_1 = (6.16 + j9)\,\Omega$，$Z_2 = (2.5 - j4)\,\Omega$，$\dot{U} = 100\underline{/30°}$（V），求总电流 $\dot{I}$ 及各阻抗的电压 $\dot{U}_1$ 和 $\dot{U}_2$，并画出相量图。

解　电路的总阻抗：

$$Z = Z_1 + Z_2 = 6.16 + \text{j}9 + 2.5 - \text{j}4 = 8.66 + \text{j}5 = 10\underline{/30^\circ}\quad(\Omega)$$

所以：

$$\dot{I} = \frac{\dot{U}}{Z} = \frac{100\underline{/30^\circ}}{10\underline{/30^\circ}} = 10\underline{/0^\circ}\quad(\text{A})$$

$$\dot{U}_1 = Z_1\dot{I} = (6.16 + \text{j}9) \times 10\underline{/0^\circ} = 10.9\underline{/55.6^\circ} \times 10\underline{/0^\circ} = 109\underline{/55.6^\circ}\quad(\text{V})$$

$$\dot{U}_2 = Z_2\dot{I} = (2.5 - \text{j}4) \times 10\underline{/0^\circ} = 4.72\underline{/-58^\circ} \times 10\underline{/0^\circ} = 47.2\underline{/-58^\circ}\quad(\text{V})$$

相量图如图 3-27 所示。

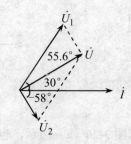

图 3-27　例 3-21 的相量图

例 3-22　在如图 3-26（a）所示的两个阻抗并联的电路中，已知 $Z_1 = (1 - \text{j}1)\,\Omega$，$Z_2 = (3 + \text{j}4)\,\Omega$，$\dot{U} = 10\underline{/0^\circ}$（V），求总电流 $\dot{I}$ 及各阻抗的电流 $\dot{I}_1$ 和 $\dot{I}_2$，并画出相量图。

解　电路的总阻抗：

$$Z = \frac{Z_1 Z_2}{Z_1 + Z_2} = \frac{(1 - \text{j}1)(3 + \text{j}4)}{1 - \text{j}1 + 3 + \text{j}4} = \frac{7 + \text{j}1}{4 + \text{j}3} = \frac{5\sqrt{2}\underline{/8.1^\circ}}{5\underline{/36.9^\circ}} = \sqrt{2}\underline{/-28.8^\circ}\quad(\Omega)$$

所以：

$$\dot{I} = \frac{\dot{U}}{Z} = \frac{10\underline{/0^\circ}}{\sqrt{2}\underline{/-28.8^\circ}} = 5\sqrt{2}\underline{/28.8^\circ}\quad(\text{A})$$

根据分流公式，得：

$$\dot{I}_1 = \frac{Z_2}{Z_1 + Z_2}\dot{I} = \frac{3 + \text{j}4}{1 - \text{j}1 + 3 + \text{j}4} \times 5\sqrt{2}\underline{/28.8^\circ}$$

$$= \frac{5\underline{/53.1^\circ}}{5\underline{/36.9^\circ}} \times 5\sqrt{2}\underline{/28.8^\circ} = 5\sqrt{2}\underline{/45^\circ}\quad(\text{A})$$

$$\dot{I}_2 = \frac{Z_1}{Z_1 + Z_2}\dot{I} = \frac{1 - \text{j}1}{1 - \text{j}1 + 3 + \text{j}4} \times 5\sqrt{2}\underline{/28.8^\circ}$$

$$= \frac{\sqrt{2}\underline{/-45^\circ}}{5\underline{/36.9^\circ}} \times 5\sqrt{2}\underline{/28.8^\circ} = 2\underline{/-53.1^\circ}\quad(\text{A})$$

本题也可先求出 $\dot{I}_1$ 和 $\dot{I}_2$，然后利用 KCL 求 $\dot{I}$，即：

$$\dot{I}_1 = \frac{\dot{U}}{Z_1} = \frac{10\,\underline{/0°}}{1-\mathrm{j}1} = \frac{10\,\underline{/0°}}{\sqrt{2}\,\underline{/-45°}} = 5\sqrt{2}\,\underline{/45°} = 5+\mathrm{j}5 \ \text{（A）}$$

$$\dot{I}_2 = \frac{\dot{U}}{Z_2} = \frac{10\,\underline{/0°}}{3+\mathrm{j}4} = \frac{10\,\underline{/0°}}{5\,\underline{/53.1°}} = 2\,\underline{/-53.1°} = 1.2-\mathrm{j}1.6 \ \text{（A）}$$

$$\dot{I} = \dot{I}_1 + \dot{I}_2 = 5+\mathrm{j}5+1.2-\mathrm{j}1.6 = 6.2+\mathrm{j}3.4 = 5\sqrt{2}\,\underline{/28.8°} \ \text{（A）}$$

相量图如图 3-28 所示。

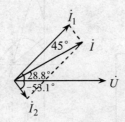

图 3-28　例 3-22 的相量图

3.5　正弦电路的功率

因为电阻是耗能元件，而电感、电容是储能元件，所以，在包含电阻、电感、电容的正弦交流电路中，从电源获得的能量有一部分被电阻消耗，另一部分则被电感和电容存储起来。可见，正弦交流电路的功率问题要比纯电阻电路复杂的多。

3.5.1　瞬时功率

如图 3-29（a）所示为一线性二端网络，其端口电压 u 和电流 i 采用关联参考方向，且：

$$i = \sqrt{2}I\sin(\omega t + \theta_\mathrm{i})$$
$$u = \sqrt{2}U\sin(\omega t + \theta_\mathrm{u})$$

则该二端网络的瞬时功率为：

$$p = ui = \sqrt{2}U\sin(\omega t + \theta_\mathrm{u}) \times \sqrt{2}I\sin(\omega t + \theta_\mathrm{i})$$

利用三角公式：

$$\sin x \sin y = \frac{1}{2}[\cos(x-y) - \cos(x+y)]$$

得：

$$p = UI\cos(\theta_\mathrm{u} - \theta_\mathrm{i}) - UI\cos(2\omega t + \theta_\mathrm{u} + \theta_\mathrm{i})$$

由于 $\theta_\mathrm{u} - \theta_\mathrm{i} = \varphi$ 为电压与电流的相位差，所以上式又可写为：

$$p = UI\cos\varphi - UI\cos(2\omega t + \theta_u + \theta_i)$$

从上式可知，瞬时功率由两部分组成：第一部分为 $UI\cos\varphi$，与时间无关，称为恒定分量；第二部分为 $UI\cos(2\omega t + \theta_u + \theta_i)$，与时间 t 有关，称为正弦分量。正弦分量的频率是电压或电流频率的两倍。u、i 和 p 的波形如图 3-29（b）所示。

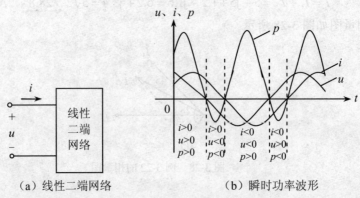

（a）线性二端网络　　　　　　　（b）瞬时功率波形

图 3-29　线性二端网络及其瞬时功率波形

从图中可以看出，在每一个周期内，当 $u>0$、$i>0$ 或 $u<0$、$i<0$ 时，$p>0$，该二端网络吸收功率；当 $u>0$、$i<0$ 或 $u<0$、$i>0$ 时，$p<0$，该二端网络输出功率。这说明二端网络中的动态元件（电感、电容）与外电路交换能量。

下面分析该二端网络为单个电阻、单个电感或单个电容时瞬时功率的特殊情况。

（1）当二端网络为单个电阻 R 时的瞬时功率。

因为电阻 R 两端的电压和电流是同相的，即 $\varphi = \theta_u - \theta_i = 0$，故其瞬时功率为：

$$p = UI - UI\cos(2\omega t + \theta_u + \theta_i)$$

从式中可以看出，瞬时功率 p 始终大于零，这说明电阻在任意时刻总是消耗能量的。其瞬时功率波形图如图 3-30 所示。

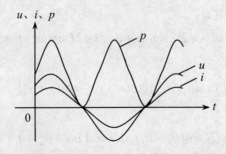

图 3-30　电阻元件瞬时功率的波形

（2）当二端网络为单个电感 L 时的瞬时功率。

因为电感元件两端的电压超前电流 90°，即 $\varphi = \theta_u - \theta_i = 90°$，故其瞬时功率为：

$$p = -UI\cos(2\omega t + \theta_u + \theta_i)$$

其瞬时功率的波形如图 3-31 所示。图中假设 $\theta_i = 0°$，则 $\theta_u = 90°$。此时上式改写为：

$$p = -UI\cos(2\omega t + 90°) = UI\sin 2\omega t$$

从上式或图 3-31 中可以看出，瞬时功率 p 是一个角频率为 2ω 的正弦量。在 $0 \sim \dfrac{T}{4}$ 期间，$u > 0$、$i > 0$，故 $p > 0$，电感吸收功率，此时电感从外电路吸收能量并储存在磁场中；在 $\dfrac{T}{4} \sim \dfrac{T}{2}$ 期间，$u < 0$、$i > 0$，故 $p < 0$，电感输出功率，此时电感将储存的磁场能量输出给外电路；在 $\dfrac{T}{2} \sim \dfrac{3T}{4}$ 期间，$u < 0$、$i < 0$，故 $p > 0$，电感吸收功率；在 $\dfrac{3T}{4} \sim T$ 期间，$u > 0$、$i < 0$，故 $p < 0$，电感输出功率。

由此可见，从平均效果来说，电感是不消耗能量的，它只是与外电路进行能量交换。

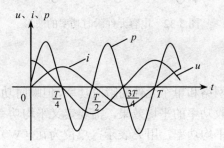

图 3-31　电感元件瞬时功率的波形

（3）当二端网络为单个电容 C 时的瞬时功率。

因为电容元件两端的电流超前电压 90°，即 $\varphi = \theta_u - \theta_i = -90°$，故其瞬时功率为：

$$p = -UI\cos(2\omega t + \theta_u + \theta_i)$$

其瞬时功率的波形如图 3-32 所示。图中假设 $\theta_i = 0°$，则 $\theta_u = -90°$，此时上式改写为：

$$p = -UI\cos(2\omega t - 90°) = -UI\sin 2\omega t$$

从上式或图 3-32 中可以看出，瞬时功率 p 是一个角频率为 2ω 的正弦量。在

$0\sim\dfrac{T}{4}$ 期间，$u<0$、$i>0$，故 $p<0$，电容输出功率，此时电容将储存的电场能量输出给外电路，电容处于放电状态；在 $\dfrac{T}{4}\sim\dfrac{T}{2}$ 期间，$u>0$、$i>0$，故 $p>0$，电容吸收功率，此时电容从外电路吸收能量并储存在电场中，电容处于充电状态；在 $\dfrac{T}{2}\sim\dfrac{3T}{4}$ 期间，$u>0$、$i<0$，故 $p<0$，电容输出功率；在 $\dfrac{3T}{4}\sim T$ 期间，$u<0$、$i<0$，故 $p>0$，电容吸收功率。

由此可见，从平均效果来说，电容也是不消耗能量的，它只是与外电路进行能量交换。

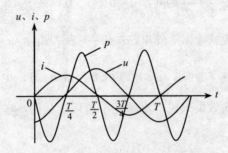

图 3-32　电容元件瞬时功率的波形

3.5.2　平均功率

上面分析了二端网络和单个元件的瞬时功率，但瞬时功率的实用意义并不大。为了反映二端网络吸收功率的平均效果，需要定义平均功率。把瞬时功率在一个周期内的平均值称为平均功率，用 P 表示，单位为瓦（W），即：

$$P=\dfrac{1}{T}\int_0^T p\,\mathrm{d}t$$

将二端网络瞬时功率的表达式代入上式，得到二端网络的平均功率为：

$$P=\dfrac{1}{T}\int_0^T[UI\cos\varphi-UI\cos(2\omega t+\theta_u+\theta_i)]\mathrm{d}t$$
$$=UI\cos\varphi$$

平均功率代表电路实际消耗的功率，所以又称有功功率。由上式可知，正弦电路的平均功率不但与电流、电压的有效值有关，还与电压和电流相位差的余弦 $\cos\varphi$ 有关。$\cos\varphi$ 称为电路的功率因数，用 λ 表示。即：

$$\lambda=\cos\varphi$$

如果该二端网络为无源二端网络（不含独立源），可用阻抗 Z 来等效，此时阻

抗 Z 的阻抗角 φ_z 正好等于电压与电流的相位差 φ，所以阻抗角又称功率因数角。所以平均功率又可写为：

$$P = UI\cos\varphi_z$$

对电阻元件 R，$\varphi_z = 0$，$\lambda = \cos\varphi_z = 1$，$P = UI = RI^2 = \dfrac{U^2}{R}$。

对电感元件 L，$\varphi_z = 90°$，$\lambda = \cos\varphi_z = 0$，$P = 0$。

对电容元件 C，$\varphi_z = -90°$，$\lambda = \cos\varphi_z = 0$，$P = 0$。

从平均功率可以清楚地看出，电阻总是消耗能量的，而电感和电容是不消耗能量的，平均功率为 0，所以，平均功率就是反映电路实际消耗的功率。

对于一个无源二端网络，由于电感和电容的平均功率都为 0，所以各电阻消耗的平均功率之和就是该电路所消耗的平均功率。

3.5.3　无功功率和视在功率

1. 无功功率

在讨论瞬时功率时曾经指出，正弦交流电路中的动态元件（电感元件和电容元件）不消耗功率，只与外电路交换能量。为了反映正弦交流电路中动态元件的这一特性，引入无功功率的概念。

二端网络的无功功率 Q 定义为：

$$Q = UI\sin(\theta_u - \theta_i) = UI\sin\varphi$$

无功功率的单位为乏（Var）。无功功率仅表示二端网络与外电路进行能量交换的幅度。

如果二端网络为无源二端网络，则 $\varphi = \theta_u - \theta_i = \varphi_z$，无功功率可写为：

$$Q = UI\sin\varphi_z$$

对电阻元件 R，$\varphi_z = 0$，$\sin\varphi_z = 0$，$Q = 0$。

对电感元件 L，$\varphi_z = 90°$，$\sin\varphi_z = 1$，$Q = UI = X_L I^2 = \dfrac{U^2}{X_L}$。

对电容元件 C，$\varphi_z = -90°$，$\sin\varphi_z = -1$，$Q = -UI = -X_C I^2 = -\dfrac{U^2}{X_C}$。

由于电阻的无功功率为 0，所以电阻与外电路之间没有能量交换，而电感和电容的无功功率不为 0，所以电感和电容与外电路之间有能量交换。对于一个无源二端网络，总的无功功率就是电路中所有电感元件的无功功率与所有电容元件的无功功率之和。

另外，由于电感的无功功率为正，电容的无功功率为负，两者相互补偿，因此可以在电感负载中增添电容元件，以减少外电路给予负载的无功功率。功率因数的提高就是基于这一原理。

2. 视在功率

对于电源来说，其输出电压为 U，输出电流为 I，两者的乘积 UI 虽然具有功率的量纲，但一般并不表示电路实际消耗的有功功率，也不表示电路进行能量转换的无功功率，它反映的是电气设备的容量，称为视在功率，用 S 表示，即：

$$S = UI$$

视在功率的单位为伏安（VA）。

对于任何一个电气设备而言，视在功率都有一个额定值，称为额定视在功率。额定视在功率等于电气设备端口上所能承受的最大电压（即额定电压）与最大电流（即额定电流）的乘积，即：

$$S_N = U_N I_N$$

平均功率 P、无功功率 Q 和视在功率 S 之间的关系为：

$$S^2 = P^2 + Q^2$$

例 3-23 在如图 3-33（a）所示电路中，$u = 10\sqrt{2}\sin 2t$（V），$R = 2\,\Omega$，$L = 1\,\text{H}$，$C = 0.25\,\text{F}$，求电路的有功功率 P、无功功率 Q、视在功率 S 和功率因数 λ。

解 电路的相量模型如图 3-33（b）所示，图中：

$$\dot{U} = 10\underline{/0°}\ \text{（V）}$$

$$X_L = \omega L = 2 \times 1 = 2\ \text{（}\Omega\text{）}$$

$$X_C = \frac{1}{\omega C} = \frac{1}{2 \times 0.25} = 2\ \text{（}\Omega\text{）}$$

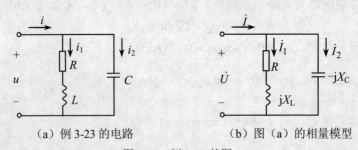

（a）例 3-23 的电路   （b）图（a）的相量模型

图 3-33 例 3-23 的图

所以，电路的总阻抗为：

$$Z = \frac{(R + jX_L)(-jX_C)}{R + jX_L - jX_C} = \frac{(2 + j2)(-j2)}{2 + j2 - j2} = 2 - j2 = 2\sqrt{2}\ \underline{/-45°}\ \text{（}\Omega\text{）}$$

电路的总电流相量为：

$$\dot{I} = \frac{\dot{U}}{Z} = \frac{10\underline{/0°}}{2\sqrt{2}\ \underline{/-45°}} = 2.5\sqrt{2}\ \underline{/45°}\quad(\text{A})$$

　　根据已知的电压有效值（$U = 10\text{V}$）、求出的阻抗角（$\varphi_z = -45°$）和电流有效值（$I = 2.5\sqrt{2}\text{A}$），可求出电路的功率因数λ、有功功率P、无功功率Q和视在功率S分别为：

$$\lambda = \cos\varphi_z = \cos(-45°) = 0.707$$
$$P = UI\cos\varphi_z = 10 \times 2.5\sqrt{2} \times 0.707 = 25\quad(\text{W})$$
$$Q = UI\sin\varphi_z = 10 \times 2.5\sqrt{2} \times (-0.707) = -25\quad(\text{Var})$$
$$S = UI = 10 \times 2.5\sqrt{2} = 25\sqrt{2}\quad(\text{VA})$$

3.5.4　功率因数的提高

1. 提高功率因数的意义

　　一方面，提高功率因数可以提高电气设备的利用率。例如，某电源的额定视在功率$S = 3000\,\text{VA}$，若负载为纯电阻，其功率因数$\cos\varphi = 1$，则该电源能输出的功率为 3000 W；若负载为感性负载，其功率因数$\cos\varphi = 0.5$，则该电源最多只能输出 1500W 的功率，即该电源的供电容量未能充分利用。因此，要充分利用供电设备的能力，应当尽量提高负载的功率因数。

　　另一方面，提高功率因数可以减少功率损耗。例如，电源电压和输出功率一定时，负载的功率因数越低，线路和电源上的功率损耗越大，这是因为$I = \dfrac{P}{U\cos\varphi}$，当功率因数$\cos\varphi$较小时，$I$较大，线路和电源内阻上的电压降也较大，当供电电压一定时，负载的端电压将减小，导致负载不能正常工作；同时，I较大将导致功率损耗增大。

　　综上所述，提高功率因数对国民经济具有极其重要的意义。按照供电规则，高压供电的工业企业平均功率因数不得低于 0.95，其他单位不得低于 0.9。但是生产中广泛使用的交流异步电动机的功率因数为 0.3～0.85，荧光灯的功率因数为0.4～0.6，这些都不符合要求，所以要采取措施提高功率因数。

2. 提高功率因数的方法

　　实际负载多为感性负载，要提高感性负载的功率因数，可在感性负载上并联适当的电容，这样可使感性负载所需的无功功率不从供电电源处获得，而是从并联的电容处获得补偿，换句话说，就是使感性负载中的大部分磁场能量与电容的电场能量进行能量交换，从而减少感性负载与供电电源之间的能量交换。

　　例 3-24　一台功率为 1.1kW 的感应电动机，接在 220V、50Hz 的电路中，电动机需要的电流为 10A。

（1）求电动机的功率因数；

（2）若在电动机两端并联一个 79.5μF 的电容器，电路的功率因数为多少？

（3）若要将功率因数提高到 0.95，应在电动机两端并联一个多大的电容器？

解 （1）已知 $P = 1.1\,\text{kW}$，$U = 220\,\text{V}$，$I_L = 10\,\text{A}$，$\omega = 2\pi f = 2\pi \times 50 = 314\,\text{rad/s}$。

由 $P = UI_L \cos\varphi_z$，得电动机的功率因数为：

$$\lambda = \cos\varphi_z = \frac{P}{UI_L} = \frac{1.1 \times 1000}{220 \times 10} = 0.5$$

阻抗角为：

$$\varphi_z = 60°$$

（2）在未并联电容器前，输电线中的电流与通过电动机的电流相等，即：

$$\dot{I} = \dot{I}_L$$

电动机两端并联电容器后，电动机中的电流不变，仍为 $\dot{I}_L$，电路如图 3-34（a）所示，这时输电线中的电流为：

$$\dot{I} = \dot{I}_L + \dot{I}_C$$

设电压为参考相量，即：

$$\dot{U} = 220\underline{/0°}\ (\text{V})$$

已求得电动机的阻抗角为 $\varphi_z = 60°$，所以：

$$\dot{I}_L = 10\ \underline{/-60°}\ (\text{A})$$

电流 $\dot{I}_C$ 超前电压 $\dot{U}$ 的相位为 90°，电路的相量图如图 3-34（b）所示，图中 φ_z' 是电路并联了电容 C 后的功率因数角。

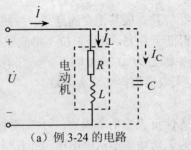

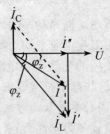

（a）例 3-24 的电路　　　　（b）例 3-24 的相量模型

图 3-34　例 3-24 的图

因为：

$$I_C = \frac{U}{X_C} = \omega CU = 314 \times 79.5 \times 10^{-6} = 5.5\ (\text{A})$$

所以，由图 3-34（b）可得：

$$I' = I_L \sin \varphi_z = 10 \sin 60° = 8.66 \text{（A）}$$

$$I'' = I_L \cos \varphi_z = 10 \cos 60° = 5 \text{（A）}$$

因此，在电动机两端并联一个 79.5μF 的电容器后，电路的功率因数角为：

$$\varphi'_z = \arctan \frac{I' - I_C}{I''} = \arctan \frac{8.66 - 5.5}{5} = 32.3°$$

功率因数为：

$$\lambda' = \cos \varphi'_z = \cos 32.3° = 0.85$$

（3）若要将功率因数提高到 $\lambda' = \cos \varphi'_z = 0.95$，则电路的功率因数角为：

$$\varphi'_z = 18.2°$$

因此：

$$I_C = I' - I'' \tan 18.2° = 8.66 - 5 \times 0.33 = 7.0 \text{（A）}$$

所以，需要并联的电容器的大小为：

$$C = \frac{I_C}{\omega U} = \frac{7.0}{314 \times 220} = 1.0 \times 10^{-4} \text{（F）} = 100 \text{（μF）}$$

3.6　交流电路的频率特性

在交流电路中，电感元件的感抗和电容元件的容抗都与频率有关，当电源电压（激励）的频率改变时，即使电压的幅值不变，电路中各部分电流和电压（响应）的大小和相位也会随着改变。响应与频率的关系称为电路的频率特性或频率响应。

电力系统中，频率一般是固定的，但在电子技术和控制系统中，经常要研究不同频率下电路的工作情况。本章前面几节所讨论的电压和电流都是时间函数，在时间领域内对电路进行分析，称为时域分析。本节是在频率领域内对电路进行分析，称为频域分析。

3.6.1　RC 电路的频率特性

首先讨论由 RC 电路组成的几种滤波电路。所谓滤波就是利用容抗或感抗随频率而改变的特性，对不同频率的输入信号产生不同的响应，让某一频率范围内的信号顺利通过，而让其他频率的信号不容易通过。

滤波电路通常可分为低通滤波电路、高通滤波电路、带通滤波电路和带阻滤波电路。

1. RC 低通滤波电路

如图 3-35 所示是 RC 串联电路，$\dot{U}_1$ 是输入信号电压，$\dot{U}_2$ 是输出信号电压，两者都是频率的函数。

电路输出电压 $\dot{U}_2$ 与输入电压 $\dot{U}_1$ 的比值称为电路的传递函数或转移函数，是一个复数，用 $T(\mathrm{j}\omega)$ 表示。由图 3-35 及阻抗串联的分压公式可得：

$$T(\mathrm{j}\omega) = \frac{\dot{U}_2}{\dot{U}_1} = \frac{\dfrac{1}{\mathrm{j}\omega C}}{R + \dfrac{1}{\mathrm{j}\omega C}} = \frac{1}{1 + \mathrm{j}\omega RC}$$

$$= \frac{1}{\sqrt{1 + (\omega RC)^2}} \;\underline{/-\arctan(\omega RC)}$$

$$= T(\omega) \;\underline{/\varphi(\omega)}$$

式中：

$$T(\omega) = \frac{U_2}{U_1} = \frac{1}{\sqrt{1 + (\omega RC)^2}}$$

为输出电压有效值与输入电压有效值的比值，是角频率的函数，称为传递函数 $T(\mathrm{j}\omega)$ 的模。

$$\varphi(\omega) = \theta_2 - \theta_1 = -\arctan(\omega RC)$$

为输出电压与输入电压之间的相位差（$\dot{U}_2$ 滞后于 $\dot{U}_1$），也是角频率的函数，称为传递函数 $T(\mathrm{j}\omega)$ 的辐角。

设：

$$\omega_0 = \frac{1}{RC}$$

则：

$$T(\mathrm{j}\omega) = \frac{1}{1 + \mathrm{j}\dfrac{\omega}{\omega_0}} = \frac{1}{\sqrt{1 + \left(\dfrac{\omega}{\omega_0}\right)^2}} \;\underline{/-\arctan\dfrac{\omega}{\omega_0}}$$

表示 $T(\omega)$ 随 ω 变化的特性称为幅频特性或幅频响应，表示 $\varphi(\omega)$ 随 ω 变化的特性称为相频特性或相频响应，两者统称为频率特性或频率响应。

根据上式可画出如图 3-35 所示电路的幅频特性曲线和相频特性曲线，如图 3-36 所示。

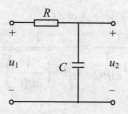

图 3-35　RC 低通滤波电路

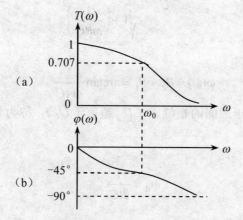

（a）幅频特性曲线；（b）相频特性曲线

图 3-36　RC 低通滤波电路的频率特性曲线

在实际应用中，输出电压不能下降太多。通常规定输出电压下降到输入电压的 70.7%，即 $T(\omega)$ 下降到 0.707 时为最低限。此时 $\omega = \omega_0$，ω_0 称为截止角频率。$0 \sim \omega_0$ 的频率范围称为通频带。

从以上分析可知，这种电路使低频信号容易通过，高频信号不容易通过，故称为低通滤波电路。

2. RC 高通滤波电路

如图 3-37 所示也是 RC 串联电路，与图 3-35 所示电路不同的是从电阻 R 两端输出。

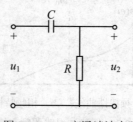

图 3-37　RC 高通滤波电路

由图 3-37 及阻抗串联的分压公式可得：

$$T(\mathrm{j}\omega) = \frac{\dot{U}_2}{\dot{U}_1} = \frac{R}{R + \dfrac{1}{\mathrm{j}\omega C}} = \frac{1}{1 - \mathrm{j}\dfrac{1}{\omega RC}} = \frac{1}{\sqrt{1 + \left(\dfrac{1}{\omega RC}\right)^2}} \Big/ \!\arctan\frac{1}{\omega RC} = T(\omega) \big/ \varphi(\omega)$$

式中：

$$T(\omega) = \frac{U_2}{U_1} = \frac{1}{\sqrt{1 + \left(\dfrac{1}{\omega RC}\right)^2}}$$

为传递函数 $T(\mathrm{j}\omega)$ 的模。

$$\varphi(\omega) = \theta_2 - \theta_1 = \arctan\frac{1}{\omega RC}$$

为输出电压与输入电压之间的相位差（$\dot{U}_2$ 超前于 $\dot{U}_1$），称为传递函数 $T(\mathrm{j}\omega)$ 的辐角。

设：

$$\omega_0 = \frac{1}{RC}$$

则：

$$T(\mathrm{j}\omega) = \frac{1}{1 + \mathrm{j}\dfrac{\omega_0}{\omega}} = \frac{1}{\sqrt{1 + \left(\dfrac{\omega_0}{\omega}\right)^2}} \Big/ \!\arctan\frac{\omega_0}{\omega}$$

根据上式可画出如图 3-37 所示电路的幅频特性曲线和相频特性曲线，如图 3-38 所示。

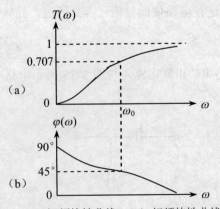

（a）幅频特性曲线；（b）相频特性曲线

图 3-38　RC 高通滤波电路的频率特性曲线

　　从以上分析可知，这种电路使高频信号容易通过，低频信号不容易通过，故称为高通滤波电路。

3.6.2　电路中的谐振

　　由电阻、电感、电容组成的电路中，在正弦电源的作用下，当端口电压与端口电流同相时，电路呈电阻性，通常把此时电路的工作状态称为谐振。发生在串联电路中的谐振称作串联谐振，发生在并联电路中的谐振称作并联谐振。谐振广泛应用在无线电工程中。

　　1. 串联谐振

　　如图 3-39 所示电路为 RLC 串联电路，其阻抗为：

$$Z = R + j(X_L - X_C) = R + j\left(\omega L - \frac{1}{\omega C}\right)$$

　　当电抗部分 $X_L - X_C = \omega L - \dfrac{1}{\omega C} = 0$ 时，$\varphi = \arctan \dfrac{X_L - X_C}{R} = 0$，电压与电流同相，电路呈电阻性，电路发生谐振。由此可见，调节 ω、L、C 三个参数中的任意一个，都能使电路产生谐振，这种调节过程称为调谐。

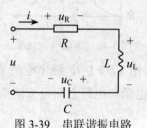

图 3-39　串联谐振电路

　　电路谐振时的角频率称为谐振角频率，用 ω_0 表示，即：

$$\omega_0 L = \frac{1}{\omega_0 C}$$

所以谐振角频率 ω_0 为：

$$\omega_0 = \frac{1}{\sqrt{LC}}$$

而谐振频率 f_0 为：

$$f_0 = \frac{1}{2\pi\sqrt{LC}}$$

　　可见，谐振频率 f_0 只与电路的 L、C 参数有关，而与电阻 R 无关。

　　电路谐振时的感抗 X_L 或容抗 X_C 称为特性阻抗 ρ：

$$\rho = \omega_0 L = \frac{1}{\omega_0 C} = \sqrt{\frac{L}{C}}$$

特性阻抗 ρ 与电阻 R 的比值称为谐振电路的品质因数 Q：

$$Q = \frac{\rho}{R} = \frac{\omega_0 L}{R} = \frac{1}{R\omega_0 C} = \frac{1}{R}\sqrt{\frac{L}{C}}$$

设谐振时电路中的电流为 I_0，称为串联谐振电流。

串联谐振具有下列特征：

（1）谐振时阻抗 $Z = R$，阻抗的模最小。当外加电压一定时，电流达到最大值，为：

$$I = \frac{U}{|Z|} = \frac{U}{R} = I_0$$

如图 3-40 所示为电流随频率变化的曲线，称为串联谐振曲线。

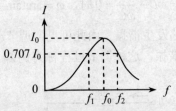

图 3-40　串联谐振曲线

（2）因为电压与电流同相（$\varphi = 0$），整个电路呈现纯电阻性质。电源供给电路的能量全部被电阻消耗。电源与电路之间没有能量交换，能量交换只发生在电感与电容之间。

（3）由于 $X_L = X_C$，因此 $U_L = U_C$。而 $\dot{U}_L$ 与 $\dot{U}_C$ 的相位相反，互相抵消，对整个电路不起作用，电源电压 $\dot{U} = \dot{U}_R + \dot{U}_L + \dot{U}_C = \dot{I}Z = \dot{I}_0 R = \dot{U}_R$，如图 3-41 所示。

$\dot{U}_L$ 与 $\dot{U}_C$ 虽然对整个电路不起作用，但它们的单独作用不容忽视，因为：

$$U_L = IX_L = \frac{U}{R}X_L = QU$$

$$U_C = IX_C = \frac{U}{R}X_C = QU$$

Q 为电路的品质因数。当电阻较小，即 $X_L = X_C \gg R$ 时，$Q \gg 1$，将有 $U_L = U_C \gg U_R = U$，即电感和电容上的电压远远高于电源电压（一般为电源电压的几十倍到几百倍）。因此，串联谐振又称电压谐振。

过高的电压可能会破坏这些电路元件的绝缘，因此，在电力工程中要避免谐振或接近谐振情况的发生，但在无线电、通信技术等领域，则广泛利用串联谐振来选择所需要的信号，例如，无线电广播和电视接收机都调谐在某种频率或频带上，以使该频率或频带内的信号特别增强，而把非谐振频率的其他信号滤去，这称为谐振电路的选择性。

谐振电路选择性能的好坏通常用通频带宽度来衡量。如图 3-40 所示，当电流 I 下降到最大值 I_0 的 70.7% 时，对应的上限频率 f_2 与下限频率 f_1 之间的宽度称为谐振电路的通频带宽度，用 B 表示，即：

$$B = f_2 - f_1$$

谐振曲线越尖锐，通频带宽度越窄，表示电路的选择性越强。谐振曲线的尖锐或平坦，与电路品质因数 Q 值的大小有关，如图 3-42 所示。设电路的 L 和 C 值不变，只改变 R 值，R 值越小，Q 值越大，谐振曲线就越尖锐，选择性越强。

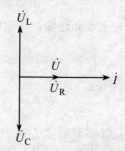
图 3-41　串联谐振时的相量图

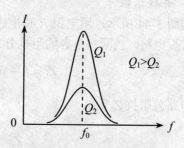
图 3-42　Q 与谐振曲线的关系

例 3-25　在收音机的天线回路中，一般通过调节电容值使电路发生谐振来选择所需信号，如图 3-43 所示。已知线圈的电阻为 $R = 10\ \Omega$，线圈的电感为 $L = 0.26\ \text{mH}$，当电容调至 238pF 时，恰好接收到某电台的广播信号。试求：

（1）电路的谐振频率 f_0 与品质因数 Q；

（2）若输入信号为 $U = 10\ \mu\text{V}$，求谐振电流 I_0 及电容两端的电压 U_C。

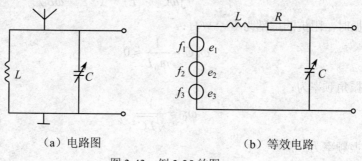
（a）电路图　　　　　　　　（b）等效电路
图 3-43　例 3-25 的图

解 （1）谐振频率 f_0 为：

$$f_0 = \frac{1}{2\pi\sqrt{LC}} = \frac{1}{2\times3.14\times\sqrt{0.26\times10^{-3}\times238\times10^{-12}}} = 640 \ (\text{kHz})$$

品质因数 Q 为：

$$Q = \frac{\omega_0 L}{R} = \frac{2\pi f_0 L}{R} = \frac{2\times3.14\times640\times10^3\times0.26\times10^{-3}}{10} = 105$$

（2）谐振电流 I_0 为：

$$I_0 = \frac{U}{R} = \frac{10\times10^{-6}}{10} = 10^{-6} \ (\text{A})$$

电容两端的电压 U_C 为：

$$U_C = QU = 105\times10^{-6} \ (\text{V})$$

2. 并联谐振

如图 3-44 所示，用电阻 R 和电感 L 串联表示实际线圈，与电容 C 并联组成并联谐振电路。线圈和电容的阻抗分别为：

$$Z_1 = R + j\omega L , \quad Z_C = \frac{1}{j\omega C}$$

电路总阻抗 Z 为：

$$Z = \frac{Z_1 Z_C}{Z_1 + Z_C} = \frac{(R+j\omega L)\dfrac{1}{j\omega C}}{R+j\omega L+\dfrac{1}{j\omega C}}$$

一般情况下，线圈本身的电阻 R 很小，特别是在频率较高时，$\omega L \gg R$，这时：

$$Z \approx \frac{\dfrac{L}{C}}{R+j\omega L+\dfrac{1}{j\omega C}} = \frac{1}{\dfrac{RC}{L}+j\left(\omega C-\dfrac{1}{\omega L}\right)}$$

谐振时，阻抗的虚部为零，故有：

$$\omega_0 C - \frac{1}{\omega_0 L} \approx 0$$

谐振角频率为：

$$\omega_0 \approx \frac{1}{\sqrt{LC}}$$

谐振频率为：

$$f_0 \approx \frac{1}{2\pi\sqrt{LC}}$$

并联谐振具有下列特征：

（1）谐振时的阻抗为：

$$Z = \frac{L}{RC} = \frac{(\omega_0 L)^2}{R} = R_0$$

阻抗的模最大，相当于一个纯电阻，用 R_0 表示。当外加电压一定时，电流达到最小值，为：

$$I = I_0 = \frac{U}{|Z|} = \frac{U}{R_0}$$

并联谐振曲线如图 3-45 所示。

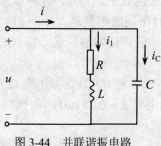
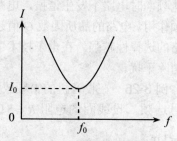

图 3-44　并联谐振电路　　　　　图 3-45　并联谐振曲线

（2）因为电压与电流同相（$\varphi = 0$），整个电路呈现纯电阻性质。电源与电路之间没有能量交换，能量交换只发生在电感与电容之间。

（3）谐振时各并联支路的电流分别为：

$$I_1 = \frac{U}{\sqrt{R_2 + (\omega_0 L)^2}} \approx \frac{U}{\omega_0 L}$$

$$I_C = \frac{U}{\dfrac{1}{\omega_0 C}}$$

而：

$$|Z| = R_0 = \frac{L}{RC} = \frac{\omega_0 L}{R\omega_0 C} \approx \frac{(\omega_0 L)^2}{R}$$

当 $\omega_0 L \gg R$ 时，有：

$$\omega_0 C \approx \frac{1}{\omega_0 L} \ll \frac{(\omega_0 L)^2}{R}$$

于是可得：

$$I_1 \approx I_C \gg I_0$$

即在谐振时，并联各支路的电流近似相等，而且比总电流 I_0 大许多倍，因此，并联谐振又称电流谐振。

谐振时的 I_C 或 I_1 与总电流 I_0 的比值称为电路的品质因数，用 Q 表示，即：

$$Q = \frac{I_1}{I_0} = \frac{\dfrac{U}{\omega_0 L}}{\dfrac{U}{R_0}} = \frac{R_0}{\omega_0 L} = \frac{\dfrac{(\omega_0 L)^2}{R}}{\omega_0 L} = \frac{\omega_0 L}{R}$$

（4）如果图 3-44 所示并联电路改由恒流源 i 供电，当电源为某一频率时电路发生谐振，电路阻抗最大，电流通过时电路两端产生的电压也最大。当电源为其他频率时电路不发生谐振，电路两端的电压也较小。因此，并联谐振电路具有选频作用。电路的品质因数 Q 值越大，谐振时电路的阻抗越大，谐振曲线越尖锐，电路的选择性越强。在电子技术中，常利用并联谐振电路的这一特点来选择信号或消除干扰。

例 3-26 在收音机的中频放大电路中，一般利用并联谐振电路对 465kHz 的信号选频。设线圈的电阻 $R = 5\,\Omega$，线圈的电感 $L = 0.15\,\text{mH}$，谐振时的总电流 $I_0 = 1\,\text{mA}$。试求：

（1）选择 465kHz 的信号应选用多大的电容；

（2）电路谐振时的阻抗 R_0 及电路的品质因数 Q；

（3）谐振时电感及电容中的电流。

解 （1）要选择 465kHz 的信号，必须使电路的谐振频率 $f_0 = 465\,\text{kHz}$，所以谐振时的感抗为：

$$\omega_0 L = 2\pi f_0 L = 2 \times 3.14 \times 465 \times 10^3 \times 0.15 \times 10^{-3} = 438 \quad (\Omega)$$

因为线圈电阻 $R = 5\,\Omega$，$\omega_0 L \gg R$，所以 $\omega_0 L \approx \dfrac{1}{\omega_0 C}$，由此可得：

$$C = \frac{1}{\omega_0^2 L} = \frac{1}{(2\pi f_0)^2 L} = \frac{1}{(2 \times 3.14 \times 465 \times 10^3)^2 \times 0.15 \times 10^{-3}} = 780 \quad (\text{pF})$$

（2）电路谐振时的阻抗 R_0 为：

$$R_0 = \frac{(\omega_0 L)^2}{R} = \frac{(2 \times 3.14 \times 465 \times 10^3 \times 0.15 \times 10^{-3})^2}{5} = 38.4 \quad (\text{k}\Omega)$$

电路的品质因数 Q 为：

$$Q = \frac{\omega_0 L}{R} = \frac{2 \times 3.14 \times 465 \times 10^3 \times 0.15 \times 10^{-3}}{5} = 88$$

（3）谐振时电感及电容中的电流为：

$$I_1 = I_C = QI_0 = 88 \times 1 = 88 \quad (\text{mA})$$

 本章小结

（1）在正弦电流表达式 $i = I_m \sin(\omega t + \theta_i) = \sqrt{2} I \sin(\omega t + \theta_i)$ 中，振幅 I_m（有效值 I）、角频率 ω（周期 T 或频率 f）和初相 θ_i 称为正弦电流的三要素。

若两个同频率的正弦电流 i_1 和 i_2 的初相分别为 θ_1 和 θ_2，则这两个电流的相位差等于它们的初相之差，即 $\varphi = \theta_1 - \theta_2$。若 $\varphi > 0$，表示 i_1 的相位超前 i_2（i_2 的相位滞后 i_1），$\varphi = 0$ 表示 i_1 与 i_2 同相，$\varphi = \pm\pi$ 表示 i_1 与 i_2 反相。

（2）正弦电流 $i = \sqrt{2} I \sin(\omega t + \theta_i)$ 的相量为 $\dot{I} = I \underline{/\theta_i}$。正弦量与相量之间是相互对应的关系，不是相等的关系。将正弦量用相量表示，可以将正弦量的三角函数运算转化为相量的复数运算。在相量的运算中，可借助相量图简化计算。

（3）基尔霍夫定律的相量形式以及 R、L、C 元件上电压与电流之间的相量关系是分析正弦电路的基础，应该很好地理解和掌握。

KCL、KVL 的相量形式分别为：$\sum \dot{I} = 0$、$\sum \dot{U} = 0$。

R、L、C 元件上电压与电流之间的相量关系、有效值关系及相位关系分别为：

电阻元件：$\dot{U} = R\dot{I}$，$U = RI$，$\theta_u = \theta_i$；

电感元件：$\dot{U} = jX_L \dot{I}$，$U = X_L I$，$\theta_u = \theta_i + 90°$，其中 $X_L = \omega L$；

电容元件：$\dot{U} = -jX_C \dot{I}$，$U = X_C I$，$\theta_u = \theta_i - 90°$，其中 $X_C = \dfrac{1}{\omega C}$。

（4）一个无源二端网络可以等效为一个阻抗：$Z = \dfrac{\dot{U}}{\dot{I}} = |Z| \underline{/\varphi_z}$。

阻抗模 $|Z|$ 及阻抗角 φ_z 与电压、电流的关系为：

$$|Z| = \frac{U}{I} = \frac{U_m}{I_m}, \quad \varphi_z = \theta_u - \theta_i$$

$\varphi_z > 0$ 表示电压超前电流，阻抗呈电感性；$\varphi_z < 0$ 表示电压滞后电流，阻抗呈电容性；$\varphi_z = 0$ 表示电压与电流同相，阻抗呈电阻性。阻抗可以表示成代数型 $Z = R + jX$。指数型与代数型的转换关系为：

$$R = |Z| \cos\varphi_z, \quad X = |Z| \sin\varphi_z$$

$$|Z| = \sqrt{R^2 + X^2}, \quad \varphi_z = \arctan \frac{X}{R}$$

（5）用相量法分析正弦电路的方法是：电压、电流用相量表示，R、L、C 元件用阻抗表示，画出电路的相量模型，利用 KCL、KVL 和欧姆定律的相量形式列出电路方程后求解。这样，分析直流电路的方法也适用于分析正弦电路的相量模型。

（6）正弦电路的平均功率为 $P = UI \cos\varphi$，是电路实际消耗的功率，它等于电路中所有电阻消耗的功率之和。正弦电路的无功功率和视在功率分别为 $Q = UI \sin\varphi$、$S = UI$。平均功率、无功功率和视在功率的关系为 $S^2 = P^2 + Q^2$。

功率因数 $\lambda = \cos\varphi$ 是企业用电的技术经济指标之一。提高功率因数能提高电源设备容量的利用率，减少线路的功率损耗，是节电的措施之一。提高功率因数的常用方法是在电感性负载的两端并联一个适当大小的电容器。

（7）在交流电路中，电路中电流以及各部分电压的大小和相位都是频率的函数。由电阻、电感、电容组成的电路中，当端口电压与端口电流同相时，电路发生谐振。

RLC 串联电路谐振时，$X_L = X_C$，谐振角频率为 $\omega_0 = \dfrac{1}{\sqrt{LC}}$。谐振时电路呈电阻性，阻抗 $Z = R$ 达最小值，电压一定时电流最大。在 $X_L = X_C \gg R$ 的情况下，电感电压及电容电压比电源电压大许多倍，即 $U_L = U_C \gg U$。电路的品质因数 $Q = \dfrac{\omega_0 L}{R} = \dfrac{1}{\omega_0 RC} = \dfrac{U_L}{U} = \dfrac{U_C}{U}$，$Q$ 值越大，谐振曲线越尖锐，通频带越窄，电路的选择性越强。

电感性负载与电容并联的电路谐振时，阻抗 $Z = R_0 = \dfrac{L}{RC}$ 达到最大，因此总电流 I_0 最小。在 $\omega_0 L \gg R$ 时，各支路电流近似相等，而且比总电流大许多倍，即 $I_1 = I_C \gg I_0$。电路的品质因数 $Q = \dfrac{\omega_0 L}{R} = \dfrac{1}{\omega_0 RC} = \dfrac{I_1}{I} = \dfrac{I_C}{I}$，$Q$ 值越大，谐振曲线越尖锐，通频带越窄，电路的选择性越强。

习题三

3-1　已知正弦电压 $u_1 = 10\sin(\omega t + 30°)$（V）、$u_2 = 5\sin(2\omega t + 10°)$（V），则 u_1 与 u_2 的相位差为 $30° - 10° = 20°$，是否正确？为什么？

3-2　已知某正弦电流的有效值为 10 A，频率为 50 Hz，初相为 45°。

（1）写出该电流的正弦函数表达式，并画出其波形图；

（2）求该正弦电流在 $t = 0.0025\,\text{s}$ 时的相位和瞬时值。

3-3 已知正弦电流 $i_1 = 10\sin(\omega t + 60°)$ （A）、$i_2 = 5\sqrt{2}\sin(\omega t - 20°)$ （A），求 i_1 与 i_2 的振幅、频率、初相、有效值和相位差，并画出波形图。

3-4 设 $A = 6 + \text{j}8$，$B = 10\underline{/30°}$，试计算 $A + B$、$A - B$、AB、A / B。

3-5 写出下列各正弦量所对应的相量，并画出其相量图。

（1）$i = 10\sin(100t + 90°)$ （mA）　　　　（2）$i = 5\sqrt{2}\sin(5t - 120°)$ （A）

（3）$u = 6\sin(\omega t + 30°)$ （V）　　　　（4）$u = 10\sqrt{2}\sin(100t + 10°)$ （V）

3-6 分别写出下列相量所代表的正弦量的瞬时表达式（设角频率均为 ω）。

（1）$\dot{I}_\text{m} = -5 + \text{j}8.66$ （A）　　　　（2）$\dot{I} = 6 - \text{j}8$ （mA）

（3）$\dot{U}_\text{m} = 10 + \text{j}10$ （V）　　　　（4）$\dot{U} = -8.66 - \text{j}5$ （V）

3-7 利用相量计算下列两个正弦电流的和与差。

$$i_1 = 10\sin(314t + 60°)\quad（A）$$

$$i_2 = 8\sin(314t - 30°)\quad（A）$$

3-8 如图 3-46 所示的 RL 串联电路，已知 $R = 100\,\Omega$，$L = 0.1\,\text{mH}$，$i = 10\sin 10^6 t$ （A），求电源电压 u_S，并画出相量图。

3-9 如图 3-47 所示的 RC 串联电路，已知 $R = 10\,\Omega$，$C = 0.1\,\text{F}$，$u_\text{S} = 10\sin t$ （V），求电流 i 及电容上的电压 u_C，并画出相量图。

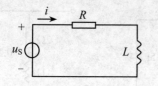

图 3-46　习题 3-8 的图

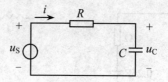

图 3-47　习题 3-9 的图

3-10 如图 3-48 所示的 RC 并联电路，$R = 5\,\Omega$，$C = 0.1\,\text{F}$，$i_\text{R} = 10\sqrt{2}\sin(2t + 30°)$ （A），求电流 i，并画出相量图。

3-11 如图 3-49 所示电路，已知电流表 A_1 和 A_2 的读数分别为 4A 和 3A，当元件 N 分别为 R、L 或 C 时，电流表 A 的读数分别为多少？

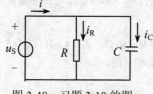
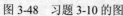

图 3-48　习题 3-10 的图

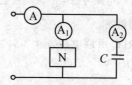

图 3-49　习题 3-11 的图

3-12 如图 3-50 所示电路中电压表 V_1 和 V_2 的读数都是 5V，求两图中电压表 V 的读数。

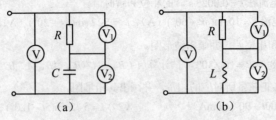

图 3-50 习题 3-12 的图

3-13 如图 3-51 所示电路，当正弦电源的频率为 50Hz 时，电压表和电流表的读数分别为 220V 和 10A，且已知 $R = 8\,\Omega$，求电感 L。

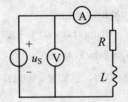

图 3-51 习题 3-13 的图

3-14 求如图 3-52 所示各电路 a、b 两端的等效阻抗（设 $\omega = 2\text{rad/s}$）。

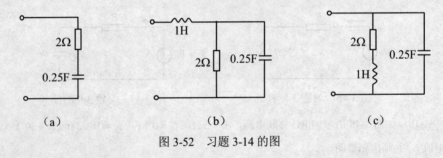

图 3-52 习题 3-14 的图

3-15 RLC 串联电路如图 3-53 所示，已知 $R = 10\,\Omega$，$L = 20\,\text{mH}$，$C = 100\,\mu\text{F}$。

（1）若电源电压有效值 $U_S = 20\,\text{V}$，角频率 $\omega = 10^3\,\text{rad/s}$，求 i、u_R、u_C、u_L，并画出相量图；

（2）若该电路为纯电阻性，且电源电压有效值 $U_S = 20\,\text{V}$，求电源的频率及 i、u_R、u_C、u_L，并画出相量图。

3-16 RLC 并联电路如图 3-54 所示，已知 $R = 40\,\Omega$，$L = 4\,\text{mH}$，$C = 5\,\mu\text{F}$，电源电压 $u_S = 10\sin 10^4 t$（V），求电流 i、i_R、i_C、i_L，并画出相量图。

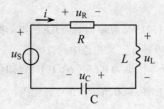

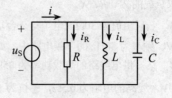

图 3-53 习题 3-15 的图　　　　　图 3-54 习题 3-16 的图

3-17　在如图 3-55 所示的电路中，已知 Z_3 上电压有效值 $U_3 = 50\sqrt{2}$ （V），$Z_1 = 1 - j3$ （Ω），$Z_2 = -j5$ （Ω），$Z_3 = 5 + j5$ （Ω），求各支路电流和总电压。

3-18　在如图 3-56 所示电路中，$\dot{U} = 10\underline{/0°}$ （V），$Z_1 = -j10$ （Ω），$Z_2 = j10$ （Ω），$Z_3 = 10$ （Ω），求电流 $\dot{I}_1$、$\dot{I}_2$、$\dot{I}_3$。

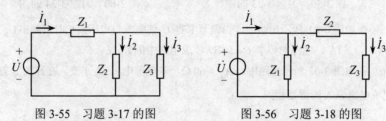

图 3-55 习题 3-17 的图　　　　　图 3-56 习题 3-18 的图

3-19　如图 3-57 所示的无源二端网络中，已知电压相量为 $\dot{U} = 220\underline{/0°}$ （V），电流相量为 $\dot{I} = 4 - j3$ （A），求该二端网络的平均功率 P、无功功率 Q、视在功率 S 和等效阻抗 Z。

3-20　为测量某个线圈的内阻 r 和电感 L，采用如图 3-58 所示电路。已知电源电压 u 的有效值为 220V，频率为 50Hz 时测得 u_R 的有效值为 60V，线圈上的电压 u_{rL} 有效值为 200V，电流 i 的有效值为 200mA，求线圈的内阻 r 和电感 L。

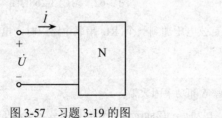

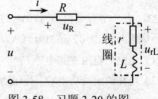

图 3-57 习题 3-19 的图　　　　　图 3-58 习题 3-20 的图

3-21　已知某单相电动机的电压和电流有效值分别为 220V 和 15A（频率为 50Hz），且电压超前电流的相位为 40°，求：

（1）该电动机的平均功率和功率因数；

（2）要使功率因数提高到 0.9，需要在电动机两端并联多大的电容 C。

3-22　将一个感性负载接于 110V、50Hz 的交流电源时，电路中的电流为 10A，消耗功率

600W，求负载的 λ、R、X。

3-23 一只阻值为 30Ω的电炉与一台功率为 132kW、功率因数为 0.8 的电动机并联接于电压为 220V、频率为 50Hz 的工频电路中，如图 3-59 所示，求电路中的总电流。

3-24 某一供电线路的负载功率为 85kW，功率因数为 0.85（$\varphi > 0$），已知负载两端的电压为 1000V，线路的电阻为 0.5Ω，感抗为 1.2Ω，如图 3-60 所示，求电源电压。

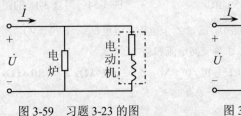

图 3-59 习题 3-23 的图　　　　图 3-60 习题 3-24 的图

3-25 在如图 3-61 所示电路中，当调节电容 C 使电流与电压同相时，测出 $U_S = 100V$，$U_C = 180V$，$I = 1A$，电源的频率 $f = 50Hz$，求电路中的 R、L、C。

3-26 在如图 3-62 所示电路中，$X_L = 60\,\Omega$，若电源电压 U_S 不变，在开关 S 打开和闭合两种情况下电流表 A 的读数相同，求 X_C。

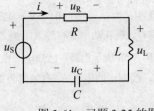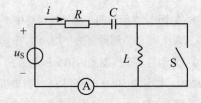

图 3-61 习题 3-25 的图　　　　图 3-62 习题 3-26 的图

3-27 当一个有效值为 120V 的正弦电压加到一个 RL 串联电路中时，电路的功率为 1200W，电流为 $i = 20\sqrt{2}\sin 314t$（A），试求：

（1）电路的电阻 R 和电感 L；

（2）电路的无功功率 Q、视在功率 S 和功率因数 λ。

3-28 在如图 3-63 所示的电路中，已知 $u = \sqrt{2}\sin\omega t$（kV），两负载 Z_1、Z_2 的功率和功率因数为 $P_1 = 10\,kW$，$\cos\varphi_1 = 0.8$（容性）和 $P_2 = 15\,kW$，$\cos\varphi_2 = 0.6$（感性）。

（1）求电流 i、i_1 和 i_2；

（2）说明电路呈什么性质。

3-29 在如图 3-64 所示的电路中，已知 $\dot{I} = 18\,\underline{/45^\circ}$（A），求电压 $\dot{U}$ 以及电路的有功功率 P、无功功率 Q、视在功率 S 和功率因数 λ。

3-30 在如图 3-65 所示的电路中，已知 $\dot{I} = 30\,\underline{/30^\circ}$（A），求电流 $\dot{I}_1$、$\dot{I}_2$ 以及电路的有功

功率 P、无功功率 Q、视在功率 S 和功率因数 λ。

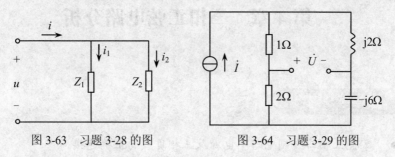

图 3-63　习题 3-28 的图　　　　　图 3-64　习题 3-29 的图

3-31　在如图 3-66 所示电路中，已知 $R = 2\text{ k}\Omega$，$C = 10\text{ μF}$，输入电压 $u_i = \sqrt{2}\sin\omega t$，频率 $f = 1\text{ kHz}$，试求：

（1）U_o 与 U_i 的比值；

（2）输出电压 $\dot{U}_o$ 与输入电压 $\dot{U}_i$ 之间的相位差。

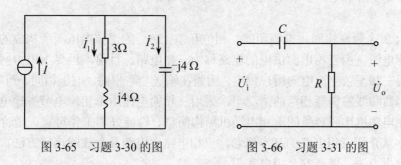

图 3-65　习题 3-30 的图　　　　　图 3-66　习题 3-31 的图

3-32　RLC 串联谐振电路中，已知 $R = 25\ \Omega$，$L = 0.4\text{ H}$，$C = 0.025\ \text{μF}$，电源电压 $U = 50\text{V}$。求电路谐振时的角频率、电路中的电流、电感两端的电压及电路的品质因数。

3-33　RLC 串联谐振电路的谐振频率 $f_0 = 5\text{ kHz}$，品质因数 $Q = 60$，电阻 $R = 10\ \Omega$，求电感 L 和电容 C。

3-34　在如图 3-44 所示的并联谐振电路中，已知 $U = 220\text{ V}$，$C = 10\text{ μF}$，$R = 2\ \Omega$，$L = 64\text{ mH}$，求电路的谐振频率、品质因数、电路谐振时的等效阻抗，以及各支路电流和总电流。

第 4 章　三相正弦电路分析

- 掌握三相四线制电路中电源及三相负载的正确连接。
- 掌握对称三相交流电路电压、电流和功率计算。
- 了解三相四线制电路中中线的作用。
- 了解安全用电的常识和重要性。
- 了解接零、接地保护的作用和使用条件。
- 了解静电保护和电气防火、防爆的常识。

由 3 个频率相同、振幅相同、相位互差 120° 的正弦电压源所构成的电源称为三相电源。由三相电源供电的电路称为三相电路。目前，世界上电力网几乎都是采用三相正弦交流电向用户供电，因为在输送功率相同、电压相同、距离相同、功率因数和线路损耗相等的情况下，采用三相输电比用单相输电节省输电材料，且三相电动机比同容量的单相电动机结构简单、性能好、工作可靠、造价低。

本章介绍三相电路的基本概念，三相电路中电源及负载的连接方法，三相电路的分析方法，以及安全用电常识。

4.1　三相正弦交流电源

4.1.1　三相交流电的产生

三相交流电是由三相交流发电机产生的。三相交流发电机主要由定子和转子两部分组成，其结构示意图如图 4-1 所示。

发电机定子由硅钢片叠成，定子凹槽中嵌入 3 个线圈，称为三相绕组。三相绕组具有同样的几何尺寸及匝数，绕向也相同，且彼此相隔 120° 排列，首端分别用 A、B、C 表示，末端分别用 X、Y、Z 表示，这 3 个绕组分别称为 A 相、B相、C 相。

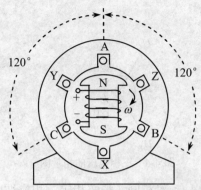

图 4-1　三相交流发电机的示意图

发电机转子上装有磁极，磁极上也绕有线圈。往线圈中通入直流电流，便会使磁极产生很强的磁场，因而这种线圈称为励磁线圈。

当转子由原动机（汽轮机、水轮机、柴油机等）带动，以角速度 ω 匀速旋转时，3 个定子绕组切割磁力线，都会感应出随时间按正弦规律变化的电压，并且 3 个电压的振幅和频率是一样的，彼此间的相位相差 120°，其波形如图 4-2 所示。因此，定子中的 3 个绕组相当于 3 个相互独立的正弦电压源，如图 4-3 所示。三相电压分别为：

$$u_A = \sqrt{2}U_p \sin \omega t$$
$$u_B = \sqrt{2}U_p \sin(\omega t - 120°)$$
$$u_C = \sqrt{2}U_p \sin(\omega t + 120°)$$

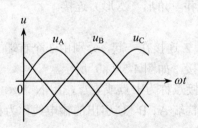

图 4-2　三相交流发电机的电压波形　　　图 4-3　三相正弦交流电源

对应于 3 个正弦电压的相量分别为：

$$\dot{U}_A = U_p \angle 0°$$
$$\dot{U}_B = U_p \angle -120°$$
$$\dot{U}_C = U_p \angle 120°$$

相量图如图 4-4 所示。

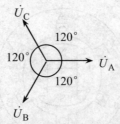

图 4-4　三相电压的相量图

在电工技术中，把这种频率相同、振幅相等、相位彼此间相差 120° 的三相电源称为对称三相电源。显然，任意瞬时，对称三相电源 3 个电压瞬时值之和或相量之和为零，即：

$$u_A + u_B + u_C = 0$$

或：

$$\dot{U}_A + \dot{U}_B + \dot{U}_C = 0$$

三相电源出现幅值（或相应零值）的先后次序称为三相电源的相序，上述三相电源的相序是 A→B→C。在配电装置的三相母线上，以黄、绿、红 3 种颜色分别表示 A、B、C 三相。

4.1.2　三相电源的连接

三相发电机的 3 个绕组均可以独立地向外电路供电，但这样需要 6 根输电线，很不经济。实际使用中，三相绕组是按一定方式连接成一个整体向外供电的。三相绕组的连接方式分为星形（Y 形）连接和三角形（△形）连接。

1. 三相电源的星形连接

将发电机三相绕组的 3 个末端 X、Y、Z 连接在一起，分别由 3 个首端 A、B、C 引出三条输电线的连接方式称为星形连接，如图 4-5（a）所示。

三相绕组星形连接时，3 个末端的连接点称为中点或零点，用 N 表示。从中点引出的输电线称为中线或零线。从 3 个首端 A、B、C 引出的输电线称为相线或端线，俗称火线。

相线与中线之间的电压称为相电压，参考方向从绕组首端指向末端，3 个相电压分别用 u_A、u_B 和 u_C 表示。相线与相线之间的电压称为线电压，3 个线电压分别用 u_{AB}、u_{BC} 和 u_{CA} 表示。由图 4-5（a）可知线电压与相电压的关系为：

$$u_{AB} = u_A - u_B$$

$$u_{BC} = u_B - u_C$$

$$u_{CA} = u_C - u_A$$

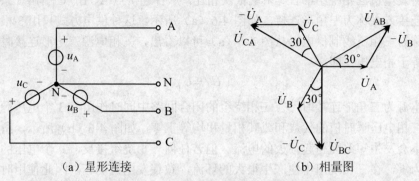

（a）星形连接　　　　　　　　　　　（b）相量图

图 4-5　三相电源的星形连接与相量图

用相量表示，则为：

$$\dot{U}_{AB} = \dot{U}_A - \dot{U}_B$$

$$\dot{U}_{BC} = \dot{U}_B - \dot{U}_C$$

$$\dot{U}_{CA} = \dot{U}_C - \dot{U}_A$$

线电压也是对称的，由此可画出各线电压、相电压的相量图，如图 4-5（b）所示。

若以 U_l 表示线电压的有效值，U_p 表示相电压的有效值，则由相量图可得：

$$\frac{1}{2}U_l = U_p \cos 30° = \frac{\sqrt{3}}{2}U_p$$

即：

$$U_l = \sqrt{3}U_p$$

我国低压供电系统中，相电压有效值 $U_p = 220$ V，线电压有效值 $U_l = \sqrt{3} \times 220 = 380$ V。另外，由相量图可知：

$$\dot{U}_{AB} = \sqrt{3}\dot{U}_A \underline{/30°} = \sqrt{3}U_p \underline{/30°}$$

$$\dot{U}_{BC} = \sqrt{3}\dot{U}_B \underline{/30°} = \sqrt{3}U_p \underline{/-90°}$$

$$\dot{U}_{CA} = \sqrt{3}\dot{U}_C \underline{/30°} = \sqrt{3}U_p \underline{/150°}$$

可见，对称三相电源星形连接时，线路存在 3 个对称的相电压和 3 个对称的线电压。线电压有效值是相电压有效值的 $\sqrt{3}$ 倍。在相位上，线电压比对应的相电压超前 30°。

星形连接的三相电源共有 4 条输电线向外供电，称为三相四线制供电，低压供电系统中普遍采用这种供电方式。

2. 三相电源的三角形连接

将发电机三相绕组的首、末端依次相连，从各连接点 A、B、C 引出 3 条输电线的连接方式称为三角形连接，如图 4-6（a）所示。这种供电方式只用 3 根输电线，称为三相三线制供电。从图 4-6（a）可以看出，三相电源三角形连接时，线电压等于相电压，即：

$$U_l = U_p$$

电源为三角形连接时，在三相绕组的闭合回路中同时作用着 3 个电压源，但由于三相电压瞬时值的代数和或其相量和均等于零，如图 4-6（b）所示，所以回路中不会发生短路而引起很大的电流。但若任何一相绕组接反，3 个电压的相量和不为零，在三相绕组中便产生很大的环流，致使发电机烧坏，因此使用时应加以注意。

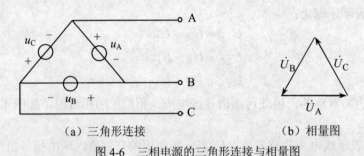

（a）三角形连接   （b）相量图

图 4-6   三相电源的三角形连接与相量图

4.2   三相电路中负载的连接

在三相交流电路中，用电设备一般分为单相设备和三相设备两类。照明灯具、家用电器、单相交流电动机、电焊变压器等小功率设备都是单相设备。三相交流电动机、三相烘炉等大功率设备属于三相设备。因此，实际三相交流电路中，既有三相负载，也有单相负载。负载接至三相电源时必须遵循以下两个原则：

（1）用电设备的额定电压应与电源电压相符，否则，设备不能正常工作甚至损坏；

（2）接在三相电源上的用电设备应尽可能使三相电源的负载均衡。

在三相四线制供电系统中，电源的额定电压为相电压 220V，线电压 380V。额定电压为 220V 的单相负载应接在相线与中线之间，中点 N 为各单相负载的公共点。从整体而言，单相负载以星形连接方式与三相电源相接。

额定电压为 380V 的单相负载应接在相线与相线之间。从整体而言，这些单相负载以三角形连接方式与三相电源相接。

三相设备通常是对称三相负载，即各相的阻抗相等：

$$Z_a = Z_b = Z_c = Z$$

由对称三相电源和对称三相负载组成的三相电路称为对称三相电路。对称三相负载既可以接成星形，也可以接成三角形，具体接法由三相负载的额定电压而定。

三相电路中各种负载的具体接法如图 4-7 所示。

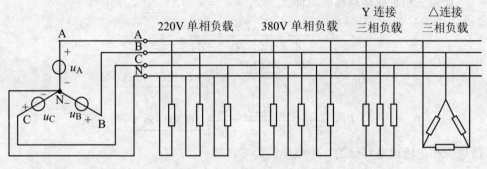

图 4-7　三相电路中的负载

4.2.1　负载的星形连接

负载星形连接的三相四线制电路一般可用如图 4-8（a）所示的电路表示。设三相负载的阻抗分别为 Z_A、Z_B 和 Z_C，各电压及电流的参考方向如图中所示。

三相电路中的电流有线电流和相电流之分。各条相线流过的电流 $\dot{I}_A$、$\dot{I}_B$ 和 $\dot{I}_C$ 称为线电流，其有效值用 I_l 表示。流过各相负载的电流 $\dot{I}_a$、$\dot{I}_b$ 和 $\dot{I}_c$ 称为相电流，其有效值用 I_p 表示。显然，负载为星形连接时，线电流等于相电流，即：

$$\dot{I}_A = \dot{I}_a$$
$$\dot{I}_B = \dot{I}_b$$
$$\dot{I}_C = \dot{I}_c$$

其有效值关系为：

$$I_l = I_p$$

三相电路中，每相负载的电流应该一相一相计算。由图 4-8（a）可知，在忽略导线阻抗的情况下，各相负载承受的电压就是电源对称的相电压，因此各相电流为：

$$\dot{I}_A = \frac{\dot{U}_A}{Z_a}$$

$$\dot{I}_B = \frac{\dot{U}_B}{Z_b}$$

$$\dot{I}_C = \frac{\dot{U}_C}{Z_c}$$

根据 KCL，中线电流为：

$$\dot{I}_N = \dot{I}_A + \dot{I}_B + \dot{I}_C$$

如果三相负载是对称的，即 $Z_a = Z_b = Z_c = Z = |Z| \underline{/\varphi_z}$，则：

$$\dot{I}_A = \frac{\dot{U}_A}{Z} = \frac{U_p \underline{/0°}}{|Z| \underline{/\varphi_z}} = \frac{U_p}{|Z|} \underline{/-\varphi_z}$$

$$\dot{I}_B = \frac{\dot{U}_B}{Z} = \frac{U_p \underline{/-120°}}{|Z| \underline{/\varphi_z}} = \frac{U_p}{|Z|} \underline{/(-120° - \varphi_z)}$$

$$\dot{I}_C = \frac{\dot{U}_C}{Z} = \frac{U_p \underline{/120°}}{|Z| \underline{/\varphi_z}} = \frac{U_p}{|Z|} \underline{/(120° - \varphi_z)}$$

所以三相电流也是对称的，中线电流为零，即：

$$\dot{I}_N = \dot{I}_A + \dot{I}_B + \dot{I}_C = 0$$

电压与电流的相量图如图 4-8（b）所示。

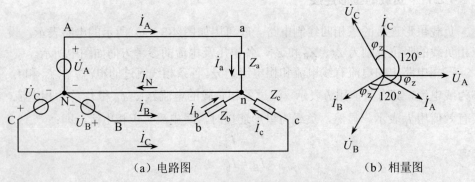

（a）电路图   （b）相量图

图 4-8   负载星形连接的三相四线制电路

中线既然没有电流通过，也就没有存在的必要，三相四线制电路就可以变成三相三线制电路，如图 4-9 所示。三相三线制供电广泛应用在三相电动机电路中。

值得注意的是，星形连接的不对称三相电路必须要有中线，中线的作用在于保证负载的相电压仍然对称。

三相电路中总的有功功率等于各相有功功率之和，即：

$$P = P_A + P_B + P_C$$

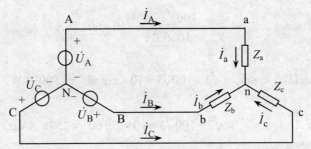

图 4-9　对称负载星形连接的三相三线制电路

如果电路是对称的，则各相负载的有功功率相等，均为 $P_\mathrm{p} = U_\mathrm{p} I_\mathrm{p} \cos \varphi_\mathrm{z}$，所以电路总的有功功率为：

$$P = 3P_\mathrm{p} = 3U_\mathrm{p} I_\mathrm{p} \cos \varphi_\mathrm{z}$$

式中，U_p 为相电压有效值，I_p 为相电流有效值，φ_z 为相电压与相电流的相位差。

在三相电路中，测量线电压和线电流比测量相电压和相电流方便，因此，计算三相总有功功率时常用线电压和线电流。因为负载星形连接时 $U_\mathrm{p} = \dfrac{U_l}{\sqrt{3}}$，$I_\mathrm{p} = I_l$，代入上式，得：

$$P = \sqrt{3} U_l I_l \cos \varphi_\mathrm{z}$$

同理，负载星形连接时对称三相电路的总无功功率为：

$$Q = \sqrt{3} U_l I_l \sin \varphi_\mathrm{z}$$

负载星形连接时对称三相电路的总视在功率为：

$$S = \sqrt{P^2 + Q^2} = \sqrt{3} U_l I_l$$

例 4-1　对称三相三线制的线电压 $U_l = 100\sqrt{3}\ \mathrm{V}$，每相负载阻抗为 $Z = 10\ \underline{/60^\circ}\ \Omega$，求负载为星形连接时的电流和三相功率。

解　在正弦电路中若不加说明，电流、电压的大小都是指有效值。当负载为星形连接时，相电压的有效值为：

$$U_\mathrm{p} = \frac{U_l}{\sqrt{3}} = \frac{100\sqrt{3}}{\sqrt{3}} = 100 \quad (\mathrm{V})$$

设 $\dot{U}_\mathrm{A} = 100\underline{/0^\circ}\ \mathrm{V}$。线电流等于相电流，为：

$$\dot{I}_\mathrm{A} = \frac{\dot{U}_\mathrm{A}}{Z} = \frac{100\ \underline{/0^\circ}}{10\ \underline{/60^\circ}} = 10\ \underline{/-60^\circ} \quad (\mathrm{A})$$

$$\dot{I}_\mathrm{B} = \frac{\dot{U}_\mathrm{B}}{Z} = \frac{100\ \underline{/-120^\circ}}{10\ \underline{/60^\circ}} = 10\ \underline{/-180^\circ} \quad (\mathrm{A})$$

$$\dot{I}_C = \frac{\dot{U}_C}{Z} = \frac{100\big/120°}{10\big/60°} = 10\big/60° \quad (\text{A})$$

三相总有功功率为：

$$P = \sqrt{3}U_l I_l \cos\varphi_z = \sqrt{3} \times 100\sqrt{3} \times 10 \times \cos 60° = 1500 \quad (\text{W})$$

三相总无功功率为：

$$Q = \sqrt{3}U_l I_l \sin\varphi_z = \sqrt{3} \times 100\sqrt{3} \times 10 \times \sin 60° = 2598 \quad (\text{Var})$$

三相总视在功率为：

$$S = \sqrt{3}U_l I_l = \sqrt{3} \times 100\sqrt{3} \times 10 = 3000 \quad (\text{VA})$$

4.2.2　负载的三角形连接

负载三角形连接如图 4-10（a）所示。由图可知，在忽略导线阻抗的情况下，各相负载承受的电压就是电源对称的线电压，因此各相电流为：

$$\dot{I}_{ab} = \frac{\dot{U}_{AB}}{Z_{ab}}$$

$$\dot{I}_{bc} = \frac{\dot{U}_{BC}}{Z_{bc}}$$

$$\dot{I}_{ca} = \frac{\dot{U}_{CA}}{Z_{ca}}$$

若负载是对称的，即 $Z_{ab} = Z_{bc} = Z_{ca} = Z = |Z|\big/\varphi_z$，设 $\dot{U}_{AB} = U_l\big/0° = U_p\big/0°$，则：

$$\dot{I}_{ab} = \frac{\dot{U}_{AB}}{Z} = \frac{U_p\big/0°}{|Z|\big/\varphi_z} = \frac{U_p}{|Z|}\big/{-\varphi_z}$$

$$\dot{I}_{bc} = \frac{\dot{U}_{BC}}{Z} = \frac{U_p\big/{-120°}}{|Z|\big/\varphi_z} = \frac{U_p}{|Z|}\big/(-120° - \varphi_z)$$

$$\dot{I}_{ca} = \frac{\dot{U}_{CA}}{Z} = \frac{U_p\big/120°}{|Z|\big/\varphi_z} = \frac{U_p}{|Z|}\big/(120° - \varphi_z)$$

根据 KCL，线电流 $\dot{I}_A$、$\dot{I}_B$、$\dot{I}_C$ 与相电流为 $\dot{I}_{ab}$、$\dot{I}_{bc}$、$\dot{I}_{ca}$ 有如下关系：

$$\dot{I}_A = \dot{I}_{ab} - \dot{I}_{ca}$$

$$\dot{I}_B = \dot{I}_{bc} - \dot{I}_{ab}$$

$$\dot{I}_C = \dot{I}_{ca} - \dot{I}_{bc}$$

设 $\dot{I}_{ab}$ 初相为 0°，则相量图如图 4-10（b）所示。由图可得：

$$\dot{I}_A = \sqrt{3}\dot{I}_{ab} \underline{/-30°}$$

$$\dot{I}_B = \sqrt{3}\dot{I}_{bc} \underline{/-30°}$$

$$\dot{I}_C = \sqrt{3}\dot{I}_{ca} \underline{/-30°}$$

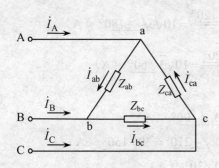　　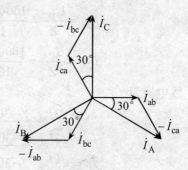

（a）电路图　　　　　　　　　（b）相量图

图 4-10　负载三角形连接的三相电路与相量图

可见，在对称三相负载的三角形连接中，线电流 I_l 是相电流 I_p 的 $\sqrt{3}$ 倍，即：

$$I_l = \sqrt{3}I_p$$

在相位上线电流比对应的相电流滞后 30°。

三相电路总的有功功率等于各相有功功率之和，即：

$$P = P_A + P_B + P_C$$

如果电路是对称的，则电路总的有功功率为：

$$P = 3P_p = 3U_p I_p \cos\varphi_z$$

式中，U_p 为相电压有效值，I_p 为相电流有效值，φ_z 为相电压与相电流的相位差。

因为负载三角形连接时 $U_p = U_l$，$I_p = \dfrac{I_l}{\sqrt{3}}$，代入上式，得：

$$P = \sqrt{3}U_l I_l \cos\varphi_z$$

同理，负载三角形连接时，对称三相电路的总无功功率为：

$$Q = \sqrt{3}U_l I_l \sin\varphi_z$$

负载三角形连接时对称三相电路的总视在功率为：

$$S = \sqrt{P^2 + Q^2} = \sqrt{3}U_l I_l$$

例 4-2　对称三相三线制的线电压 $U_l = 100\sqrt{3}\,\text{V}$，每相负载阻抗为 $Z = 10\underline{/60°}\,\Omega$，求负载为三角形连接时的电流和三相功率。

解 当负载为三角形连接时，相电压等于线电压，设 $\dot{U}_{AB}=100\sqrt{3}\underline{/0°}\,\text{V}$ 。相电流为：

$$\dot{I}_{AB}=\frac{\dot{U}_{AB}}{Z}=\frac{100\sqrt{3}\underline{/0°}}{10\underline{/60°}}=10\sqrt{3}\underline{/-60°}\quad(\text{A})$$

$$\dot{I}_{BC}=\frac{\dot{U}_{BC}}{Z}=\frac{100\sqrt{3}\underline{/-120°}}{10\underline{/60°}}=10\sqrt{3}\underline{/-180°}\quad(\text{A})$$

$$\dot{I}_{CA}=\frac{\dot{U}_{CA}}{Z}=\frac{100\sqrt{3}\underline{/120°}}{10\underline{/60°}}=10\sqrt{3}\underline{/60°}\quad(\text{A})$$

线电流为：

$$\dot{I}_A=\sqrt{3}\dot{I}_{AB}\underline{/-30°}=30\underline{/-90°}\quad(\text{A})$$

$$\dot{I}_B=\sqrt{3}\dot{I}_{BC}\underline{/-30°}=30\underline{/-210°}=30\underline{/150°}\quad(\text{A})$$

$$\dot{I}_C=\sqrt{3}\dot{I}_{CA}\underline{/-30°}=30\underline{/30°}\quad(\text{A})$$

三相总有功功率为：

$$P=\sqrt{3}U_lI_l\cos\varphi_z=\sqrt{3}\times100\sqrt{3}\times30\times\cos60°=4500\quad(\text{W})$$

三相总无功功率为：

$$Q=\sqrt{3}U_lI_l\sin\varphi_z=\sqrt{3}\times100\sqrt{3}\times30\times\sin60°=7794\quad(\text{Var})$$

三相总视在功率为：

$$S=\sqrt{3}U_lI_l=\sqrt{3}\times100\sqrt{3}\times30=9000\quad(\text{VA})$$

比较例 4-1 和例 4-2 可知，负载由星形连接改为三角形连接后，相电流增加到原来的 $\sqrt{3}$ 倍，线电流增加到原来的 3 倍，功率也增加到原来的 3 倍。

4.3 安全用电

电气化给人类带来了巨大的物质文明，同时也给人们带来了触电伤亡的危险。为了保证使用者的人身安全和设备安全，保证电器设备正常运行，必须采取相应的安全措施，防止触电和设备事故的发生。

4.3.1 触电方式及其防护

触电是电流通过人体对人身产生的伤害。电流对人身的伤害程度与电流在人体内流经的途径、时间的长短及电流的强弱等因素有关。研究表明，危险的电流途径是从手到手经过胸部，或从手到脚经过神经组织最多处。25~300 Hz 的交流电对人体的伤害最严重。在工频电流作用下，一般成年男性感知电流约为 1.1mA，成年女性约为 0.7mA。人触电后能够自主摆脱电源的最大电流值,男性约为 10mA,女性约为 6mA。当通过人体的电流与时间乘积超过 50mA·s 时,心脏就会停止跳动,发生昏迷,出现致命的灼伤,不超过 30mA·s 时,一般不致引起心室纤维性颤动和器质性损伤。我国规定安全电流为 30mA,这是假设触电时间不超过 1s 而定的。

通过人体电流的大小取决于触电电压和人体电阻,而人体电阻又与皮肤的干湿程度、通电时间、通电电压、电流流过途径等因素有关。国际电工委员会规定的安全电压为 50V,是根据人体允许电流 30mA 和人体电阻 1700Ω 的条件确定的。我国采用的安全电压有 36V 和 12V 两种。一般情况下可采用 36V 安全电压,在非常潮湿的场所或容易大面积触电的场所,如坑道内、锅炉内作业,应采用 12V 安全电压。

人体触电的方式多种多样,一般可分为直接触电和间接触电。

1. 直接触电及其防护

人体直接接触带电设备称为直接触电,其防护方法主要是将带电导体加绝缘、变电所的带电设备加隔离栅栏或防护罩等。直接触电又可分为单相触电和两相触电。

(1)单相触电。当人体直接接触三相电源中的一根相线时,电流通过人体流入大地,这种触电方式称为单相触电。单相触电的危险程度与电源中点是否接地有关。

在电源中点接地的情况下,人体上作用的是电源的相电压,人触电时电流通过人体流经大地至电源中点构成回路,如图 4-11(a)所示。由于人体电阻比中点直接接地电阻大得多,所以相电压几乎全部加在人体上。因此,人若穿着鞋袜,并站在干燥地板上,则人体与大地之间电阻较大,通过人体电流很小,或许不会造成触电危险。如果赤脚着地,则人体与大地之间电阻较小,这是很危险的,因此要绝对禁止赤脚站在地面上接触电器设备。应当指出,若人的不同部位同时接触相线和中线,这时尽管脚下绝缘很好,仍会发生单相触电,这一点在进行电工作业时尤应注意。

在电源中点不接地的情况下,接地短路电流通过人体流入大地,与三相导线对地分布电容构成回路,也会危及人身安全,如图 4-11(b)所示。由于电流不直接构成回路,所以人体接触一根相线时,通过人体电流很小,各相线对地绝缘电阻很大,所以不致于造成严重伤害。但当另一相接地绝缘损坏或绝缘降低时,触电的危险仍然存在,因为这时触电者承受的是电源的线电压,情况会更危险。

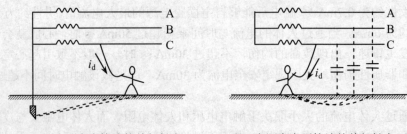

　　（a）电源中点接地的单相触电　　　　　（b）电源中点不接地的单相触电

图 4-11　单相触电

　　（2）两相触电。同时接触三相电源中的两根相线，人体上作用的是电源的线电压，这种触电方式称为两相触电，如图 4-12 所示。两相触电是很危险的一种触电方式。

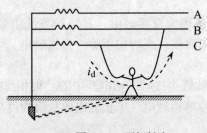

图 4-12　两相触电

2. 间接触电及其防护

　　人体接触正常时不带电、事故时带电的导电体称为间接触电，如电气设备的金属外壳、框架等。防护的方法是将这些正常时不带电的外露可导电部分接地，并装设接地保护等。间接触电主要有跨步电压触电和接触电压触电。

　　（1）跨步电压触电。当电气设备发生接地故障时，接地电流通过接地体向大地流散，在地面形成分布电位。人若站在接地短路点附近，两脚之间的电位差就是跨步电压。由跨步电压引起人体触电称为跨步电压触电。

　　（2）接触电压触电。当人站在发生接地短路故障设备旁边时，手接触设备外露可导电部分，手、脚之间所承受的电压称为接触电压。由接触电压引起的触电称为接触电压触电。

4.3.2　接地与接零

　　电气设备的保护接地和保护接零是为了防止人体接触绝缘损坏的电气设备引起的触电事故而采取的有效措施。

电气设备的金属外壳或构架与土壤之间作良好的电气连接称为接地，与土壤直接接触的金属物体称为接地体。连接接地体与电气设备接地部分的金属线称为接地线，接地体和接地线总称为接地装置。

电器设备的接地可分为工作接地和保护接地两种。

1. 工作接地

为了保证电器设备在正常及事故情况下可靠地工作，常将系统的中点接地，这种接地方式称为工作接地，如图 4-13 所示。

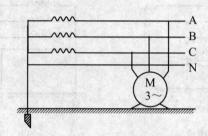

图 4-13　工作接地

工作接地的目的在于，如果系统中点不接地，当一相接地而人体触及另外两相中的任意一相时，触电电压将为线电压。但在中点接地的系统中，触电电压等于或接近相电压，从而降低了触电电压，同时也降低了电气设备和输电线的绝缘水平。另外，在中点不接地的系统中，当一相接地时，接地电流很小，不足以使保护装置动作而切断电源，不易发现接地故障，不利于安全。而在中点接地的系统中，一相接地后的接地电流较大，从而使保护装置迅速动作断开故障。但是，由于实际运行中一相接地往往是瞬时的，且能自动消除，而且，允许一相接地故障短时存在，以便寻找故障并修复而不停电，因此，并不是所有系统都采取工作接地。

2. 保护接地

为了防止电器设备正常运行时，不带电的金属外壳或框架因漏电致使人体发生触电事故而进行的接地称为保护接地，如图 4-14（a）所示。

采用保护接地后，若人体接触到电气设备的金属外壳或构架，人体就与接地装置的接地电阻并联。根据分流原理，只要接地电阻足够小（一般为 4Ω 以下），流过人体的电流就不会对人体造成伤害。

保护接地适用于中点不接地的低压电网。在中点不接地的电网中，由于单相接地电流较小，利用保护接地即可避免发生人体触电事故。

3. 保护接零

在中点接地的电网中，由于单相对地电流较大，保护接地不能完全避免人体触电的危险，所以要采用保护接零。将电气设备的金属外壳或构架与电网的零线（中线）相连接的保护方式称为保护接零，如图 4-14（b）所示。在这种情况下，当电气设备的绝缘损坏而使外壳漏电时，即当一条相线与电气设备的金属外壳相碰时，由于金属外壳与零线相连，该相通过金属外壳对零线发生单相对地短路，短路电流能促使线路上的保护装置迅速动作，切除故障部分的电流，消除人体触及外壳时的触电危险。

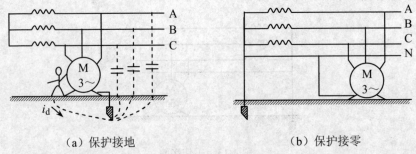

（a）保护接地　　　　　　　　　　　（b）保护接零

图 4-14　保护接地与保护接零

保护接零适用于电压为 380V 或 220V，并且中点直接接地的三相四线制系统。在这种系统中，除有另行规定外，凡是由于绝缘破坏或其他原因可能出现危险电压的金属部分，均应采取接零保护。

在中点直接接地的三相四线制系统中，所有的电气设备均应采用保护接零，而不能采用保护接地。因为将设备接地后，当一条相线与漏电设备的金属外壳相碰时，该相就通过金属外壳对地线发生单相对地短路，如图 4-15 所示。由于相电压 $U_p = 220\ \text{V}$，假设保护接地电阻 R_0 和工作接地电阻 R_0' 分别为 $R_0 = R_0' = 4\ \Omega$，则接地电流为：

$$I_d = \frac{U_p}{R_0 + R_0'} = \frac{220}{4 + 4} = 27.5\ （\text{A}）$$

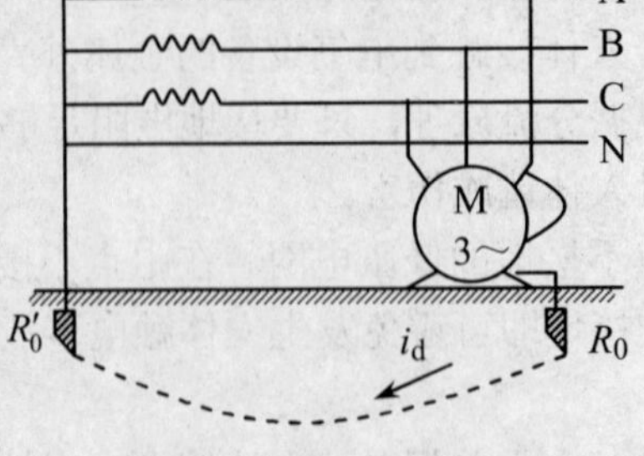

图 4-15　错误的保护接地

在这个电流下若电路的保护装置不动作，电气设备就得不到保护，接地电流长期存在，设备外壳也将长期带电，其对地电压为：

$$U_{d} = I_{d}R_{0} = 27.5 \times 4 = 110 \ （V）$$

此电压对人身是不安全的。

为防止零线由于偶然事故出现断路，可在电网的零线上每隔一定距离进行重复接地。

4.3.3　静电防护和电气防火防爆

1．静电的危害及其防护

两种物质相互摩擦时产生静电现象，静电感应、物质极化等也会产生静电。静电具有一定的能量，当能量积累到足以产生火花放电，而周围又有易燃易爆的混合物时，就有可能引起火灾或爆炸事故。静电也会对人体产生伤害，使人感到刺痛或灼伤，其伤害程度与放电量有关，一般不致使人死亡，但可能产生摔伤等二次事故。因此，对静电的危害必须引起高度重视。

对静电的防护主要是控制静电的产生和积累，有以下几种途径：

（1）通过控制工艺过程和控制工艺过程中所用的材料，使之不产生静电或少产生静电；

（2）采取接地、增湿、加入抗静电添加剂等措施，加速静电的泄漏；

（3）利用感应中和器、高压中和器、放射线中和器等装置，加速静电的中和；

（4）改善生产环境，利用封闭的方法限制危害的产生，减小易燃易爆物散发的浓度。

总之，生产过程应遵照有关技术规定，在生产工艺、生产环境、设备及设施的安装等方面采取防静电灾害的工程措施。

人体防静电的措施有人体接地、穿着防静电的工作服、工作鞋、工作地面导电化等。半导体加工场所及计算机房的地面泄漏电阻应在 $10^{11}\Omega$ 以下，这样有利于人体静电的泄漏，避免造成人体伤害。

2．电气防火防爆

电气设备使用不当，或电气设备本身发生故障，都有可能引起火灾或爆炸等事故。引起电气火灾和爆炸的原因主要有电气设备的过热、电火花和电弧等。电气设备的绝缘材料大多是可然物质，若设备周围有易燃易爆物，由于绝缘材料老化而引起的电火花、电弧等就会导致火灾。电气设备的过载使用或短路，会使绝缘材料温升过高而氧化分解。变压器、油开关的绝缘油受热，并受到开关触头断开时的电弧作用，也可能引起火灾或爆炸，最终造成灾害。

严格遵守电气设备的铭牌值、操作规程、勤于观察和检测设备的运行情况、温升情况，以及对设备进行定期维修等，都可防止事故的发生。

在易发生火灾危险的场所，应按国家有关技术规范选用封闭型、防尘型、防滴型或防爆型电器设备。另外，可安装预防报警装置等监测设备，防止灾害的发生。

一旦发生火灾，应根据不同情况采用相应的灭火方法积极组织扑救。电气设备在切断电源后的灭火方法与扑救一般的火灾相同。在无法切断电源或不能确定是否已切断电源的情况下，应采用带电灭火方法，使用不导电的灭火剂带电灭火。

本章小结

（1）三相交流发电机产生的三相电压是对称的，并且幅值相等，频率相同，相位互差 $120°$。电源连接成星形以三相四线制向用户供电时，可提供两种电源电压，即线电压 U_l 和相电压 U_p。两者之间的关系为 $U_l = \sqrt{3} U_p$，在相位上线电压超前相应的相电压 $30°$。

（2）对称三相电路由对称三相电源和对称三相负载组成。对称三相电路可先计算出其中一相的电压和电流，然后利用对称关系决定其他两相的数值。

（3）三相负载采用星形连接还是采用三角形连接，取决于每相负载的额定电压与电源线电压之间的关系。当每相负载的额定电压等于电源线电压的 $\dfrac{1}{\sqrt{3}}$ 倍时，负载应采用星形连接；当每相负载的额定电压等于电源线电压时，负载应采用三角形连接。

（4）对称三相负载星形连接时，不论有无中线，负载的相电压都等于电源线电压的 $\dfrac{1}{\sqrt{3}}$ 倍，负载的相电流等于线电流。对称三相负载三角形连接时，负载的相电压等于电源的线电压，负载的相电流等于线电流的 $\dfrac{1}{\sqrt{3}}$ 倍。必须注意的是，星形连接的不对称三相电路必须要有中线，中线的作用在于保证负载的相电压仍然对称。

（5）三相电路的总功率等于各相功率之和，也就是三相电路中所有电阻元件消耗的功率之和。在对称三相电路中，不论负载接成星形还是三角形，功率的计算均为：

$$P = \sqrt{3} U_l I_l \cos\varphi_z$$
$$Q = \sqrt{3} U_l I_l \sin\varphi_z$$
$$S = \sqrt{3} U_l I_l$$

（6）使用电气设备和家用电器时，为了确保使用者的人身安全和设备安全，必须采取相应的安全措施，如保护接地、保护接零、静电防护、电气防火防爆等。

 习 题 四

4-1　对称三相电源的相序为 A→B→C，已知 $\dot{U}_\mathrm{C} = 220 \underline{/-150°}$ V。求 $\dot{U}_\mathrm{A}$、$\dot{U}_\mathrm{B}$，画出相量图和波形图。

4-2　星形连接的对称三相电源，相序为 A→B→C，已知 $\dot{U}_\mathrm{B} = 220 \underline{/0°}$ V，求 $\dot{U}_\mathrm{A}$、$\dot{U}_\mathrm{C}$、$\dot{U}_\mathrm{AB}$、$\dot{U}_\mathrm{BC}$、$\dot{U}_\mathrm{CA}$，并画出相量图。

4-3　三相发电机作三角形连接，设每相电压为 U_p，如果误将 A 相接反，试问会产生什么现象？

4-4　何谓相电压、相电流？何谓线电压、线电流？何谓对称三相电压、对称三相电流？

4-5　有一三相对称负载，其每相的电阻 $R = 8\ \Omega$，感抗 $X_\mathrm{L} = 6\ \Omega$。如果将负载连成星形接于线电压 $U_l = 380$ V 的三相电源上，试求相电压、相电流及线电流。

4-6　如果将上题的负载连成三角形接于线电压 $U_l = 220$ V 的三相电源上，试求相电压、相电流及线电流，并将所得结果与上题结果加以比较。

4-7　三相负载的阻抗分别为 $Z_a = 10 \underline{/0°}\ \Omega$，$Z_b = 10 \underline{/90°}\ \Omega$，$Z_c = 10 \underline{/-90°}\ \Omega$。此三相负载是否为对称负载？为什么？各为何种性质的负载？

4-8　星形连接有中线的负载，接于线电压为 380V 的三相电源上，试求：

（1）各相负载为 $Z_a = Z_b = Z_c = 20\ \Omega$ 时的各相电流及中线电流；

（2）各相负载为 $Z_a = Z_b = 20\ \Omega$，$Z_c = 17.32 + \mathrm{j}10\ \Omega$ 时的各相电流及中线电流。

4-9　线电压为 380V 的三相四线制电路中，负载为星形连接，每相负载阻抗为 $Z = 4 + \mathrm{j}3\ \Omega$，求相电流、线电流和中线电流。

4-10　把功率为 2.2kW 的三相异步电动机接到线电压为 380V 的电源上，其功率因数为 0.8，求此时的线电流为多少？若负载为星形连接，各相电流为多少？若负载为三角形连接，各相电流为多少？

4-11　对称三相感性负载作三角形连接，接到线电压为 380V 的三相电源上，总功率为 4.5kW，功率因数为 0.8，求每相的阻抗。

4-12　三相对称负载，每相负载阻抗为 $Z = 6 + \mathrm{j}8\ \Omega$，接到线电压为 380V 的三相电源上，分别计算三相负载接成星形及三角形时的总功率。

4-13　在一三相对称负载中，各相电阻均为 10Ω，负载的额定电压为 220V，现将负载接成星形连接到线电压为 380V 的三相电源上，求相电流、线电流及总功率。

4-14　若把上题中的负载接成三角形连接到同一电源上，求相电流、线电流及总功率，并把计算结果同上题加以比较，说明错误接法所造成的后果，从而得出必要的结论。

4-15　电流对人体的伤害有哪几种？

4-16　常见的触电方式有哪些？各应采取什么防护措施？

4-17　为什么在中点不接地的系统中不采用保护接零？

4-18　试说明工作接地、保护接地以及保护接零的原理与区别。

4-19　电气设备为什么会产生静电现象？静电防护的方法有哪些？

4-20　引起电气火灾和爆炸的原因有哪些？怎样防范？

第 5 章　一阶动态电路分析

- 掌握用三要素法分析一阶动态电路的方法。
- 理解电路的暂态和稳态以及时间常数的物理意义。
- 了解用经典法分析一阶动态电路的方法。
- 了解一阶电路的零输入响应、零状态响应和全响应的概念。

前面几章讨论的电路，无论是直流电路还是交流电路，在电路连接方式和元件参数不变的条件下，只要电源输出信号的辐值、波形和频率恒定，各支路电流和各部分电压也必将稳定在一定数值上，这种状态称为电路的稳定状态，简称稳态。

含有动态元件电容 C 和电感 L 的电路称为动态电路。由于动态元件的伏安关系为微分关系，因此，动态电路需要用微分方程来描述。只含一个动态元件的线性电路，可以用一阶线性常系数微分方程来描述，故称为一阶动态电路，简称一阶电路。

在动态电路中，当电路的工作条件发生变化时，电路中各处的电压和电流都会发生变化，即电路将从原来的稳定状态变化到新的稳定状态。一般情况下，这种变化不是瞬间完成的，需要一定时间，在这段时间内称电路处于过渡过程。在过渡过程中，电路中各处的电压和电流处于暂时的不稳定状态。由于相对于稳定状态而言，过渡过程所经历的时间是很短暂的，故又称暂态过程，简称暂态。

过渡过程所经历的时间一般不会很长，只有几毫秒、几微秒甚至更短，但过渡过程中会产生许多新问题。实际工程中的许多电路经常工作在过渡过程中，因此，对电路过渡过程的研究有着非常重要的意义。

本章首先介绍动态电路的换路定理，接着介绍一阶电路微分方程的建立方法，从而推导出求解一阶电路的三要素法，最后介绍一阶电路的零输入响应、零状态响应和全响应。

5.1　换路定理

电路之所以有过渡过程，是由于电路中存在电感和电容等储能元件，如果电路仅由电源和电阻组成，就不会出现过渡过程。

5.1.1　电路中产生过渡过程的原因

在如图 5-1 所示的电路中，电感 L 和电阻 R 串联后接入直流电源。开关闭合前通过电感的电流 $i_L = 0$，开关闭合后电感的最终稳态电流 $i_L = \dfrac{U}{R}$。显然，电感电流 i_L 不会在开关闭合瞬间立即从零突变到 $\dfrac{U}{R}$，而是需要一个过渡过程。如果电感电流 i_L 在开关闭合后产生突变，则 $\dfrac{di_L}{dt}$ 将趋于无穷大，电感内产生的感应电动势也将趋于无穷大，电源必须提供无穷大的电压，但电源电压是有限的，因此电感电流不可能产生突变。换句话说，如图 5-1 所示电路在开关闭合后，电感中的电流只能逐渐地、连续地从零（开关闭合前的稳态值）变化到 $\dfrac{U}{R}$（开关闭合后的稳态值）。这一变化过程就是该电路在开关闭合后电感电流 i_L 变化的过渡过程。

电路中含有电容元件时，也存在着同样情况。在如图 5-2 所示的电路中，电容 C 与电阻 R 串联后接入直流电源。若开关闭合前电容两端的电压 $u_C = 0$，在开关闭合后电容电压从零增加到 $u_C = U$ 也不能瞬间完成，需要一个过渡过程。如果电容电压在开关闭合后产生突变，则电容电流 $i_C = C\dfrac{du_C}{dt}$ 将趋于无穷大，电阻电压也将趋于无穷大，电源必须提供无穷大的电压，但电源电压是有限的，因此电容电压也不可能产生突变。换句话说，如图 5-2 所示电路在开关闭合后，电容电压也只能逐渐地、连续地从零（开关闭合前的稳态值）变化到 U（开关闭合后的稳态值）。这一变化过程，就是该电路在开关闭合后电容电压 u_C 变化的过渡过程。

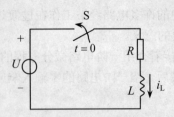
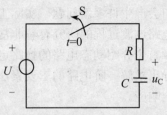

图 5-1　电感元件接入直流电源　　　　图 5-2　电容元件接入直流电源

从物理本质上看，电感电流 i_L 和电容电压 u_C 不能突变，是由于能量不能突变而造成的。因为电感和电容是储能元件，电感存储的能量与其通过的电流有关，电容存储的能量与其两端的电压有关，而能量的增减需要一定时间，不能一瞬间完成。如果电感的储能在瞬间发生突变，则电源必须提供无穷大的功率（$p = \dfrac{\mathrm{d}W}{\mathrm{d}t}$），否则是不能实现的。通常情况下，电源只能提供有限的功率，所以电感的储能不会发生突变。同理，电容的储能也不能发生突变。所以，储能元件要完成储能的变化需要一个过渡过程，在这段时间内完成能量的转移、转化和重新分配。

虽然过渡过程经历的时间很短，但对它的研究却有着十分重要的意义。例如，研究脉冲电路时，经常遇到电子器件的开关特性和电容器的充放电。由于脉冲是一种跃变信号，并且持续时间很短，因此人们注意的是电路的过渡过程，即电路中每个瞬时的电压和电流的变化情况。此外，电子技术中也常利用电路的过渡过程现象改善波形或产生特定的波形。电路的过渡过程也有其有害的一面，例如，某些电路在接通或断开的过程中，会产生电压过高（称为过电压）或电流过大（称为过电流）的现象，从而使电气设备或器件遭受损坏。

因此，研究过渡过程的目的就是要掌握过渡过程中客观存在的物理现象的规律，在生产中既要充分利用过渡过程的特性，又要防止过渡过程所产生的危害。

5.1.2　换路定理

电路工作条件发生变化，如接通或切断电源，电路连接方法或电路元件参数值突然变化等，统称为换路。通常规定换路是瞬间完成的。

电容中存储有电场能量，且电场能量的大小与电压的平方成正比，即 $W_C = \dfrac{1}{2}Cu_C^2$，换路时电场能量不能突变，所以电容的电压 u_C 不能突变。电感中存储有磁场能量，而磁场能量的大小与电流的平方成正比，即 $W_L = \dfrac{1}{2}Li_L^2$，换路时磁场能量不能突变，所以电感的电流 i_L 也不能突变。由此得到储能元件的换路定理：换路瞬间，电容上的电压 u_C 和电感中的电流 i_L 不能突变。设换路发生的时刻为 $t = 0$，换路前的瞬间用 $t = 0_-$ 表示，换路后的瞬间用 $t = 0_+$ 表示，则换路定理可用公式表示为：

$$u_C(0_+) = u_C(0_-)$$
$$i_L(0_+) = i_L(0_-)$$

必须注意的是，利用换路定理只能确定电路在换路后的初始时刻（$t = 0_+$）

不能突变的电容电压 u_C 和电感电流 i_L 的初始值，而电容电流 i_C 和电感电压 u_L，以及电路中其他元件的电流、电压值是可以突变的（是否突变由电路的具体结构而定）。

由换路定理确定了电容电压和电感电流的初始值后，电路中其他电流、电压的初始值可按以下原则计算确定：

（1）换路后的 $t=0_+$ 瞬间，电容元件可视为电压为 $u_C(0_+)$ 的恒压源，如果 $u_C(0_+)=0$，则电容元件在换路后瞬间相当于短路。

（2）换路后的 $t=0_+$ 瞬间，电感元件可视为电流为 $i_L(0_+)$ 的恒流源，如果 $i_L(0_+)=0$，则电感元件在换路后瞬间相当于开路。

（3）利用 KCL 和 KVL 以及直流电路的分析方法，计算电路在换路后 $t=0_+$ 瞬间其他电流及电压的初始值。

下面举例说明电路初始值的计算。

例 5-1　如图 5-3（a）所示电路原处于稳态，$t=0$ 时开关 S 闭合，$U_S=10\,\mathrm{V}$，$R_1=10\,\Omega$，$R_2=5\,\Omega$，求初始值 $u_C(0_+)$、$i_1(0_+)$、$i_2(0_+)$ 和 $i_C(0_+)$。

解　（1）首先求出开关 S 闭合前的电容电压 $u_C(0_-)$。

由于开关 S 闭合前电路已处于稳态，电容电压 u_C 不再变化，故 $i_C=C\dfrac{\mathrm{d}u_C}{\mathrm{d}t}=0$，电容 C 可视为开路，由此可画出 $t=0_-$ 时的等效电路，如图 5-3（b）所示。由图 5-3（b）可求得 $t=0_-$ 时电容两端的电压，为：

$$u_C(0_-)=U_S=10\,(\mathrm{V})$$

在开关 S 闭合后瞬间，根据换路定理有：

$$u_C(0_+)=u_C(0_-)=10\,(\mathrm{V})$$

（2）画出 $t=0_+$ 时的等效电路。

在 $t=0_+$ 瞬间，电容元件可视为电压为 $u_C(0_+)=10\,\mathrm{V}$ 的恒压源，由此可画出 $t=0_+$ 时的等效电路，如图 5-3（c）所示。

（3）根据 $t=0_+$ 时的等效电路，运用直流电路的分析方法求出各电流的初始值。

由图 5-3（c）可得：

$$i_1(0_+)=\frac{U_S-u_C(0_+)}{R_1}=\frac{10-10}{10}=0\,(\mathrm{A})$$

$$i_2(0_+)=\frac{u_C(0_+)}{R_2}=\frac{10}{5}=2\,(\mathrm{A})$$

$$i_C(0_+)=i_1(0_+)-i_2(0_+)=0-2=-2\,(\mathrm{A})$$

由图 5-3（b）可知，换路前 $i_1(0_-)=i_2(0_-)=i_C(0_-)=0$。电路换路后，电流 i_2 和 i_C 发生了突变。

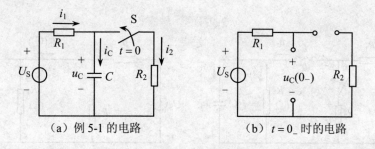

（a）例 5-1 的电路　　　　　　　　（b）$t=0_-$ 时的电路

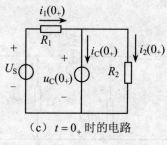

（c）$t=0_+$ 时的电路

图 5-3　例 5-1 的图

例 5-2　如图 5-4（a）所示电路原处于稳态，$t=0$ 时开关 S 闭合，$U_S=12\,\text{V}$，$R_1=4\,\Omega$，$R_2=2\,\Omega$，$R_3=6\,\Omega$，求初始值 $u_C(0_+)$、$i_L(0_+)$、$i_1(0_+)$、$i_C(0_+)$ 和 $u(0_+)$。

解　（1）首先求出开关 S 闭合前的电容电压 $u_C(0_-)$ 和电感电流 $i_L(0_-)$。

由于 $t=0_-$ 时电路处于稳态，电路中各处电流及电压都是常数，因此电感两端的电压 $u_L=L\dfrac{di_L}{dt}=0$，电感 L 可看作短路；电容中的电流 $i_C=C\dfrac{du_C}{dt}=0$，电容 C 可看作开路。由此可画出 $t=0_-$ 时的等效电路，如图 5-4（b）所示。由图 5-4（b）可求得 $t=0_-$ 时的电感电流和电容电压，分别为：

$$i_L(0_-)=\frac{U_S}{R_1+R_3}=\frac{12}{4+6}=1.2\ （\text{A}）$$

$$u_C(0_-)=i_1(0_-)R_3=i_L(0_-)R_3=1.2\times6=7.2\ （\text{V}）$$

开关 S 闭合后瞬间，根据换路定理有：

$$i_L(0_+)=i_L(0_-)=1.2\ （\text{A}）$$

$$u_C(0_+)=u_C(0_-)=7.2\ （\text{V}）$$

（2）画出 $t=0_+$ 时的等效电路。

在 $t = 0_+$ 瞬间，电容元件可视为电压 $u_C(0_+) = 7.2\,V$ 的恒压源，电感元件可视为电流 $i_L(0_+) = 1.2\,A$ 的恒流源，由此可画出 $t = 0_+$ 时的等效电路，如图 5-4（c）所示。

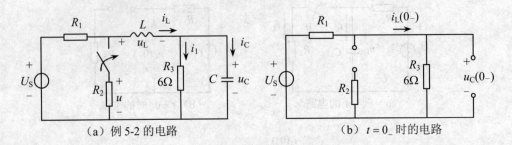

（a）例 5-2 的电路　　　　　　　　　　（b）$t = 0_-$ 时的电路

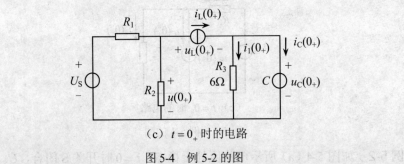

（c）$t = 0_+$ 时的电路

图 5-4　例 5-2 的图

（3）根据 $t = 0_+$ 时的等效电路，运用直流电路的分析方法求出各电流、电压的初始值。

由图 5-4（c）可得：

$$i_1(0_+) = \frac{u_C(0_+)}{R_3} = \frac{7.2}{6} = 1.2 \quad (A)$$

$$i_C(0_+) = i_L(0_+) - i_1(0_+) = 1.2 - 1.2 = 0 \quad (A)$$

$u(0_+)$ 可用节点电压法由 $t = 0_+$ 时的电路求出，为：

$$u(0_+) = \frac{\dfrac{U_S}{R_1} - i_L(0_+)}{\dfrac{1}{R_1} + \dfrac{1}{R_2}} = \frac{\dfrac{12}{4} - 1.2}{\dfrac{1}{4} + \dfrac{1}{2}} = 2.4 \quad (V)$$

通过上面两个例题，可归纳出求初始值的简单步骤如下：

（1）画出 $t = 0_-$ 时的等效电路，求出 $u_C(0_-)$ 和 $i_L(0_-)$；

（2）根据换路定理，画出 $t = 0_+$ 时的等效电路；

（3）根据 $t = 0_+$ 时的等效电路，运用直流电路的分析方法求出各电流、电压的初始值。

5.2　一阶动态电路的分析方法

任何一个复杂的一阶电路，总可以用戴维南定理或诺顿定理将其等效为一个简单的 RC 电路或 RL 电路。例如，对于如图 5-5（a）所示电路，可等效为图 5-5（b）或图 5-5（c）所示的电路。因此，对一阶电路的分析，实际上可归结为对简单的 RC 电路和 RL 电路的求解。

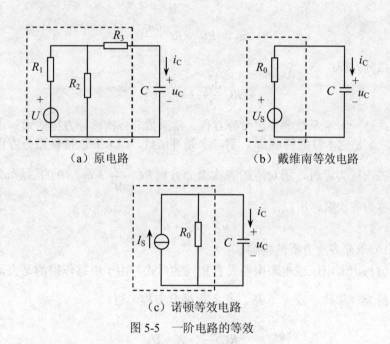

（a）原电路　　　　　　　　（b）戴维南等效电路

（c）诺顿等效电路

图 5-5　一阶电路的等效

一阶动态电路的分析方法有经典法和三要素法两种。

对一阶电路而言，以任一电流或电压作为变量，利用基尔霍夫定律和元件的伏安关系，可以列出换路后的电路方程，这个方程是一阶线性常系数微分方程，求解该微分方程，即得待求电流或电压的时间函数式，这种求解一阶电路的方法称为经典法。

如果作用于电路的电源为直流电源，则只要求出待求电流或电压在换路后的初始值、稳态值和电路的时间常数这三个要素，然后代入三要素公式就可以写出待求电流或电压的时间函数式，这种利用三要素求解一阶电路的方法称为三要素法。

5.2.1 一阶动态电路的经典分析法

1. 一阶 RC 电路的分析

如图 5-6（a）所示为 RC 串联电路，设在 $t=0$ 时将开关 S 闭合。为了求出开关闭合后电容电压随时间变化的规律，可根据 KVL 列出电路的回路电压方程，为：

$$u_R + u_C = U_S$$

因为：

$$i_C = C\frac{du_C}{dt}$$

$$u_R = Ri_C = RC\frac{du_C}{dt}$$

从而得微分方程：

$$RC\frac{du_C}{dt} + u_C = U_S$$

上式是一阶常系数非齐次微分方程。常系数非齐次微分方程的通解由两部分组成，一个是它本身的特解 u_C'，另一个是补函数，即非齐次线性微分方程令其右端的非齐次项为零时，所对应的齐次微分方程 $RC\frac{du_C}{dt} + u_C = 0$ 的通解 u_C''，故补函数又称为齐次解。所以：

$$u_C = u_C' + u_C''$$

（1）求非齐次方程的特解。

特解与电源电压或电源电流具有相同的形式，由于电路作用的是直流电源，所以特解为一常数。设 $u_C' = K$，代入原微分方程，得：

$$RC\frac{dK}{dt} + K = U_S$$

因为 K 为常数，所以上式中的第一项为零，故得：

$$K = U_S$$

即：

$$u_C' = K = U_S$$

可见特解等于电源电压，它是电路在电源作用下达到稳态时电容电压的稳态值，称为稳态分量。又因为此特解是在外加电源强制作用下产生的，故又称为强制分量。

（2）求补函数。

令原微分方程右端的非齐次项为零，即得齐次微分方程，为：

$$RC\frac{\mathrm{d}u_C}{\mathrm{d}t} + u_C = 0$$

设其解为：

$$u_C'' = A\mathrm{e}^{pt}$$

式中 A 为积分常数，p 为特征方程的根。将上式代入齐次微分方程并消去公因子 $A\mathrm{e}^{pt}$，得出该微分方程的特征方程为：

$$RCp + 1 = 0$$

特征根为：

$$p = -\frac{1}{RC} = -\frac{1}{\tau}$$

所以，补函数为：

$$u_C'' = A\mathrm{e}^{-\frac{t}{\tau}} = A\mathrm{e}^{-\frac{t}{RC}}$$

式中 $\tau = RC$ 具有时间的单位秒（s），称为 RC 电路的时间常数。

由补函数的表达式可以看出，当 $t \to \infty$ 时，补函数 $u_C'' \to 0$，所以补函数只存在于暂态过程中，故补函数称为暂态分量。另一方面，补函数的变化规律与电源的变化规律无关，只按指数规律衰减，故补函数又称为自由分量。

（3）求常系数非齐次微分方程的解。

常系数非齐次微分方程的通解等于稳态分量与暂态分量之和，即：

$$u_C = u_C' + u_C'' = U_S + A\mathrm{e}^{-\frac{t}{\tau}} = U_S + A\mathrm{e}^{-\frac{t}{RC}}$$

式中的积分常数 A 可根据已知的初始值确定。

（4）确定积分常数。

设电容电压初始值为 $u_C(0_+) = U_0$，则在 $t = 0_+$ 时有：

$$u_C(0_+) = U_S + A = U_0$$

所以积分常数为：

$$A = U_0 - U_S$$

从而求得电容电压 u_C 随时间变化的规律为：

$$u_C = U_S + (U_0 - U_S)\mathrm{e}^{-\frac{t}{\tau}} = U_S + (U_0 - U_S)\mathrm{e}^{-\frac{t}{RC}}$$

当 $U_0 < U_S$ 时，u_C 随时间的变化曲线如图 5-6（b）所示，u_C 随时间从初始值 U_0 按指数规律上升到稳态值 U_S，电路的过渡过程是电源通过电阻 R 向电容 C 充

电的过程。当 $U_0 > U_S$ 时，u_C 随时间的变化曲线如图 5-6（c）所示，u_C 随时间从初始值 U_0 按指数规律下降到稳态值 U_S，电路的过渡过程是电容 C 通过电阻 R 向电源放电的过程。

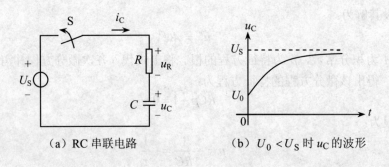

（a）RC 串联电路　　　　　（b）$U_0 < U_S$ 时 u_C 的波形

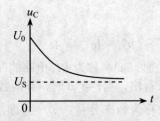

（c）$U_0 > U_S$ 时 u_C 的波形

图 5-6　RC 串联电路及其电容电压 u_C 的波形

电路中的电流为：

$$i_C = C\frac{\mathrm{d}u_C}{\mathrm{d}t} = \frac{U_S - U_0}{R}\mathrm{e}^{-\frac{t}{\tau}} = \frac{U_S - U_0}{R}\mathrm{e}^{\frac{t}{RC}}$$

i_C 的波形如图 5-7（a）所示，可见 i_C 随时间从初始值 $\dfrac{U_S - U_0}{R}$ 按指数规律下降到稳态值 0。

电阻上的电压为：

$$u_R = Ri_C = (U_S - U_0)\mathrm{e}^{-\frac{t}{\tau}} = U_S - U_0\mathrm{e}^{\frac{t}{RC}}$$

u_R 的波形如图 5-7（b）所示，可见 u_R 随时间从初始值 $U_S - U_0$ 按指数规律下降到稳态值 0。

从 u_C、i_C 和 u_R 的表达式可知，在同一个 RC 串联电路中，各处的电流及电压都按同一时间常数 $\tau = RC$ 的指数规律变化。

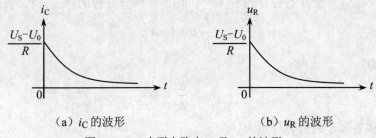

（a）i_C 的波形　　　　　　　　　　（b）u_R 的波形

图 5-7　RC 串联电路中 i_C 及 u_R 的波形

2. 一阶 RL 电路的分析

如图 5-8（a）所示为 RL 串联电路，设在 $t = 0$ 时将开关 S 闭合。为了求出开关闭合后电感电流随时间变化的规律，可根据 KVL 列出电路的回路电压方程，为：

$$u_R + u_L = U_S$$

因为：

$$u_L = L \frac{di_L}{dt}$$

$$u_R = Ri_L$$

从而得微分方程：

$$Ri_L + L \frac{di_L}{dt} = U_S$$

或：

$$\frac{L}{R} \frac{di_L}{dt} + i_L = \frac{U_S}{R}$$

上式是一阶常系数非齐次微分方程。

（1）求非齐次方程的特解。

设特解 $i'_L = K$，代入原微分方程，得电感电流 i_L 的稳态分量为：

$$i'_L = K = \frac{U_S}{R}$$

（2）求补函数。

原微分方程的齐次微分方程为：

$$\frac{L}{R} \frac{di_L}{dt} + i_L = 0$$

设其解为：

$$i''_L = Ae^{pt}$$

代入齐次微分方程并消去公因子 Ae^{pt}，得出该微分方程的特征方程为：

$$\frac{L}{R}p + 1 = 0$$

特征根为：

$$p = -\frac{R}{L} = -\frac{1}{\tau}$$

所以电感电流 i_L 的暂态分量为：

$$i_L'' = Ae^{-\frac{t}{\tau}} = Ae^{-\frac{R}{L}t}$$

式中 $\tau = \frac{L}{R}$ 具有时间的单位秒（s），称为 RL 电路的时间常数。

（3）求常系数非齐次微分方程的解。

将稳态分量与暂态分量求和，即得常系数非齐次微分方程的通解，为：

$$i_L = i_L' + i_L'' = \frac{U_S}{R} + Ae^{-\frac{t}{\tau}} = \frac{U_S}{R} + Ae^{-\frac{R}{L}t}$$

式中的积分常数 A 可根据已知的初始值确定。

（4）确定积分常数。

设电感电流初始值为 $i_L(0_+) = I_0$，则在 $t = 0_+$ 时有：

$$i_L(0_+) = \frac{U_S}{R} + A = I_0$$

所以积分常数为：

$$A = I_0 - \frac{U_S}{R}$$

从而求得电感电流 i_L 随时间变化的规律为：

$$i_L = \frac{U_S}{R} + \left(I_0 - \frac{U_S}{R}\right)e^{-\frac{t}{\tau}} = \frac{U_S}{R} + \left(I_0 - \frac{U_S}{R}\right)e^{-\frac{R}{L}t}$$

当 $I_0 < \frac{U_S}{R}$ 时，i_L 随时间的变化曲线如图 5-8（b）所示，i_L 随时间从初始值 I_0 按指数规律上升到稳态值 $\frac{U_S}{R}$。当 $I_0 > \frac{U_S}{R}$ 时，i_L 随时间的变化曲线如图 5-8（c）所示，i_L 随时间从初始值 U_0 按指数规律下降到稳态值 $\frac{U_S}{R}$。

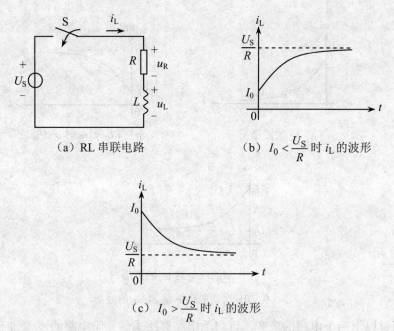

（a）RL 串联电路　　　　　（b）$I_0 < \dfrac{U_S}{R}$ 时 i_L 的波形

（c）$I_0 > \dfrac{U_S}{R}$ 时 i_L 的波形

图 5-8　　RL 串联电路及其电感电流 i_L 的波形

电感两端的电压为：

$$u_L = L\frac{\mathrm{d}i_L}{\mathrm{d}t} = (U_S - I_0 R)\mathrm{e}^{-\frac{t}{\tau}} = (U_S - I_0 R)\mathrm{e}^{-\frac{R}{L}t}$$

u_L 的波形如图 5-9（a）所示，可见 u_L 随时间从初始值 $U_S - I_0 R$ 按指数规律下降到稳态值 0。

电阻上的电压为：

$$u_R = Ri_L = U_S + (RI_0 - U_S)\mathrm{e}^{-\frac{t}{\tau}} = U_S + (RI_0 - U_S)\mathrm{e}^{-\frac{R}{L}t}$$

如图 5-9（b）、（c）所示分别为 $RI_0 < U_S$ 时和 $RI_0 > U_S$ 时 u_R 的波形，$RI_0 < U_S$ 时，u_R 随时间从初始值 RI_0 按指数规律上升到稳态值 U_S，$RI_0 > U_S$ 时，u_R 随时间从初始值 RI_0 按指数规律下降到稳态值 U_S。

从 i_L、u_L 和 u_R 的表达式可知，在同一个 RL 串联电路中，各处的电流和电压都是按同一时间常数 $\tau = \dfrac{L}{R}$ 的指数规律变化的。

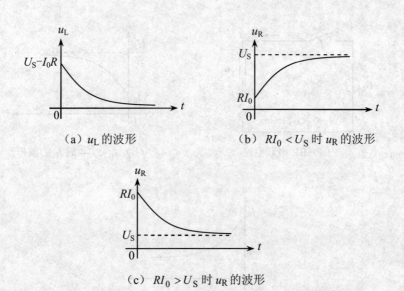

（a）u_L 的波形　　　　　　　　（b）$RI_0 < U_S$ 时 u_R 的波形

（c）$RI_0 > U_S$ 时 u_R 的波形

图 5-9　RL 串联电路中 u_L 及 u_R 的波形

通过以上两个电路的求解，可归纳出经典法求解一阶电路的步骤如下：

（1）利用基尔霍夫定律和元件的伏安关系，根据换路后的电路列出微分方程；

（2）求微分方程的特解，即稳态分量；

（3）求微分方程的补函数，即暂态分量；

（4）将稳态分量与暂态分量相加，即得微分方程的全解；

（5）按照换路定理求出暂态过程的初始值，从而定出积分常数。

例 5-3　如图 5-10（a）所示电路原处于稳态，$t = 0$ 时开关 S 闭合，求开关闭合后的电容电压 u_C 和通过 3Ω 电阻的电流 i。

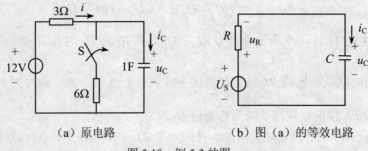

（a）原电路　　　　　　　　　　（b）图（a）的等效电路

图 5-10　例 5-3 的图

解　由于开关闭合前电路处于稳态，故 $u_C(0_-)$ 等于电源电压，即：

$$u_C(0_-) = 12\text{V}$$

根据换路定理，得：

$$u_C(0_+) = u_C(0_-) = 12 \ (\text{V})$$

根据戴维南定理，可将图 5-10（a）所示开关闭合后的电路等效为如图 5-10（b）所示电路，其中：

$$U_S = \frac{6}{6+3} \times 12 = 8 \ (\text{V})$$

$$R = \frac{6 \times 3}{6+3} = 2 \ (\Omega)$$

根据 KVL 可列出电压方程，为：

$$u_R + u_C = U_S$$

将 $i_C = C\dfrac{du_C}{dt}$，$u_R = Ri_C = RC\dfrac{du_C}{dt}$ 代入上式，得电路的微分方程，为：

$$RC\frac{du_C}{dt} + u_C = U_S$$

将 $R = 2\,\Omega$，$C = 1\,\text{F}$，$U_S = 8\,\text{V}$ 代入上式，得：

$$2\frac{du_C}{dt} + u_C = 8$$

特解为：

$$u_C' = 8$$

补函数为：

$$u_C'' = Ae^{-\frac{t}{2}} = Ae^{-0.5t}$$

所以：

$$u_C = u_C' + u_C'' = 8 + Ae^{-0.5t}$$

将初始值 $u_C(0_+) = 12\,\text{V}$ 代入上式，得积分常数为：

$$A = 12 - 8 = 4$$

所以，电容电压为：

$$u_C = 8 + 4e^{-0.5t} \ (\text{V})$$

通过 3Ω电阻的电流为：

$$i = \frac{12 - u_C}{3} = \frac{12 - (8 + 4e^{-0.5t})}{3} = \frac{4}{3} - \frac{4}{3}e^{-0.5t} \ (\text{A})$$

u_C 及 i 的波形如图 5-11 所示。

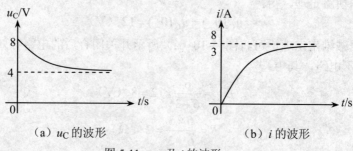

（a）u_C 的波形   （b）i 的波形

图 5-11 u_C 及 i 的波形

5.2.2   一阶动态电路的三要素分析法

上面求得 RC 串联电路中电容电压为：

$$u_C = U_S + (U_0 - U_S)e^{-\frac{t}{\tau}} = U_S + (U_0 - U_S)e^{-\frac{t}{RC}}$$

其中，$U_0 = u_C(0_+)$ 为电容电压的初始值，U_S 为稳态分量，即 $t \to \infty$ 时电容电压的稳态值，$\tau = RC$ 为 RC 串联电路的时间常数。初始值、稳态值和时间常数称为一阶电路的三要素。若已知三要素，代入上式便可求出电容电压随时间变化的表达式，这种求解一阶电路的方法称为三要素法。

RL 串联电路中电感电流 i_L 为：

$$i_L = \frac{U_S}{R} + \left(I_0 - \frac{U_S}{R} \right)e^{-\frac{t}{\tau}} = \frac{U_S}{R} + \left(I_0 - \frac{U_S}{R} \right)e^{-\frac{R}{L}t}$$

同理，只要求出电感电流的初始值 $i_L(0_+) = I_0$、稳态值 $i_L(\infty) = \dfrac{U_S}{R}$ 和时间常数 $\tau = \dfrac{L}{R}$，代入上式便可求出电感电流随时间变化的表达式。

值得注意的是，如果作用于电路的电源为直流电源，则三要素法并不仅仅局限于求解一阶电路的电容电压和电感电流，也可用来求解任一支路的电流或电压。

假设在换路后的一阶电路中，$f(t)$ 表示任一支路的电流或电压，$f(0_+)$ 表示电流或电压的初始值，$f(\infty)$ 表示电流或电压的稳态值，则求解任一支路电流或电压的三要素公式为：

$$f(t) = f(\infty) + f[f(0_+) - f(\infty)]e^{-\frac{t}{\tau}}$$

对于 RC 电路，时间常数为：

$$\tau = RC$$

其中 R 是从电容元件两端看进去的戴维南等效电源或诺顿等效电源的内阻。

对于 RL 电路，时间常数为：

$$\tau = \frac{L}{R}$$

其中 R 是从电感元件两端看进去的戴维南等效电源或诺顿等效电源的内阻。

　　例 5-4　在如图 5-12（a）所示电路中，已知 $I_S = 10 \text{ mA}$，$R_1 = 20 \text{ k}\Omega$，$R_2 = 5 \text{ k}\Omega$，$C = 100 \mu\text{F}$。开关 S 闭合之前电路已处于稳态，在 $t = 0$ 时开关 S 闭合。试用三要素法求开关闭合后的 u_C。

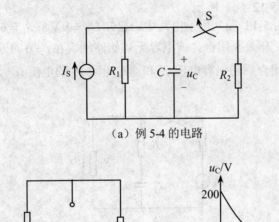

（a）例 5-4 的电路

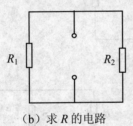
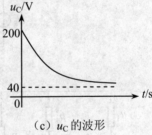

（b）求 R 的电路　　　　　　　（c）u_C 的波形

图 5-12　例 5-4 的图

　　解　（1）求初始值 $u_C(0_+)$。因为开关 S 闭合之前电路已处于稳态，故在 $t = 0_-$ 瞬间电容 C 可看作开路，因此：

$$u_C(0_-) = I_S R_1 = 10 \times 10^{-3} \times 20 \times 10^3 = 200 \text{ （V）}$$

开关 S 闭合瞬间，根据换路定理，有：

$$u_C(0_+) = u_C(0_-) = 200 \text{ （V）}$$

　　（2）求稳态值 $u_C(\infty)$。当 $t \to \infty$ 时，电容 C 同样可看作开路，因此：

$$u_C(\infty) = I_S \frac{R_1 R_2}{R_1 + R_2} = 10 \times 10^{-3} \times \frac{20 \times 5 \times 10^3}{20 + 5} = 40 \text{ （V）}$$

　　（3）求时间常数 τ。将电容支路断开，恒流源开路，如图 5-12（b）所示，可得：

$$R = \frac{R_1 R_2}{R_1 + R_2} = \frac{20 \times 5}{20 + 5} = 4 \quad (\text{k}\Omega)$$

所以：

$$\tau = RC = 4 \times 10^3 \times 100 \times 10^{-6} = 0.4 \quad (\text{s})$$

（4）求 u_C。利用三要素公式，得：

$$u_C = 40 + (200 - 40)\text{e}^{-\frac{t}{0.4}} = 40 + 160\text{e}^{-2.5t} \quad (\text{V})$$

u_C 的波形如图 5-12（c）所示。

例 5-5 在如图 5-13（a）所示电路中，已知 $U_S = 9 \text{V}$，$R_1 = 6\,\Omega$，$R_2 = 3\,\Omega$，$R_3 = 3\,\Omega$，$C = 2\text{F}$。开关 S 闭合之前电容无初始储能，在 $t = 0$ 时开关 S 闭合。试用三要素法求开关闭合后的电容电压 u_C 和通过电阻 R_3 的电流 i_3。

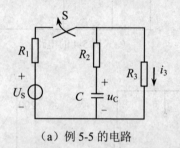

（a）例 5-5 的电路

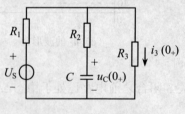
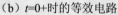

（b）$t=0+$ 时的等效电路

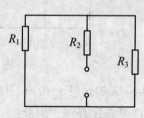

（c）求 R 的电路

图 5-13　例 5-5 的图

解 （1）求初始值 $u_C(0_+)$ 和 $i_3(0_+)$。因为开关 S 闭合之前电容无初始储能，故：

$$u_C(0_-) = 0 \quad (\text{V})$$

开关 S 闭合瞬间，根据换路定理，有：

$$u_C(0_+) = u_C(0_-) = 0 \quad (\text{V})$$

因为 $u_C(0_+) = 0\text{V}$，故 $t = 0_+$ 时电容相当于短路，如图 5-13（b）所示，可求得：

$$i_3(0_+) = \frac{U_S}{R_1 + \dfrac{R_2 R_3}{R_2 + R_3}} \cdot \frac{R_2}{R_2 + R_3} = \frac{9}{6 + \dfrac{3 \times 3}{3 + 3}} \times \frac{3}{3 + 3} = 0.6 \text{ （A）}$$

（2）求稳态值 $u_C(\infty)$ 和 $i_3(\infty)$。当 $t \to \infty$ 时，电容可看作开路，因此：

$$u_C(\infty) = \frac{R_3}{R_1 + R_3} U_S = \frac{3}{6 + 3} \times 9 = 3 \text{ （V）}$$

$$i_3(\infty) = \frac{U_S}{R_1 + R_3} = \frac{9}{6 + 3} = 1 \text{ （A）}$$

（3）求时间常数 τ。将电容支路断开，恒压源短路，如图 5-13（c）所示，可得：

$$R = R_2 + \frac{R_1 R_3}{R_1 + R_3} = 3 + \frac{6 \times 3}{6 + 3} = 5 \text{ （Ω）}$$

所以：

$$\tau = RC = 5 \times 2 = 10 \text{ （S）}$$

（4）求 u_C 和 i_3。利用三要素公式，得：

$$u_C = 3 + (0 - 3)e^{-\frac{t}{10}} = 3 - 3e^{-0.1t} \text{ （V）}$$

$$i_3 = 1 + (0.6 - 1)e^{-\frac{t}{10}} = 1 - 0.4e^{-0.1t} \text{ （A）}$$

u_C 及 i_3 的波形如图 5-14 所示。

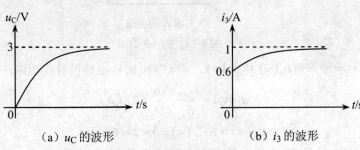

（a）u_C 的波形　　　　　（b）i_3 的波形

图 5-14　u_C 及 i_3 的波形

例 5-6　在如图 5-15（a）所示电路中，已知 $U_{S1} = 9 \text{ V}$，$U_{S2} = 6 \text{ V}$，$R_1 = 6 \Omega$，$R_2 = 3 \Omega$，$L = 1 \text{H}$。开关 S 闭合之前电路处于稳态，在 $t = 0$ 时开关 S 闭合。试用三要素法求开关闭合后的电感电流 i_L 和电阻 R_2 两端的电压 u_2。

解　（1）求初始值 $i_L(0_+)$ 和 $u_2(0_+)$。因为开关 S 闭合之前电路处于稳态，电感可视为短路，故：

$$i_L(0_-) = \frac{U_{S1}}{R_1 + R_2} = \frac{9}{6 + 3} = 1 \text{ （A）}$$

开关 S 闭合瞬间，根据换路定理，有：

$$i_L(0_+) = i_L(0_-) = 1 \text{（A）}$$

因为 $i_L(0_+) = 1\text{A}$，故 $t = 0_+$ 时电感相当于一个输出 1A 电流的恒流源，如图

5-15（b）所示，可求得：

$$u_2(0_+) = R_2 i_L(0_+) = 3 \times 1 = 3 \text{（V）}$$

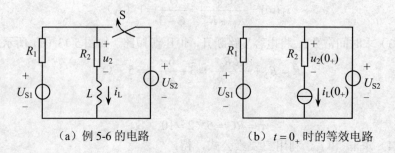

（a）例 5-6 的电路　　　　　（b）$t = 0_+$ 时的等效电路

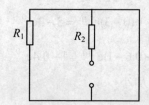

（c）求 R 的电路

图 5-15　例 5-6 的图

（2）求稳态值 $i_L(\infty)$ 和 $u_2(\infty)$。当 $t \to \infty$ 时，电感可看作短路，因此：

$$i_L(\infty) = \frac{U_{S2}}{R_2} = \frac{6}{3} = 2 \text{（A）}$$

$$u_2(\infty) = R_2 i_L(\infty) = 3 \times 2 = 6 \text{（V）}$$

（3）求时间常数 τ。将电感支路断开，恒压源短路，如图 5-15（c）所示，可得：

$$R = R_2 = 3 \text{（}\Omega\text{）}$$

所以：

$$\tau = \frac{L}{R} = \frac{1}{3} \text{（s）}$$

（4）求 i_L 和 u_2。利用三要素公式，得：

$$i_L = 2 + (1-2)e^{-3t} = 2 - e^{-3t} \text{（A）}$$

$$u_2 = 6 + (3-6)e^{-3t} = 6 - 3e^{-3t} \text{（V）}$$

i_L 及 u_2 的波形如图 5-16 所示。

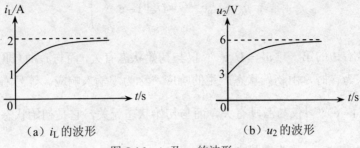

(a) i_L 的波形　　　　　　　　(b) u_2 的波形

图 5-16　i_L 及 u_2 的波形

5.3　零输入响应和零状态响应

5.3.1　一阶电路响应的分解

通过上一节对一阶电路的分析可知，一般情况下，一阶电路中动态元件的初始储能（即初始状态）不为零，且换路后电路中又有电源作用。这种由动态元件的初始状态以及外加电源共同作用产生的电流及电压称为全响应。

在上一节中，根据动态电路的工作状态，把全响应分解为稳态分量和暂态分量，即：

$$全响应 = 稳态分量 + 暂态分量$$

例如，一阶 RC 电路中电容电压 u_C 随时间变化的规律为：

$$u_C = U_S + (U_0 - U_S)e^{-\frac{t}{RC}}$$

u_C 是由稳态分量 U_S 和暂态分量 $(U_0 - U_S)e^{-\frac{t}{RC}}$ 叠加而成的。

同理，一阶 RL 电路中电感电流 i_L 随时间变化的规律为：

$$i_L = \frac{U_S}{R} + \left(I_0 - \frac{U_S}{R}\right)e^{-\frac{R}{L}t}$$

i_L 是由稳态分量 $\dfrac{U_S}{R}$ 和暂态分量 $\left(I_0 - \dfrac{U_S}{R}\right)e^{-\frac{R}{L}t}$ 叠加而成的。

此外，根据动态电路激励与响应之间的因果关系，还可将全响应分解为零输入响应和零状态响应，即：

$$全响应 = 零输入响应 + 零状态响应$$

例如，可将一阶 RC 电路中电容电压 u_C 随时间变化的规律改写为：

$$u_C = U_0 e^{-\frac{t}{RC}} + U_S\left(1 - e^{-\frac{t}{RC}}\right)$$

上式等号右边的第一项 $u_C' = U_0 e^{-\frac{t}{RC}}$ 仅与初始状态有关，而与激励（即电源）无关，它是输入为零时，由初始状态产生的响应，称为零输入响应。等号右边的第二项 $u_C'' = U_S\left(1 - e^{-\frac{t}{RC}}\right)$ 仅与激励有关，而与初始状态无关，它是初始状态为零时，由激励产生的响应，称为零状态响应。

同理，可将一阶 RL 电路中电感电流 i_L 随时间变化的规律改写为：

$$i_L = I_0 e^{-\frac{R}{L}t} + \frac{U_S}{R}\left(1 - e^{-\frac{R}{L}t}\right)$$

式中等号右边的第一项 $i_L' = I_0 e^{-\frac{R}{L}t}$ 仅与初始状态有关，而与激励（即电源）无关，是输入为零时，由初始状态产生的响应，为零输入响应。等号右边的第二项 $i_L'' = \frac{U_S}{R}\left(1 - e^{-\frac{R}{L}t}\right)$ 仅与激励有关，而与初始状态无关，是初始状态为零时，由激励产生的响应，为零状态响应。

例 5-7　在如图 5-17（a）所示电路中有两个开关 S_1 和 S_2。$t < 0$ 时 S_1 闭合，S_2 打开，电路处于稳态。$t = 0$ 时 S_1 打开，S_2 闭合。已知 $I_S = 2.5\,A$，$U_S = 12\,V$，$R_1 = 2\,\Omega$，$R_2 = 3\,\Omega$，$R_3 = 6\,\Omega$，$C = 1\,F$。求换路后的电容电压 u_C，并指出其稳态分量、暂态分量、零输入响应、零状态响应，并画出波形图。

解　下面对本题用两种方法求解。

（1）全响应 = 稳态分量 + 暂态分量。

换路后的电路如图 5-17（b）所示。当 $t \to \infty$ 时，电路达到新的稳态，电容相当于开路，得电容电压 u_C 的稳态分量为：

$$u_C' = u_C(\infty) = \frac{R_2}{R_2 + R_3}U_S = \frac{3}{3+6} \times 12 = 4 \quad (V)$$

因为换路前电路已达到稳态，电容可视为开路，由此可画出 $t = 0_-$ 时的等效电路，如图 5-17（c）所示，可得：

$$u_C(0_-) = I_S\frac{R_1 R_2}{R_1 + R_2} = 2.5 \times \frac{2 \times 3}{2 + 3} = 3 \quad (V)$$

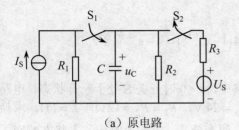

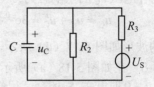

（a）原电路　　　　　　　　　　（b）换路后的等效电路

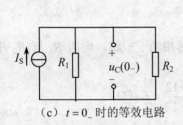

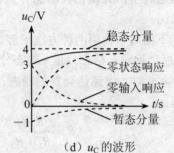

（c）$t=0_-$ 时的等效电路　　　　　（d）u_C 的波形

图 5-17　例 5-7 的图

根据换路定理，得电容电压 u_C 的初始值为：

$$u_C(0_+) = u_C(0_-) = 3 \text{（V）}$$

由图 5-17（b）可知：

$$R = \frac{R_2 R_3}{R_2 + R_3} = \frac{3 \times 6}{3 + 6} = 2 \text{（}\Omega\text{）}$$

所以，时间常数为：

$$\tau = RC = 2 \times 1 = 2 \text{（s）}$$

电容电压 u_C 的暂态分量为：

$$u_C'' = \left[u_C(0_+) - u_C(\infty)\right]\mathrm{e}^{-\frac{t}{\tau}} = (3-4)\mathrm{e}^{-\frac{t}{2}} = -\mathrm{e}^{-0.5t} \text{（V）}$$

所以，电容电压 u_C 的全响应为：

$$u_C = u_C' + u_C'' = 4 - \mathrm{e}^{-0.5t} \text{（V）}$$

（2）全响应 = 零输入响应 + 零状态响应。

电容电压 u_C 的零输入响应为：

$$u_C' = u_C(0_+)\mathrm{e}^{-\frac{t}{\tau}} = 3\mathrm{e}^{-\frac{t}{2}} = 3\mathrm{e}^{-0.5t} \text{（V）}$$

电容电压 u_C 的零状态响应为：

$$u_C'' = u_C(\infty)\left(1 - \mathrm{e}^{-\frac{t}{\tau}}\right) = 4\left(1 - \mathrm{e}^{-\frac{t}{2}}\right) = 4\left(1 - \mathrm{e}^{-0.5t}\right) \text{（V）}$$

所以，电容电压 u_C 的全响应为：

$$u_C = u_C' + u_C'' = 3e^{-0.5t} + 4\left(1 - e^{-0.5t}\right) = 4 - e^{-0.5t} \quad (V)$$

u_C 的波形如图 5-17（d）所示。

例5-8　在如图 5-18（a）所示电路中，$t < 0$ 时开关 S 处于断开状态，电路处于稳态。$t = 0$ 时开关 S 闭合。已知 $U_S = 24\,\text{V}$，$R_1 = R_2 = 12\,\Omega$，$L = 1\,\text{H}$。求换路后的电感电流 i_L，并指出其稳态分量、暂态分量、零输入响应、零状态响应，并画出波形图。

解　下面对本题用两种方法求解。

（1）全响应 = 稳态分量 + 暂态分量。

当 $t \to \infty$ 时，电路达到新的稳态，电感相当于短路，电阻 R_1 与 R_2 并联，等效电阻为：

$$R = \frac{R_1 R_2}{R_1 + R_2} = \frac{12 \times 12}{12 + 12} = 6 \quad (\Omega)$$

因此，电感电流 i_L 的稳态分量为：

$$i_L' = i_L(\infty) = \frac{U_S}{R} = \frac{24}{6} = 4 \quad (A)$$

换路前电路已达到稳态，电感可视为短路，这时电源通过电阻 R_2 向电感 L 供电，所以：

$$i_L(0_-) = \frac{U_S}{R_2} = \frac{24}{12} = 2 \quad (A)$$

根据换路定理，可得电感电流 i_L 的初始值为：

$$i_L(0_+) = i_L(0_-) = 2 \quad (A)$$

时间常数为：

$$\tau = \frac{L}{R} = \frac{1}{6} \quad (s)$$

电感电流 i_L 的暂态分量为：

$$i_L'' = \left[i_L(0_+) - i_L(\infty)\right]e^{-\frac{t}{\tau}} = (2 - 4)e^{-6t} = -2e^{-6t} \quad (A)$$

所以，电感电流 i_L 的全响应为：

$$i_L = i_L' + i_L'' = 4 - 2e^{-6t} \quad (A)$$

（2）全响应 = 零输入响应 + 零状态响应。

电感电流 i_L 的零输入响应为：

$$i_L' = i_L(0_+)e^{-\frac{t}{\tau}} = 2e^{-6t} \quad (A)$$

电感电流 i_L 的零状态响应为：

$$i_L'' = i_L(\infty)\left(1 - e^{-\frac{t}{\tau}}\right) = 4\left(1 - e^{-6t}\right) \text{（A）}$$

所以，电感电流 i_L 的全响应为：

$$i_L = i_L' + i_L'' = 2e^{-6t} + 4\left(1 - e^{-6t}\right) = 4 - 2e^{-6t} \text{（A）}$$

i_L 的波形如图 5-18（b）所示。

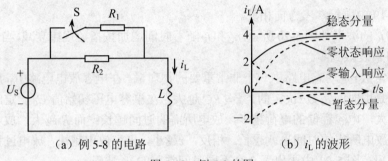

（a）例 5-8 的电路　　　　　　　（b）i_L 的波形

图 5-18　例 5-8 的图

5.3.2　一阶电路的零输入响应

1. 一阶 RC 电路的零输入响应

如图 5-19 所示电路，换路前开关 S 置于位置 1，电路已处于稳态，电容上已充有电压 $u_C(0_-) = U_0$，电容中存储的电场能量为 $W_C = \dfrac{1}{2}CU_0^2$。在 $t = 0$ 时，开关 S 从位置 1 迅速拨到位置 2，使 RC 电路脱离电源。根据换路定理，电容电压不能突变，$u_C(0_+) = u_C(0_-) = U_0$。于是，电容电压由初始值开始，通过电阻 R 放电，在电路中产生放电电流 i_C。随着时间的增长，电容电压 u_C 和放电电流 i_C 逐渐减小，最后趋近于零。这样，电容存储的能量全部被电阻消耗。可见，如图 5-19 所示电路换路后，电路中的响应仅由电容的初始状态引起，故为零输入响应。

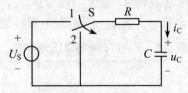

图 5-19　RC 电路的零输入响应

电容电压的初始值为 $u_C(0_+) = U_0$，放电结束时的稳态值为 $u_C(\infty) = 0$，时间

常数为 $\tau = RC$，利用三要素法，可求得换路后的电容电压为：

$$u_C = u_C(0_+)e^{-\frac{t}{\tau}} = U_0 e^{-\frac{t}{RC}}$$

放电电流为：

$$i_C = C\frac{du_C}{dt} = -\frac{U_0}{R}e^{-\frac{t}{RC}} = i_C(0_+)e^{-\frac{t}{RC}}$$

式中 $i_C(0_+) = -\dfrac{U_0}{R}$ 为 $t = 0$ 时电容的初始放电电流，负号表示放电电流 i_C 的实际方向与图 5-19 中所标参考方向相反。

u_C 和 i_C 的波形如图 5-20 所示，u_C 和 i_C 随着时间增加按指数规律衰减，当 $t \to \infty$ 时，u_C 和 i_C 衰减到零。

时间常数 τ 是动态电路中一个非常重要的物理量。在电容放电电路中，放电过程的快慢是由时间常数 τ 决定的。$\tau = RC$ 越大，在电容电压初始值 U_0 一定的情况下，C 越大，电容存储的电荷越多，放电所需的时间越长；而 R 越大，放电电流就越小，放电所需的时间也就越长。相反，τ 越小，电容放电越快，放电过程所需的时间越短。图 5-21 中画出了 3 个不同时间常数的 u_C 波形。

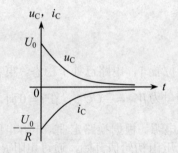
图 5-20　u_C 和 i_C 的波形

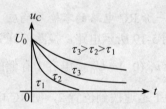
图 5-21　不同时间常数的 u_C 波形

从理论上讲，需要经历无限长的时间，电容电压 u_C 才能衰减到零，电路到达稳态。但实际上，u_C 开始时衰减得较快，随着时间的增加，衰减越来越慢。经过 $t = 3\tau \sim 5\tau$ 的时间，u_C 已经衰减到可以忽略不计的程度，这时，可以认为暂态过程基本结束，电路到达稳定状态。表 5-1 所示为不同时刻电容电压 u_C 的值。

表 5-1　不同时刻电容电压 u_C 的值

t	0	τ	2τ	3τ	4τ	5τ	6τ
u_C	U_0	$0.368U_0$	$0.135U_0$	$0.05U_0$	$0.018U_0$	$0.007U_0$	$0.002U_0$

从时间常数的表达式 $\tau = RC$ 可知，RC 电路的时间常数是由电路中元件的参

数值以及电路的结构决定的，所以，可以根据实际需要调整电路中元件的参数值，或通过改变电路的结构来改变时间常数的值。

例 5-9 在如图 5-22（a）所示电路中，$I_S = 2 \text{ mA}$，$R_1 = 30 \text{ k}\Omega$，$R_2 = 15 \text{ k}\Omega$，$C = 10 \text{ μF}$。换路前电路已处于稳定状态，在 $t = 0$ 时开关 S 闭合。求：

（1）开关 S 闭合后的电容电流 i_C 和通过电阻 R_1 的电流 i_1；

（2）开关 S 闭合后电容电压从初始值衰减到 3V 所需要的时间。

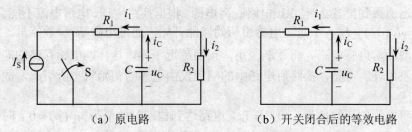

（a）原电路　　　　　　（b）开关闭合后的等效电路

图 5-22　例 5-9 的图

解 （1）因为电路换路前已处于稳定状态，电容可视为开路，所以：

$$u_C(0_-) = I_S R_2 = 2 \times 10^{-3} \times 15 \times 10^3 = 30 \quad (\text{V})$$

根据换路定理，有：

$$u_C(0_+) = u_C(0_-) = 30 \quad (\text{V})$$

开关 S 闭合后，电流源 I_S 被短路，电容 C 从初始电压 30V 开始向 R_1 与 R_2 并联电阻放电，最终 u_C 下降到零，如图 5-22（b）所示。可见，换路后，电路中的响应仅由电容的初始状态所引起，故为零输入响应。

因为 R_1 与 R_2 并联，所以：

$$R = \frac{R_1 R_2}{R_1 + R_2} = \frac{30 \times 15}{30 + 15} = 10 \quad (\text{k}\Omega)$$

时间常数为：

$$\tau = RC = 10 \times 10^3 \times 10 \times 10^{-6} = 0.1 \quad (\text{s})$$

利用三要素法，得到换路后的电容电压为：

$$u_C = u_C(0_+) \text{e}^{-\frac{t}{\tau}} = 30 \text{e}^{-\frac{t}{0.1}} = 30 \text{e}^{-10t} \quad (\text{V})$$

$$i_C = -C \frac{\text{d}u_C}{\text{d}t} = -10 \times 10^{-6} \times (-10) \times 30 \text{e}^{-10t} = 3 \times 10^{-3} \text{e}^{-10t} \quad (\text{A}) = 3\text{e}^{-10t} \quad (\text{mA})$$

$$i_1 = \frac{u_C}{R_1} = \frac{30 \text{e}^{-10t}}{30} = \text{e}^{-10t} \quad (\text{mA})$$

（2）电容电压 $u_C = 30 \text{e}^{-10t}$，将 $u_C = 3\text{V}$ 代入，得：

$$3 = 30e^{-10t}$$

解得电容电压衰减到 3V 所需的时间为：

$$t = 0.23 \quad (\text{s})$$

2. 一阶 RL 电路的零输入响应

如图 5-23 所示电路，换路前开关 S 置于位置 1，电路已处于稳态，电感中已有电流 $i_L(0_-) = I_0$，电感中存储的磁场能量为 $W_L = \frac{1}{2}LI_0^2$。在 $t = 0$ 时，开关 S 从位置 1 迅速拨到位置 2，使 RL 电路脱离电源。根据换路定理，电感电流不能突变，$i_L(0_+) = i_L(0_-) = I_0$。于是，电感由初始储能开始，通过电阻 R 释放能量。随着时间的增加，电感电流 i_L 将逐渐减小，最后趋近于零。这样，电感存储的能量全部被电阻消耗。可见，换路后电路中的响应仅由电感的初始状态所引起，故为零输入响应。

电感电流的初始值为 $i_L(0_+) = I_0$，电路达到稳态时的值为 $i_L(\infty) = 0$，时间常数为 $\tau = \dfrac{L}{R}$，利用三要素法，可求得换路后的电感电流为：

$$i_L = i_L(0_+)e^{-\frac{t}{\tau}} = I_0e^{-\frac{R}{L}t}$$

电感两端的电压为：

$$u_L = L\frac{di_L}{dt} = -RI_0e^{-\frac{R}{L}t} = u_L(0_+)e^{-\frac{R}{L}t}$$

式中 $u_L(0_+) = -RI_0$ 为 $t = 0$ 时电感两端的电压，负号表示电感两端电压 u_L 的实际方向与图 5-23 中所标的参考方向相反。

i_L 和 u_L 的波形如图 5-24 所示，i_L 和 u_L 随着时间增加按指数规律衰减，当 $t \to \infty$ 时，i_L 和 u_L 衰减到零。

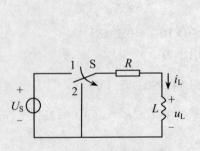

图 5-23 RL 电路的零输入响应

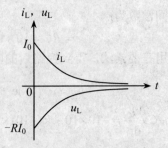

图 5-24 i_L 和 u_L 的波形

与 RC 电路一样，RL 电路暂态过程的快慢也是由时间常数 τ 来决定的。τ 越大，暂态过程所需的时间越长。相反，τ 越小，暂态过程所需的时间越短。经过 $t = 3\tau \sim 5\tau$ 的时间，i_L 已经衰减到可以忽略不计的程度，这时，可以认为暂态过程基本结束，电路到达稳定状态。

例 5-10　在如图 5-25（a）所示电路中，$U_S = 10\,V$，$R = 10\,\Omega$，$L = 1H$，电压表的电阻 $R_V = 10\,k\Omega$。换路前电路已处于稳定状态，在 $t = 0$ 时开关 S 断开。求：

（1）开关 S 断开后的电感电流 i_L；

（2）开关 S 断开后电压表所承受的最大电压值。

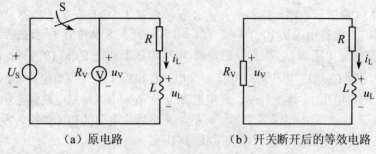

（a）原电路　　　　　　　（b）开关断开后的等效电路

图 5-25　例 5-10 的图

解　（1）因为电路换路前已处于稳定状态，电感可视为短路，所以：

$$i_L(0_-) = \frac{U_S}{R} = \frac{10}{10} = 1\ （A）$$

根据换路定理，有：

$$i_L(0_+) = i_L(0_-) = 1\ （A）$$

开关 S 断开后，电压源 U_S 被开路，电感 L 从初始电流 1A 开始向 R 与 R_V 串联电阻释放能量，最终 i_L 下降到零，如图 5-25（b）所示。可见，换路后，电路中的响应仅由电感的初始状态所引起，故为零输入响应。

因为 R 与 R_V 串联，所以：

$$R' = R + R_V = 10 + 10 \times 10^3 \approx 10\ （k\Omega）$$

时间常数为：

$$\tau = \frac{L}{R'} \approx \frac{1}{10 \times 10^3} = 10^{-4}\ （s）$$

利用三要素法，得到换路后的电感电流为：

$$i_L = i_L(0_+)e^{-\frac{t}{\tau}} = e^{-\frac{t}{10^{-4}}} = e^{-10^4 t}\ （A）$$

（2）电压表所承受的电压为：

$$u_{\mathrm{V}} = -R_{\mathrm{V}} i_{\mathrm{L}} = -10 \times 10^3 \times \mathrm{e}^{-10^4 t} = -10 \times 10^3 \mathrm{e}^{-10^4 t} \ (\mathrm{V}) = -10 \mathrm{e}^{-10^4 t} \ (\mathrm{kV})$$

当 $t = 0$ 时，电压表所承受的电压最大，为：

$$u_{\mathrm{Vmax}} = -10 \ (\mathrm{kV})$$

该值远远超过电压表的最大量程，而使电压表遭受损坏。由此可见，当断开带有大电感的电路时，应该事先把与其并联的电压表取下。

5.3.3　一阶电路的零状态响应

1. 一阶 RC 电路的零状态响应

如图 5-26 所示电路，换路前开关 S 置于位置 1，电路已处于稳态，电容 C 没有初始储能，电容电压 $u_{\mathrm{C}}(0_-) = 0$。在 $t = 0$ 时，开关 S 从位置 1 迅速拨到位置 2，使 RC 电路接通电压源 U_{S}。根据换路定理，电容电压不能突变，$u_{\mathrm{C}}(0_+) = u_{\mathrm{C}}(0_-) = 0$。于是，电压源 U_{S} 通过电阻 R 对电容 C 充电，在电路中产生充电电流 i_{C}。随着时间的增加，电容电压 u_{C} 逐渐升高，充电电流 i_{C} 逐渐减小。最后电路到达稳态时，电容电压等于 U_{S}，充电电流等于零。可见，换路后，电路的初始储能为零，电路中的响应仅由外加电源所引起，故为零状态响应。

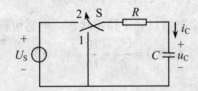

图 5-26　RC 电路的零状态响应

电容电压的初始值为 $u_{\mathrm{C}}(0_+) = 0$，充电结束时的稳态值为 $u_{\mathrm{C}}(\infty) = U_{\mathrm{S}}$，时间常数为 $\tau = RC$，利用三要素法，可求得换路后的电容电压为：

$$u_{\mathrm{C}} = u_{\mathrm{C}}(\infty) \left(1 - \mathrm{e}^{-\frac{t}{\tau}} \right) = U_{\mathrm{S}} \left(1 - \mathrm{e}^{-\frac{t}{RC}} \right)$$

充电电流为：

$$i_{\mathrm{C}} = C \frac{\mathrm{d} u_{\mathrm{C}}}{\mathrm{d} t} = \frac{U_{\mathrm{S}}}{R} \mathrm{e}^{-\frac{t}{RC}} = i_{\mathrm{C}}(0_+) \mathrm{e}^{-\frac{t}{RC}}$$

式中 $i_{\mathrm{C}}(0_+) = \dfrac{U_{\mathrm{S}}}{R}$ 为 $t = 0$ 时的初始充电电流。

从上式可知，电容 C 开始充电瞬间，$i_{\mathrm{C}}(0_+) = \dfrac{U_{\mathrm{S}}}{R}$，电容 C 相当于短路，电流一般较大。当电容 C 充电结束时，$i_{\mathrm{C}}(\infty) = 0$，电容相当于开路。

u_C 和 i_C 的波形如图 5-27 所示，随着时间的增加，电容电压 u_C 由零按指数规律逐渐增加到 U_S，充电电流 i_C 由 $\dfrac{U_S}{R}$ 按指数规律逐渐衰减到零。

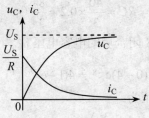

图 5-27　u_C 和 i_C 的波形

RC 电路充电过程的快慢也是由时间常数 τ 来决定的，τ 越大，电容充电越慢，过渡过程所需的时间越长；相反，τ 越小，电容充电越快，过渡过程所需的时间越短。同样，可以根据实际需要调整电路中元件的参数或电路结构，以改变时间常数的大小。

例 5-11　如图 5-28 所示电路换路前处于稳态，在 $t=0$ 时开关 S 闭合。已知 $U_S=6\ \text{V}$，$R_1=5\ \Omega$，$R_2=R_3=10\ \Omega$，$C=0.2\ \text{F}$。求：

（1）开关 S 闭合后的电容电压 u_C；

（2）$t=3\tau$ 及 $t=5\tau$ 时 u_C 的值。

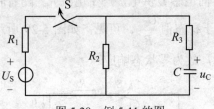

图 5-28　例 5-11 的图

解　（1）因开关 S 闭合前电路已处于稳态，由图 5-28 可得电容电压 u_C 的初始值为：

$$u_C(0_+)=u_C(0_-)=0\ (\text{V})$$

可见，如图 5-28 所示电路换路后，电路的初始储能为零，电路中的响应仅由外加电源所引起，故为零状态响应。

开关 S 闭合后，电容电压 u_C 的稳态值为：

$$u_C(\infty)=\frac{R_2}{R_1+R_2}U_S=\frac{10}{5+10}\times6=4\ (\text{V})$$

等效电阻为：

$$R = R_3 + \frac{R_1 R_2}{R_1 + R_2} = 10 + \frac{5 \times 10}{5 + 10} = \frac{40}{3} \quad (\Omega)$$

时间常数为：

$$\tau = RC = \frac{40}{3} \times 0.2 = \frac{8}{3} \quad (\text{s})$$

根据三要素法，得开关 S 闭合后的电容电压 u_C 为：

$$u_C = 4 + (0 - 4)\mathrm{e}^{-\frac{3t}{8}} = 4(1 - \mathrm{e}^{-0.375t}) \quad (\text{V})$$

（2）$t = 3\tau$ 时的电容电压为：

$$u_C(3\tau) = 4\left(1 - \mathrm{e}^{-\frac{3\tau}{\tau}}\right) = 4(1 - \mathrm{e}^{-3}) = 3.8 \quad (\text{V})$$

$t = 5\tau$ 时的电容电压为：

$$u_C(5\tau) = 4\left(1 - \mathrm{e}^{-\frac{5\tau}{\tau}}\right) = 4(1 - \mathrm{e}^{-5}) = 3.973 \quad (\text{V})$$

2. 一阶 RL 电路的零状态响应

如图 5-29 所示电路，换路前开关 S 置于位置 1，电路已处于稳态，电感 L 中没有初始储能，电感电流 $i_L(0_-) = 0$。在 $t = 0$ 时，开关 S 从位置 1 迅速拨到位置 2，使 RL 电路接通电源。根据换路定理，电感电流不能突变，$i_L(0_+) = i_L(0_-) = 0$。于是，电源通过电阻 R 向电感 L 供电，产生电流 i_L。随着时间的增加，电感电流 i_L 逐渐增大，最后趋近于稳态值 $\frac{U_S}{R}$。可见，如图 5-29 所示电路换路后，电路中的响应仅由电源所引起，故为零状态响应。

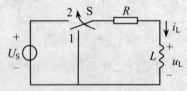

图 5-29 RL 电路的零状态响应

电感电流的初始值为 $i_L(0_+) = 0$，电路达到稳态时的值为 $i_L(\infty) = \frac{U_S}{R}$，时间常数为 $\tau = \frac{L}{R}$，利用三要素法，可求得换路后的电感电流为：

$$i_L = \frac{U_S}{R}\left(1 - \mathrm{e}^{-\frac{t}{\tau}}\right) = \frac{U_S}{R}\left(1 - \mathrm{e}^{-\frac{R}{L}t}\right)$$

电感两端的电压为：

$$u_{\mathrm{L}} = L\frac{\mathrm{d}i_{\mathrm{L}}}{\mathrm{d}t} = U_{\mathrm{S}}\mathrm{e}^{-\frac{R}{L}t} = u_{\mathrm{L}}(0_{+})\mathrm{e}^{-\frac{R}{L}t}$$

式中 $u_{\mathrm{L}}(0_{+}) = U_{\mathrm{S}}$ 为 $t = 0$ 时电感两端的电压。

i_{L} 和 u_{L} 的波形如图 5-30 所示。由图可知，i_{L} 从零开始随着时间增加按指数规律增大，而 u_{L} 从 U_{S} 开始随着时间增加按指数规律衰减。当 $t \rightarrow \infty$ 时，i_{L} 增大到稳态值 $i_{\mathrm{L}}(\infty) = \dfrac{U_{\mathrm{S}}}{R}$，而 u_{L} 衰减到零。

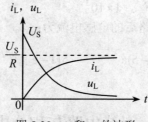

图 5-30　i_{L} 和 u_{L} 的波形

与 RC 电路一样，RL 电路暂态过程的快慢由时间常数 τ 决定。τ 越大，暂态过程所需的时间越长。相反，τ 越小，暂态过程所需的时间越短。经过 $t = 3\tau \sim 5\tau$ 的时间，i_{L} 已经衰减到可以忽略不计的程度，这时，可以认为暂态过程基本结束，电路到达稳定状态。

例 5-12　在如图 5-31 所示电路中，$I_{\mathrm{S}} = 10\ \mathrm{mA}$，$R_{1} = R_{2} = 1\ \mathrm{k\Omega}$，$R_{3} = 2\ \mathrm{k\Omega}$，$L = 20\ \mathrm{mH}$。换路前电路已处于稳定状态，在 $t = 0$ 时开关 S 闭合。求开关 S 闭合后的电感电流 i_{L}。

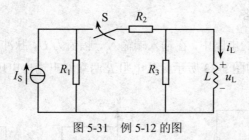

图 5-31　例 5-12 的图

解　因为电路换路前已处于稳定状态，由图 5-31 可得电感电流 i_{L} 的初始值为：

$$i_{\mathrm{L}}(0_{+}) = i_{\mathrm{L}}(0_{-}) = 0\ (\mathrm{A})$$

可见，如图 5-31 所示电路换路后，电路的初始储能为零，电路中的响应仅由外加电源所引起，故为零状态响应。

开关 S 闭合后，电感电流 i_L 的稳态值为：

$$i_L(\infty) = \frac{R_1}{R_1 + R_2} I_S = \frac{1}{1+1} \times 10 = 5 \quad (\text{mA})$$

等效电阻为：

$$R = \frac{(R_1 + R_2)R_3}{R_1 + R_2 + R_3} = \frac{(1+1) \times 2}{1+1+2} = 1 \quad (\text{k}\Omega)$$

时间常数为：

$$\tau = \frac{L}{R} = \frac{20 \times 10^{-3}}{1 \times 10^3} = 20 \times 10^{-6} \quad (\text{s})$$

利用三要素法，得到换路后的电感电流为：

$$i_L = 5 + (0-5)e^{-\frac{t}{20 \times 10^{-6}}} = 5\left(1 - e^{-5 \times 10^4 t}\right) \quad (\text{mA})$$

5.4　微分电路与积分电路

微分电路与积分电路实际上就是 RC 充放电电路。与前面所介绍的 RC 电路不同的是，作用于微分电路与积分电路的是矩形脉冲，并且可以选取不同的电路时间常数，而构成输出电压波形和输入电压波形之间的特定（微分或积分）关系。

微分电路与积分电路在实际工程中的应用非常广泛。例如，在模拟电路中可以利用微分电路和积分电路进行微分运算和积分运算；在数字电路中经常应用微分电路进行波形变换，将矩形脉冲波变换成尖脉冲波，然后去驱动触发器；积分电路可用作示波器扫描电路或作为模数转换器等。

5.4.1　微分电路

如图 5-32 所示的电路中，在输入端输入一幅值为 U，脉冲宽度为 t_w 的周期性矩形脉冲电压 u_i，如图 5-33 所示，从电阻 R 两端取出输出电压 u_o。

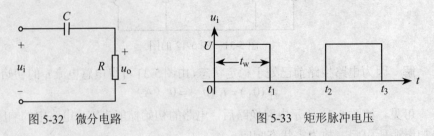

图 5-32　微分电路　　　　　　　　　图 5-33　矩形脉冲电压

设电路的初始状态为零。当电路的时间常数 $\tau = RC \ll t_w$（一般取 $\tau < 0.2t_w$）时，电路的充放电过程将进行的很快。

在 $t = 0$ 瞬间，u_i 由 0 跳变到 U，开始对电容 C 充电。因为 $u_C(0_+) = 0$，且不能突变，因此 $u_o = u_i = U$。随着充电的进行，电容 C 两端电压 u_C 增大，电路中的充电电流减小。在 $t < t_w$ 范围内，u_C 已上升到稳态值 U，而 u_o 也衰减到零，这样，在电阻两端输出一个正尖脉冲。在这个过程中，u_o 随时间变化的规律为：

$$u_o = u_R = Ue^{-\frac{t}{\tau}}$$

在 $t = t_1$ 瞬间，u_i 由 U 跳变到 0，此时 RC 电路自成回路放电。由于 u_C 不能突变，所以在这一瞬间 $u_o = -u_C = -U$，其幅值与 u_C 相同，但极性与 u_C 相反。而后，电容 C 经电阻 R 很快放电，u_C 很快衰减到 0，u_o 也很快衰减到 0，这样，在电阻上就输出一个负尖脉冲。这个过程中，u_o 随时间变化的规律为：

$$u_o = u_R = -Ue^{-\frac{t}{\tau}}$$

通过以上分析可知，如图 5-32 所示电路在 $\tau \ll t_w$ 的情况下，如果输入的是周期性矩形脉冲，则输出的是周期性正负尖脉冲，其输入电压 u_i 和输出电压 u_o 的波形如图 5-34 所示。

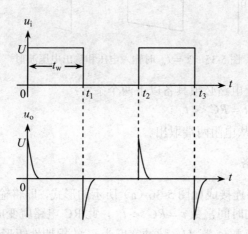

图 5-34　微分电路输入电压和输出电压波形

因为 $\tau \ll t_w$，充放电很快，除了电容器刚开始充电或放电的一段时间以外，其余时间都有：

$$u_i = u_C + u_o \approx u_o \gg u_C$$

所以：

$$u_{\text{o}} \approx Ri = RC\frac{\mathrm{d}u_{\text{C}}}{\mathrm{d}t} = RC\frac{\mathrm{d}u_{\text{i}}}{\mathrm{d}t}$$

上式表明，$\tau \ll t_{\text{w}}$ 的情况下，如图 5-32 所示电路的输出电压 u_{o} 与输入电压 u_{i} 的微分近似成正比，因此习惯上称这种电路为微分电路。

值得注意的是，如图 5-32 所示电路的时间常数若不满足 $\tau \ll t_{\text{w}}$ 的条件，输出电压 u_{o} 将不是正、负相间的尖脉冲波形。因为随着时间常数 τ 的增大，电容充放电的速度变慢，输出电压 u_{o} 的波形就越接近输入电压 u_{i} 的波形。如图 5-35 所示为 $\tau = t_{\text{w}}$ 时输入电压 u_{i} 和输出电压 u_{o} 的波形。

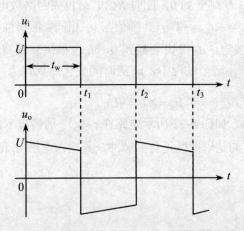

图 5-35　$\tau = t_{\text{w}}$ 时输入电压和输出电压波形

综上所述，微分电路必须具备以下两个条件：

（1）时间常数 $\tau = RC \ll t_{\text{w}}$。

（2）输出电压从电阻两端取出。

5.4.2　积分电路

如果把 RC 电路连接成如图 5-36（a）所示的形式，即将输出电压从电容两端取出，并且使电路的时间常数 $\tau = RC \gg t_{\text{w}}$，此 RC 电路就变成了积分电路。

在输入端输入一幅值为 U、脉冲宽度为 t_{w} 的周期性矩形脉冲电压 u_{i}。因为 $\tau \gg t_{\text{w}}$，电容器充放电速度极慢。

在 $t = 0$ 瞬间，u_{i} 由 0 跳变到 U，开始对电容 C 缓慢充电。因为 $u_{\text{C}}(0_{+}) = 0$，且不能突变，因此 $u_{\text{o}} = u_{\text{C}}$ 从 0 开始缓慢增大。还未增大到稳态值时，输入脉冲已经消失（$t = t_{1}$ 时刻）。随后，电容 C 经电阻 R 缓慢放电，输出电压 $u_{\text{o}} = u_{\text{C}}$ 缓慢减小。u_{o} 的增大和减小仍按指数规律变化，由于 $\tau \gg t_{\text{w}}$，其变化曲线尚处在指数曲

线的初始段，近似为直线。由此可画出输入电压 u_i 和输出电压 u_o 的波形，如图 5-36（b）所示。可见，积分电路在周期性矩形输入脉冲作用下，输出的是周期性三角波或锯齿波，而不是周期性正负尖脉冲。时间常数 τ 越大，充放电速度越慢，输出电压波形的线性度也就越好。

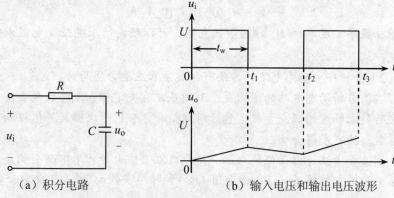

（a）积分电路　　　　　　　（b）输入电压和输出电压波形

图 5-36　积分电路及其输入电压和输出电压波形

因为 $\tau \gg t_w$，充放电速度极慢，即 u_C 的增长和衰减速度极慢，因此：

$$u_o = u_C \ll u_R$$

$$u_i = u_R + u_C \approx u_R$$

因为：

$$i = \frac{u_R}{R} \approx \frac{u_i}{R}$$

所以：

$$u_o = u_C = \frac{1}{C}\int i\,\mathrm{d}t \approx \frac{1}{RC}\int u_i\,\mathrm{d}t$$

上式表明，在 $\tau \gg t_w$ 的情况下，如图 5-36（a）所示电路的输出电压 u_o 与输入电压 u_i 的积分近似成正比，因此习惯上称这种电路为积分电路。

综上所述，积分电路必须具备以下两个条件：

（1）时间常数 $\tau = RC \gg t_w$。

（2）输出电压从电容两端取出。

本章小结

（1）含有动态元件的电路称为动态电路。动态电路的暂态过程是电路从一个

稳态变化到另一个稳态的过程。

动态电路在换路时，由于动态元件的能量不能突变，会产生一个暂态过程。分析暂态过程的依据之一是换路定理。在换路的瞬间，电容电压不能突变，电感电流不能突变，即有：

$$u_C(0_+) = u_C(0_-)$$
$$i_L(0_+) = i_L(0_-)$$

根据换路定理和 $t = 0_+$ 时的等效电路，可以确定待求响应（电流或电压）的初始值。

（2）分析一阶动态电路的方法有经典法和三要素法两种。

经典法分析动态电路的步骤是：利用基尔霍夫定律和元件的伏安关系，列出换路之后待求响应的微分方程，然后对该微分方程进行求解，并根据初始值确定积分常数，便可求得全响应。

利用三要素法可以简便地求解一阶电路在直流电源作用下的全响应。只要求得待求响应的初始值 $f(0_+)$、稳态值 $f(\infty)$ 和时间常数 τ，代入三要素公式：

$$f(t) = f(\infty) + [f(0_+) - f(\infty)]e^{-\frac{t}{\tau}}$$

便可求得全响应。注意，RC 电路的时间常数为 $\tau = RC$，RL 电路的时间常数为 $\tau = \dfrac{L}{R}$，R 为从动态元件两端看进去的戴维南等效电路的等效电阻。

（3）动态电路的全响应可以分解为稳态分量和暂态分量。稳态分量是电路达到稳态时响应的值，在直流电源作用下，响应的稳态分量为一常数。暂态分量只存在于暂态过程中，其变化规律与电源的变化规律无关，只按指数规律随着时间的增加逐渐衰减到零。

动态电路的全响应还可以分解为零输入响应和零状态响应。零输入响应是电源激励为零时，仅由电路的初始储能产生的响应。零状态响应是电路的初始储能为零时，仅由电源激励产生的响应。

（4）动态电路暂态过程所经历的时间长短与电路的时间常数有关。根据响应的指数规律，从理论上讲，需经过无限长的时间电路才趋于稳定。工程上一般认为经过 $t = 3\tau \sim 5\tau$ 的时间，暂态过程基本结束。时间常数 τ 越大，暂态过程所需的时间越长；时间常数 τ 越小，暂态过程所需的时间越短。

（5）微分电路与积分电路都是 RC 充放电电路。微分电路的输出电压从电阻两端取出，时间常数 $\tau = RC \ll t_w$。积分电路的输出电压从电容两端取出，时间常数 $\tau = RC \gg t_w$。

习 题 五

5-1　如图 5-37 所示电路，在开关 S 断开前已处于稳态，试求开关 S 断开后瞬间电压 u_C 和电流 i_C、i_1、i_2 的初始值。

5-2　如图 5-38 所示电路，在开关 S 闭合前已处于稳态，试求开关 S 闭合后瞬间电压 u_L 和电流 i_L、i_1、i_2 的初始值。

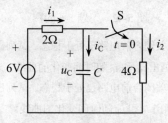
图 5-37　习题 5-1 的图

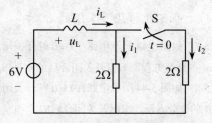
图 5-38　习题 5-2 的图

5-3　如图 5-39 所示电路，在开关 S 闭合前已处于稳态，试求开关 S 闭合后瞬间电压 u_C、u_L 和电流 i_L、i_C、i 的初始值。

5-4　如图 5-40 所示电路，在开关 S 闭合前已处于稳态，试求开关 S 闭合后瞬间电压 u_C、u_L 和电流 i_L、i_C、i 的初始值。

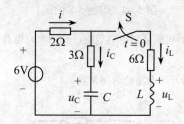
图 5-39　习题 5-3 的图

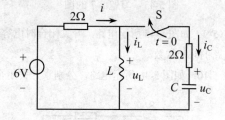
图 5-40　习题 5-4 的图

5-5　在如图 5-41 所示电路中，已知 $I_S = 2 \, \text{mA}$，$R_1 = 200 \, \Omega$，$R_2 = 300 \, \Omega$，$C = 2 \, \mu\text{F}$。

（1）将电路中除电容元件以外的部分用戴维南定理或诺顿定理化简；

（2）求电路的时间常数；

（3）列出求电容电压 u_C 的微分方程。

5-6　在如图 5-42 所示电路中，已知 $I_S = 20 \, \text{mA}$，$U_S = 6 \, \text{V}$，$R_1 = 300 \, \Omega$，$R_2 = 150 \, \Omega$，$L = 1 \, \text{H}$。

（1）将电路中除电感元件以外的部分用戴维南定理或诺顿定理化简；

（2）求电路的时间常数；

（3）列出求电感电流 i_L 的微分方程。

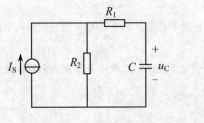

图 5-41　习题 5-5 的图

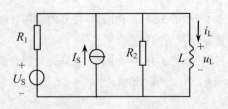

图 5-42　习题 5-6 的图

5-7　如图 5-43 所示电路在 $t=0$ 时开关闭合，开关闭合前电路已处于稳态。试列出求电容电压 u_C 的微分方程，求出开关闭合后的 u_C 和 i_C，并画出 u_C 和 i_C 随时间变化的曲线。

5-8　如图 5-44 所示电路在 $t=0$ 时开关闭合，开关闭合前电路已处于稳态。试列出求电感电流 i_L 的微分方程，求出开关闭合后的 i_L 和 u_L，并画出 i_L 和 u_L 随时间变化的曲线。

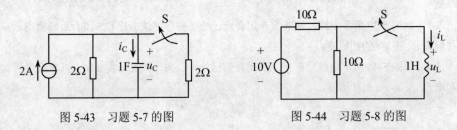

图 5-43　习题 5-7 的图　　　　　　　图 5-44　习题 5-8 的图

5-9　如图 5-45 所示电路，开关闭合时电容充电，再断开时电容放电，分别求充电及放电时电路的时间常数。

5-10　如图 5-46 所示电路，分别求开关闭合及断开时电路的时间常数。

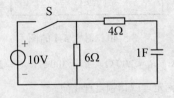

图 5-45　习题 5-9 的图

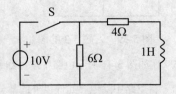

图 5-46　习题 5-10 的图

5-11　在如图 5-47 所示电路中，$t=0$ 时开关闭合，开关闭合前电路已处于稳态。已知 $I_S=2\,\mathrm{mA}$，$R_1=4\,\mathrm{k\Omega}$，$R_2=1\,\mathrm{k\Omega}$，$R_3=5\,\mathrm{k\Omega}$，$C=0.1\,\mathrm{\mu F}$。试用三要素法求开关闭合后的 u_C，并画出 u_C 随时间变化的曲线。

5-12　在如图 5-48 所示电路中，$t=0$ 时开关打开，开关打开前电路已处于稳态。已知

$I_S = 2\,\text{mA}$，$R_1 = 4\,\text{k}\Omega$，$R_2 = 1\,\text{k}\Omega$，$R_3 = 5\,\text{k}\Omega$，$C = 0.1\,\mu\text{F}$。试用三要素法求开关打开后的 u_C，并画出 u_C 随时间变化的曲线。

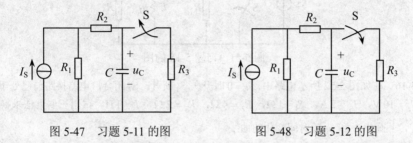

图 5-47　习题 5-11 的图　　　　图 5-48　习题 5-12 的图

5-13　在如图 5-49 所示电路中，$t=0$ 时开关闭合，开关闭合前电路已处于稳态。已知 $I_S = 30\,\text{mA}$，$R_1 = R_2 = R_3 = R_4 = 2\,\text{k}\Omega$，$C = 1\,\mu\text{F}$。试用三要素法求开关闭合后的 u_C，并画出 u_C 随时间变化的曲线。

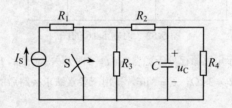

图 5-49　习题 5-13 的图

5-14　在如图 5-50 所示电路中，$t=0$ 时开关 S_1 断开，S_2 闭合，电路换路前已处于稳态。已知 $U_S = 10\,\text{V}$，$I_S = 3\,\text{A}$，$R_1 = 1\,\Omega$，$R_2 = 4\,\Omega$，$R_3 = 2\,\Omega$，$C = 3\,\text{F}$。试用三要素法求换路后的 u_C，并画出 u_C 随时间变化的曲线。

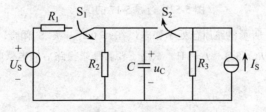

图 5-50　习题 5-14 的图

5-15　在如图 5-51 所示电路中，$t=0$ 时开关闭合，开关闭合前电路已处于稳态。已知 $U_S = 9\,\text{V}$，$R_1 = R_2 = R_3 = R_4 = 3\,\Omega$，$L = 1\,\text{H}$。试用三要素法求开关闭合后的 i_L 和 u_L，并画出 i_L 和 u_L 随时间变化的曲线。

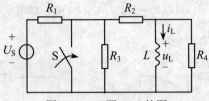

图 5-51　习题 5-15 的图

5-16　在如图 5-52 所示电路中，$t=0$ 时开关 S_1 断开，S_2 闭合，电路换路前已处于稳态。已知 $U_S=10\,V$，$I_S=2\,A$，$R_1=1\,\Omega$，$R_2=4\,\Omega$，$R_3=2\,\Omega$，$L=1\,H$。试用三要素法求换路后的 i_L 和 u_L，并画出 i_L 和 u_L 随时间变化的曲线。

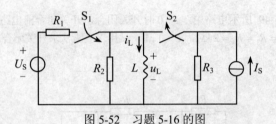

图 5-52　习题 5-16 的图

5-17　如图 5-53 所示电路原已处于稳态，在 $t=0$ 时开关 S_1 闭合，S_2 断开。已知 $U_S=60\,V$，$R_1=2\,k\Omega$，$R_2=6\,k\Omega$，$R_3=3\,k\Omega$，$C=3\,\mu F$。试用三要素法求换路后的电容电压 u_C 和电流 i_C、i_1、i_2。

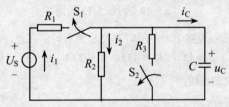

图 5-53　习题 5-17 的图

5-18　如图 5-54 所示电路原已处于稳态，在 $t=0$ 时开关 S 闭合。已知 $U_{S1}=12\,V$，$U_{S2}=9\,V$，$R_1=6\,\Omega$，$R_2=3\,\Omega$，$L=1\,H$。试用三要素法求换路后的电感电压 u_L 和电流 i_L、i_1、i_2。

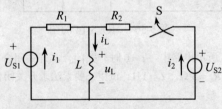

图 5-54　习题 5-18 的图

5-19　如图 5-55 所示电路，换路前开关 S 闭合在位置 1，且电路已处于稳态，在 $t = 0$ 时开关 S 从位置 1 迅速拨到位置 2。求换路后的电容电压 u_C，并指出其稳态分量、暂态分量、零输入响应、零状态响应，并画出波形图。

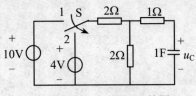

图 5-55　习题 5-19 的图

5-20　如图 5-56 所示电路，换路前开关 S 闭合在位置 1，且电路已处于稳态，在 $t = 0$ 时开关 S 从位置 1 迅速拨到位置 2。求换路后的电感电流 i_L，并指出其稳态分量、暂态分量、零输入响应、零状态响应，并画出波形图。

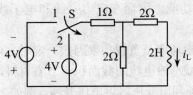

图 5-56　习题 5-20 的电路

第 6 章　变压器

- 了解变压器的基本结构、外特性、绕组的同极性端。
- 掌握变压器的工作原理以及变压器额定值的意义。
- 了解三相变压器的结构、三相电压的变换方法以及特殊变压器的特点。

变压器是根据电磁感应原理制成的一种静止的电气设备，具有变换电压、变换电流、变换阻抗的功能，因而在电力系统和电子线路的各个领域得到了广泛应用。

在输电方面，当输送功率及负载功率因数一定时，电压越高，线路中的电流就越小，这样不仅可以减小输电线的截面积，节省材料，还可以减少线路的功率损耗，因此在输电时必须利用变压器将电压升高。例如，输电距离在 200～400km 范围内，输送容量为 200～300kVA 的输电线，输电电压需要 220kV，我国从葛洲坝到上海的输电线路电压高达 500kV。

在用电方面，从安全和制造成本考虑，一般使用比较低的电压，如 380V、220V，特殊的地方还要用到 36V、24V 或 12V，这需要利用变压器将电压降低到用户需要的电压等级。

在电子线路中，变压器不仅用来变换电压，提供电源，还用来耦合电路，传递信号，实现阻抗匹配。在测量方面，可利用电压互感器、电流互感器的变压、变流作用扩大交流电压表及交流电流表的测量范围。

此外，在工程技术领域中，还大量使用各种不同的专用变压器，如自耦变压器、电焊变压器、电炉变压器、整流变压器等。

本章主要介绍单相变压器的工作原理和使用方法，并对三相变压器和一些特殊变压器进行简要介绍。

6.1　单相变压器

虽然变压器的种类很多、用途各异，但其基本结构和工作原理是相同的。

6.1.1　变压器的基本结构

变压器通常由一个公共铁心和两个或两个以上的线圈（又称绕组）组成。按照铁心和绕组结构形式的不同，分为心式变压器和壳式变压器两类，如图 6-1 所示。

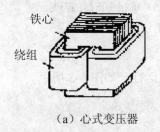
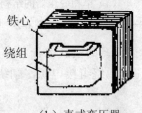

（a）心式变压器　　　　　　　　　　　　　　（b）壳式变压器

图 6-1　变压器的结构

铁心是变压器的磁路部分，为减少涡流和磁滞损耗，铁心多用厚度为 0.35～0.55mm 的硅钢片叠成，硅钢片两侧涂有绝缘漆，使片间绝缘。心式变压器的绕组套在铁心柱上，绕组装配方便，用铁量较少，多用于大容量变压器。壳式变压器的铁心把绕组包围在中间，有分支磁路，这种变压器制造工艺较复杂，用铁量也较多，但不必使用专门的变压器外壳，常用于小容量的变压器，如电子线路的变压器。铁心的叠装一般采用交错方式，即每层硅钢片的接缝错开，这样可降低磁路磁阻，减少励磁电流。

绕组是变压器的电路部分。与铁心线圈不同，变压器通常有两个或两个以上的线圈，多数还需要以一定方式连接。一般小容量变压器绕组用高强度漆包线绕成，单相变压器一般只有两个绕组，接电源的绕组称为原绕组（又称初级绕组或一次绕组），接负载的绕组称为副绕组（又称次级绕组或二次绕组）。

大容量变压器除铁心和绕组之外，还有一些附属设备。变压器在运行时铁心和绕组总是要发热的，为了防止变压器过热而烧毁，必须采用适当的冷却方式。小容量变压器多采用自冷式，通过空气的自然对流和辐射将绕组和铁心的热量散失到周围空气中去。大容量变压器则要采用油冷式，将变压器的绕组和铁心全部浸在油箱内，使绕组和铁心所产生的热量通过油传给箱壁而散失到周围空气中去。

6.1.2　变压器的工作原理

如图 6-2（a）所示为单相变压器的结构示意图，其中 N_1 为原绕组的匝数，N_2 为副绕组的匝数。如图 6-2（b）所示为单相变压器的符号。

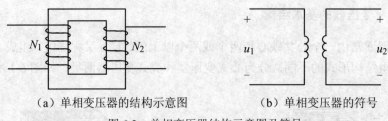

（a）单相变压器的结构示意图　　　　（b）单相变压器的符号

图 6-2　单相变压器结构示意图及符号

1. 变压器的空载运行

变压器原绕组接电源，副绕组开路，称为空载运行，如图 6-3 所示。

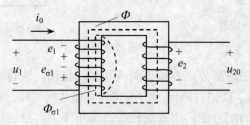

图 6-3　变压器的空载运行

变压器空载运行时，副绕组中没有电流，不会对铁心中的磁通产生影响。设原绕组中的电流为 i_0，这个电流在原绕组中产生磁动势 $N_1 i_0$，由该磁动势产生的磁通绝大部分通过铁心闭合，这个磁通称为主磁通，用 Φ 表示。由于 i_0 是交变的，所以在 $N_1 i_0$ 作用下，铁心中的主磁通 Φ 也是交变的。设 Φ 按正弦规律变化，即：

$$\Phi = \Phi_{\mathrm{m}} \sin \omega t$$

主磁通 Φ 在原、副绕组中分别感应出的主磁电动势 e_1 和 e_2 为：

$$e_1 = -N_1 \frac{\mathrm{d}\Phi}{\mathrm{d}t} = -\omega N_1 \Phi_{\mathrm{m}} \cos \omega t = E_{\mathrm{m1}} \sin(\omega t - 90^\circ)$$

$$e_2 = -N_2 \frac{\mathrm{d}\Phi}{\mathrm{d}t} = -\omega N_2 \Phi_{\mathrm{m}} \cos \omega t = E_{\mathrm{m2}} \sin(\omega t - 90^\circ)$$

e_1 和 e_2 也按正弦规律变化，它们的有效值分别为：

$$E_1 = \frac{E_{\mathrm{m1}}}{\sqrt{2}} = \frac{\omega N_1 \Phi_{\mathrm{m}}}{\sqrt{2}} = 4.44 f N_1 \Phi_{\mathrm{m}}$$

$$E_2 = \frac{E_{\mathrm{m2}}}{\sqrt{2}} = \frac{\omega N_2 \Phi_{\mathrm{m}}}{\sqrt{2}} = 4.44 f N_2 \Phi_{\mathrm{m}}$$

此外，磁动势 $N_1 i_0$ 在原绕组中还产生一部分通过周围空气而闭合的漏磁通 $\Phi_{\sigma 1}$。漏磁通在原绕组中产生漏磁电动势 $e_{\sigma 1}$。因为漏磁通的路径主要通过空气，所以漏磁通与线圈电流之间是线性关系。如果原绕组漏磁电感用 L_1 表示，则：

$$e_{\sigma 1} = -L_1 \frac{\mathrm{d}i_0}{\mathrm{d}t}$$

在原绕组中除 e_1、$e_{\sigma 1}$ 外，还有 i_0 在原绕组电阻 R_1 上产生的电压降 $i_0 R_1$。设 i_0、u_1、e_1、$e_{\sigma 1}$ 及 e_2 的参考方向如图 6-3 所示，根据 KVL，可得变压器原绕组回路的电压方程为：

$$u_1 = R_1 i_0 - e_{\sigma 1} - e_1 = R_1 i_0 + L_1 \frac{\mathrm{d}i_0}{\mathrm{d}t} - e_1$$

相量形式为：

$$\dot{U}_1 = R_1 \dot{I}_0 + \mathrm{j}X_1 \dot{I}_0 - \dot{E}_1$$

式中 $X_1 = \omega L_1$ 为原绕组的漏抗。

由于原绕组的电阻 R_1 和漏抗 X_1 很小，其上的电压也很小，与主磁电动势相比可以忽略不计，故有 $\dot{U}_1 \approx -\dot{E}_1$，有效值关系为：

$$U_1 \approx E_1 = 4.44 f N_1 \Phi_{\mathrm{m}}$$

变压器副绕组回路的电压方程为：

$$u_{20} = e_2$$

相量形式为：

$$\dot{U}_{20} = \dot{E}_2$$

有效值关系为：

$$U_{20} = E_2 = 4.44 f N_2 \Phi_{\mathrm{m}}$$

由此可以推出变压器的电压变换关系为：

$$\frac{U_1}{U_{20}} \approx \frac{E_1}{E_2} = \frac{N_1}{N_2} = k$$

k 称为变压器的变比，即原、副绕组的匝数比。可见，当电源电压 U_1 一定时，只要改变变比 k，即可得到不同的输出电压 U_{20}。$k > 1$ 时为降压变压器；$k < 1$ 时为升压变压器。这就是变压器变换电压的基本原理。

变压器的变比可由铭牌数据求得，等于原、副绕组的额定电压之比。例如，6000/400V 的单相变压器，表示变压器原绕组的额定电压（原绕组上应加的电源电压）$U_{1N} = 6000\,\mathrm{V}$，副绕组的额定电压 $U_{2N} = 400\,\mathrm{V}$，所以变比为 $k = 15$。在变压器中，副绕组的额定电压是指原绕组加上额定电压 U_{1N} 时副绕组的空载电压。对于三相变压器，额定电压均指线电压。

2. 变压器的负载运行

变压器原绕组接电源，副绕组接负载，称为负载运行，如图 6-4 所示。

当变压器副绕组接上负载以后，在电动势 e_2 的作用下，副绕组中就有电流 i_2 流过。因此，副绕组中除了主磁通产生的主磁电动势 e_2 外，还有漏磁通 $\Phi_{\sigma 2}$ 产

生的漏磁电动势 $e_{\sigma 2}$ 以及电流 i_2 在副绕组电阻 R_2 上产生的电压降 $i_2 R_2$。根据 KVL，可得变压器副绕组回路的电压方程为：

$$u_2 = e_2 + e_{\sigma 2} - R_2 i_2 = e_2 - R_2 i_2 - L_2 \frac{\mathrm{d} i_2}{\mathrm{d} t}$$

相量形式为：

$$\dot{U}_2 = \dot{E}_2 - R_2 \dot{I}_2 - \mathrm{j} X_2 \dot{I}_2$$

式中 $X_2 = \omega L_2$ 为副绕组的漏抗。

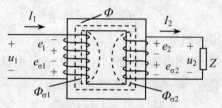

图 6-4　变压器的负载运行

副绕组中有了电流 i_2 以后，原绕组的电流从 i_0 变到 i_1。根据 KVL，这时变压器原绕组回路的电压方程为：

$$u_1 = R_1 i_1 - e_{\sigma 1} - e_1 = R_1 i_1 + L_1 \frac{\mathrm{d} i_1}{\mathrm{d} t} - e_1$$

相量形式为：

$$\dot{U}_1 = R_1 \dot{I}_1 + \mathrm{j} X_1 \dot{I}_1 - \dot{E}_1$$

虽然在负载状态下 I_1 比 I_0 增加了很多，但由于原绕组的电阻 R_1 和漏抗 X_1 很小，其上的电压比 E_1 小得多，因此，仍有 $\dot{U}_1 \approx -\dot{E}_1$，有效值关系为：

$$U_1 \approx E_1 = 4.44 f N_1 \Phi_{\mathrm{m}}$$

同理，副绕组中电阻 R_2 和漏抗 X_2 上的电压也比 E_2 小得多，可以忽略不计，故有：

$$\dot{U}_2 \approx \dot{E}_2$$

$$U_2 \approx E_2 = 4.44 f N_2 \Phi_{\mathrm{m}}$$

$$\frac{U_1}{U_2} \approx \frac{E_1}{E_2} = \frac{N_1}{N_2} = k$$

即变压器在负载运行时，电压之比仍近似等于匝数之比。

下面讨论变压器原、副绕组中电流之间的关系。

变压器负载运行时，由于原、副绕组中分别有电流 i_1、i_2 流过，因此，变压器铁心中的主磁通 Φ 是由原、副绕组的磁动势 $N_1 i_1$ 和 $N_2 i_2$ 共同产生的。显然，磁动势 $N_2 i_2$ 的出现将产生改变铁心中原有磁通的趋势，但在电源电压 U_1 和电源频率

f 不变的情况下，根据 $U_1 \approx E_1 = 4.44fN_1\Phi_m$，可知 Φ_m 应基本保持不变。这就是说，当变压器副绕组接上不同负载时，铁心中主磁通的最大值 Φ_m 和变压器空载时差不多，分析变压器的工作原理时这一概念是非常重要的依据。

由于副绕组中电流 i_2 的产生，原绕组的电流从 i_0 变到 i_1，从而原绕组的磁动势由 N_1i_0 变为 N_1i_1，以抵消副绕组磁动势 N_2i_2 的作用，因此，变压器在有负载时产生主磁通的原、副绕组的总磁动势 $(N_1i_1 + N_2i_2)$ 应该和空载时产生主磁通的原绕组的磁动势 N_1i_0 基本相等，即有：

$$N_1i_1 + N_2i_2 = N_1i_0$$

这一关系式称为变压器的磁动势平衡方程式，用相量表示为：

$$N_1\dot{I}_1 + N_2\dot{I}_2 = N_1\dot{I}_0$$

变压器空载时的原绕组电流 i_0（即空载电流）是用来磁化铁心的，故又称励磁电流。由于铁磁材料的磁导率较高，i_0 很小，一般不到原绕组电流额定值的 10%，所以 i_0 可以忽略不计，于是上式变为：

$$N_1\dot{I}_1 \approx -N_2\dot{I}_2$$

由此可见，变压器在有负载时，原、副绕组的磁动势在相位上相反，即副绕组的磁动势对原绕组的磁动势有去磁作用。

由上式可以推出变压器原、副绕组的电流有效值关系为：

$$\frac{I_1}{I_2} \approx \frac{N_2}{N_1} = \frac{1}{k}$$

上式说明变压器负载运行时，原、副绕组电流有效值之比近似等于它们匝数比的倒数，这就是电流变换作用。由此可见，变压器的电流虽然由负载的大小决定，但原、副绕组电流的比值却不变。负载增加而使副绕组电流增加时，原绕组电流也必须增加，以抵消副绕组电流对主磁通的影响，维持主磁通基本不变。

3. 变压器的阻抗变换作用

变压器除了能改变交流电压和交流电流的大小以外，还能变换交流阻抗，在电子、电信工程中有着广泛的应用。

在电子、电信工程中，总是希望负载获得最大功率，而负载获得最大功率的条件是负载阻抗等于信号源内阻，即阻抗匹配。实际上，负载阻抗与信号源内阻往往是不相等的，例如，晶体管放大器输出电阻约为 1000Ω，晶体管放大器作为信号源时，其输出电阻就是信号源内阻，而喇叭的电阻只有几欧。如果将负载直接接到信号源上不一定能得到最大功率，为此，通常用变压器完成阻抗匹配的任务。

设接在变压器副绕组的负载阻抗为 Z，如图 6-5（a）所示。在忽略变压器漏磁压降及电阻压降的情况下，用阻抗 Z' 代替图 6-5（a）中虚线框内的部分，如图 6-5（b）所示。代换后副绕组的电流 I_1、电压 U_1 均不改变。

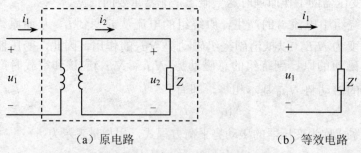

（a）原电路　　　　　　　　（b）等效电路

图 6-5　变压器的阻抗变换

从图 6-5（a）和（b）两图得负载阻抗的模为：

$$|Z| = \frac{U_2}{I_2}$$

Z 反映到原绕组的阻抗模 $|Z'|$ 为：

$$|Z'| = \frac{U_1}{I_1} = \frac{kU_2}{\dfrac{I_2}{k}} = k^2 \frac{U_2}{I_2} = k^2 |Z|$$

上式表明，负载 Z 通过变比为 k 的变压器接至电源，与负载 Z' 直接接至电源的效果是一样的。所以，不论负载阻抗多大，只要在信号源与负载之间接入一个变压器并适当选择变比，都能使负载等效阻抗等于信号源阻抗，从而保证负载获得最大功率，这就是变压器的阻抗变换原理。

例 6-1　有一台变压器，原边电压 $U_1 = 220\,\text{V}$，匝数 $N_1 = 1000$ 匝。副边要求在空载下有两个电压，一个为 $U_{20} = 127\,\text{V}$，另一个为 $U_{30} = 36\,\text{V}$，问两个副边绕组各为多少匝？

解　因为原、副绕组交链的是同一个主磁通，所以主磁通变化时在绕组里每匝线圈感应的电动势相同，对于结构确定的变压器来说，这个值是固定的，不论变压器有几个副绕组，计算原边与各个副边的电压比仍然和只有一个副绕组的计算方法相同，故有：

$$\frac{U_1}{U_n} = \frac{N_1}{N_n}$$

由此可得：

$$N_2 = \frac{U_{20}}{U_1} N_1 = \frac{127}{220} \times 1000 = 578 \ （匝）$$

$$N_3 = \frac{U_{30}}{U_1} N_1 = \frac{36}{220} \times 1000 = 164 \text{（匝）}$$

例 6-2 设交流信号源电压 $U = 100 \text{ V}$，内阻 $R_0 = 800 \ \Omega$，负载 $R_L = 8 \ \Omega$。

（1）将负载直接接至信号源，负载获得多大功率？

（2）经变压器进行阻抗匹配，求负载获得的最大功率是多少？变压器变比是多少？

解 （1）负载直接接信号源时，负载获得的功率为：

$$P = I^2 R_L = \left(\frac{U}{R_0 + R_L} \right)^2 R_L = \left(\frac{100}{800 + 8} \right)^2 \times 8 = 0.123 \text{（W）}$$

（2）最大输出功率时，R_L 折算到原绕组应等于 $R_L' = R_0 = 800 \ \Omega$。负载获得的最大功率为：

$$P_{\max} = I^2 R_L' = \left(\frac{U}{R_0 + R_L'} \right)^2 R_L' = \left(\frac{100}{800 + 800} \right)^2 \times 800 = 3.125 \text{（W）}$$

变压器变比为：

$$k = \frac{N_1}{N_2} = \sqrt{\frac{R_L'}{R_L}} = \sqrt{\frac{800}{8}} = 10$$

6.1.3 变压器的工作特性

要正确使用变压器，必须了解变压器的外特性、效率、额定值、绕组极性等工作特性。

1. 变压器的外特性

变压器的电压变换关系在变压器空载或轻载时才准确，而电流变换关系则在接近满载时才准确。一般情况下，电源电压 U_1 不变，当负载（即 I_2）变化时，原、副绕组的电阻和漏抗上的电压发生变化，使变压器副绕组的电压 U_2 也发生变化。当电源电压 U_1 和负载功率因数 $\cos \varphi_2$ 为常数时，U_2 与 I_2 的变化关系 $U_2 = f(I_2)$ 称为变压器的外特性，如图 6-6 所示。

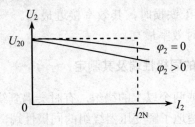

图 6-6 变压器的外特性曲线

由图 6-6 可知，对电阻性和电感性负载，电压 U_2 随电流 I_2 的增加而下降。电压下降的程度与变压器原、副绕组的内阻抗和负载的功率因数有关。φ_2 越大，$\cos\varphi_2$ 越小，外特性曲线倾斜度越大，φ_2 是 $\dot{U}_2$ 与 $\dot{I}_2$ 的相位差，即负载阻抗角。因为变压器绕组的内部漏阻抗很小，所以 I_2 的变化对 U_2 的影响并不大。

通常希望电压 U_2 的变化越小越好。为了反映电压 U_2 随负载的变化程度，引入电压变化率 ΔU。电压变化率定义为：

$$\Delta U = \frac{U_{20} - U_2}{U_{20}} \times 100\%$$

式中 U_{20} 为副边空载时的电压（即副边的开路电压），U_2 为副边额定负载时的电压。电力变压器的电压变化率一般不应超过 5%，一般变压器的电压变化率约在 5%左右。

2. 变压器的损耗和效率

变压器的损耗与交流铁心线圈相似，包括铜损和铁损，即：

$$\Delta P = \Delta P_{Cu} + \Delta P_{Fe}$$

变压器的铜损 ΔP_{Cu} 是变压器运行时电流流经原、副绕组电阻 R_1、R_2 所消耗的功率，即：

$$\Delta P_{Cu} = I_1^2 R_1 + I_2^2 R_2$$

铜损 ΔP_{Cu} 与负载电流大小有关，变压器空载时 $\Delta P_{Cu} \approx 0$，满载时 ΔP_{Cu} 最大。由于铜损随负载电流的变化而变化，故又称为可变损耗。

铁损 ΔP_{Fe} 是主磁通在铁心中交变时所产生的磁滞损耗和涡流损耗，它与铁心材料、电源电压 U_1、频率 f 有关，与负载电流大小无关。由于变压器正常运行时，原绕组中的电压有效值 U_1 和频率 f 都不变，因此，铁损基本不变，故铁损又称为不变损耗。

变压器的效率是变压器输出功率 P_2 与对应输入功率 P_1 的比值，即：

$$\eta = \frac{P_2}{P_1} = \frac{P_2}{P_2 + \Delta P}$$

大型变压器的效率可达 95%以上，小型变压器效率为 70%～80%。研究表明，当变压器的铜损等于铁损时，其效率接近最高。一般变压器当负载为额定负载的 50%～60%左右时效率最高。

6.1.4　变压器绕组的同极性端及其测定

变压器一般有两个或两个以上的绕组，有时会遇到绕组的连接问题，为了正确使用变压器，必须清楚地了解变压器绕组的同极性端，并掌握其测定方法。

1. 变压器绕组的同极性端

当变压器原绕组施加交流电压时，原、副绕组中产生的感应电动势也是交变的。当原绕组某一端的瞬时电位相对于另一端为正时，同时在副绕组也会有这样一个对应端，其瞬时电位相对于另一端为正，这种电位瞬时极性相同的两个对应端称为同极性端，也叫同名端，通常用符号"·"或"*"表示。也可以换一种说法，即当电流分别从原、副绕组的某端流入（或流出）时，根据右手螺旋法则判别，如果两绕组建立的磁通方向一致，则两端为同极性端；如果磁通方向相反，则两端为异极性端，异极性端又叫做异名端。

在图 6-7（a）中，变压器的两个绕组绕在同一铁心柱上，且绕制方向相同。当交变电流从1、3 端钮流入，用右手螺旋法则可知它们产生的磁通方向一致，故1、3 端钮为同极性端。当然电流的流出端2、4 也为同极性端。

在图 6-7（b）中，变压器的两个绕组绕在同一铁心柱上，且绕制方向相反。根据上述类似的分析可知，1、4 端为同极性端，2、3 端也是同极性端。可见，变压器绕组的同极性端和两个绕组在铁心柱上的绕向有关。

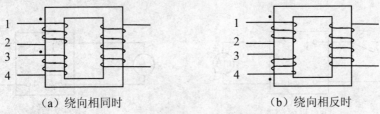

（a）绕向相同时　　　　　　　　　（b）绕向相反时

图 6-7　变压器绕组的同极性端

为了适应多种不同的电压，有的变压器有多个原、副绕组，称为多绕组变压器。使用多绕组变压器时，应根据同极性端正确连接。如一台变压器有匝数相同的两个原绕组，若用于较高电压，两个绕组应当串联，这时必须异极性端相连，如图 6-8（a）所示；若用于较低电压，两个绕组应当并联，这时必须同极性端相连，如图 6-8（b）所示。若连接错误，两个绕组中的磁动势方向相反，相互抵消，铁心磁通为零，两个绕组均不产生感应电动势，绕组中流有很大的电流，会把绕组绝缘烧坏。

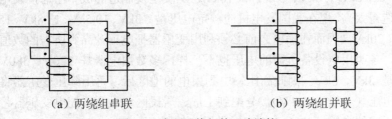

（a）两绕组串联　　　　　　　　　（b）两绕组并联

图 6-8　变压器绕组的正确连接

2. 变压器绕组同极性端的测定

知道变压器绕组的绕向，就能很容易确定变压器的同极性端。但是，对于已经制造好的变压器，从外观上无法辨认绕组的绕向，若端钮也没有同极性端的标记，就必须通过实验的方法来测定。通常采用以下两种方法测定变压器的同极性端：

（1）直流法。直流法测定绕组同极性端的电路如图 6-9（a）所示。变压器的一个绕组（图中为 1、2）通过开关 S 与直流电源（如干电池）相连，另一个绕组（图中为 3、4）与直流毫安表相连。当开关 S 闭合瞬间，若直流毫安表的指针正向偏转，则 1 和 3 是同极性端；反向偏转时 1 和 4 是同极性端。

（2）交流法。交流法测定绕组同极性端的电路如图 6-9（b）所示。用导线将两线圈 1、2 和 3、4 中的任一端子（图中为 2 和 4）连在一起，将较低的电压加于任一线圈（图中为 1、2 线圈），然后用电压表分别测出 U_{12}、U_{34}、U_{13}，若 $U_{13} = |U_{12} - U_{34}|$，则 1 和 3 是同极性端；若 $U_{13} = U_{12} + U_{34}$，则 1 和 4 是同极性端。

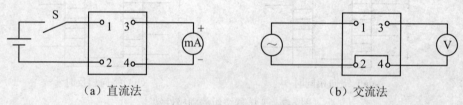

（a）直流法　　　　　　　　　　　　　（b）交流法

图 6-9　测定变压器绕组的同极性端

6.2　三相变压器

三相变压器是输送电能的主要工具，在电力系统中实现高压输电和低压配电。前已述及，远距离采用高电压输电是最经济的，目前我国高压电网额定电压有 500kV、220kV、110kV、35kV 和 10kV。从安全及制造的成本考虑，发电机的电压不能造得太高，现在我国发电机的额定电压是 6.3kV、10.5kV、13.8kV、15.75kV、18kV 和 20kV，因而在输电之前必须利用变压器把电压升高到所需的数值。在用电方面，各类用电设备所需的电压也不一样，多数电器是 220V、380V，少数电动机是 3kV、6kV。因此高压输电到用电的地区后，再用降压变压器将电压降到配电电压（一般为 10kV），分配到工厂、居民区，最后用配电变压器将电压降到用户所需的电压（220V/380V），供用户使用。

6.2.1　三相变压器的结构

现代交流电能的生产和输送几乎都用三相制，因而电力变压器多数是造成三相的。但是 500kV 超高压或大容量的变压器，由于造成三相体积太大，受运输条件限制，一般造成 3 个单相变压器，到现场连接成三相变压器组。

三相变压器主要有油浸式和干式两种。10kV 以上的三相变压器多数是油浸式，其外形如图 6-10 所示。三相变压器主要由主体部分、冷却部分、引出部分和保护装置等构成。

（1）主体部分。主体部分包括铁心和绕组。电力变压器的铁心一般采用三柱式，三相线圈套在心柱上，如图 6-11 所示。铁心用冷轧的硅钢片叠成，在叠片时一般采用交错的叠装方法。

图 6-10　三相变压器的外形

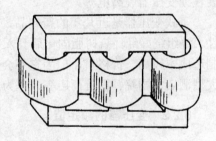

图 6-11　三相变压器的铁心绕组

3 个心柱各有一个一次绕组和一个二次绕组，为绝缘方便起见，通常里面是低压绕组，外面是高压绕组。高压绕组的首端和末端分别用大写字母 U_1、V_1、W_1 和 U_2、V_2、W_2 表示；低压绕组的首端和末端分别用小写字母 u_1、v_1、w_1 和 u_2、v_2、w_2 表示。一次绕组、二次绕组都可以接成星形或三角形。

铁心和绕组在生产出厂时已装配成一个整体，简称心部，油浸式三相变压器的心部完全浸在变压器油里，安装变压器时一般不需要对这部分进行拆卸或组装。

（2）冷却部分。冷却部分主要包括油箱、散热油管、储油柜（又称油枕）和油位表等。油箱是变压器的外壳，内装变压器油。变压器油起绝缘和冷却两种作用。多数中小型变压器采用油浸自冷式，运行时，浸没在油中的铁心和绕组所产生的热经油传给油箱壁散发到空气中。

设置储油柜的目的在于减少油与外界空气的接触面，可减轻油的氧化和受潮程度。储油柜用连通管与油箱连通，油面的高度只达到储油柜的一半左右，以便给因油热胀冷缩时留有余地。储油柜的一侧还装有油位表，可随时观察到油面位置。储油柜的油通过小孔经吸潮剂与大气相通。变压器工作时间长了，油会受潮，其水分多数沉积在储油柜底部，一般不会流到油箱而影响变压器工作。

（3）引出装置。引出装置主要包括高、低压套管。变压器的高、低压绕组引出线必须经过绝缘套管从油箱引出。套管常用瓷质材料造成，固定在油箱顶部。高压套管高而大，低压套管低而小；高压引线线径细，低压引线线径粗。

（4）保护装置。大中型电力变压器设置防爆管及气体继电器。防爆管装在油箱顶盖上，管口高于储油柜并用薄膜封住，当变压器发生故障时，油箱内油压增加，压力超过允许值，油将经防爆管冲破薄膜向外喷出，防止油箱因压力增大而破坏。

气体继电器装在油箱与储油柜的连通管中间，当变压器发生故障时其铁心或绕组发热，变压器油分解出气体（瓦斯），气体从油箱经连通管冲向储油柜，装在连通管的气体继电器便会动作。轻瓦斯动作是发出故障信号；重瓦斯动作经自动装置使变压器脱离电源。

干式变压器是近几年的新产品，它没有油箱，只有铁心、绕组及一些主要辅件。绕组绕好经环氧树脂固化后套入铁心，外形与图 6-10 相似。目前干式变压器制造成本较高、价格贵，但因它不会燃烧，主要用在防火条件要求高的场合，如大型酒店、剧院、百货商店等，作为户内 10kV/0.4kV 配电变压器。

6.2.2　变压器的额定值

额定值是制造厂根据国家技术标准对变压器正常可靠工作作出的使用规定，额定值都标在铭牌上，各主要数据意义如下：

（1）产品型号。产品型号表示变压器的结构和规格，如 SJL-500/10，其中 S 表示三相（D 表示单相），J 表示油浸自冷式，L 表示铝线（铜线无文字表示），500 表示容量为 500kVA，10 表示高压侧线电压为 10kV。

（2）额定电压。额定电压指高压绕组接于电网的额定电压，与此相应的是低压绕组的空载线电压，例如 10000±5%/400V，其中 10000±5% 表示高压绕组额定线电压为 10000V，并允许在 ±5% 范围内变动，低压绕组输出空载线电压为 400V。

（3）额定电流。额定电流 I_{1N} 和 I_{2N} 是指原绕组加上额定电压 U_{1N}，原、副绕组允许长期通过的最大电流。三相变压器的 I_{1N} 和 I_{2N} 均为线电流。

（4）额定容量。额定容量是在额定工作条件下，变压器输出能力的保证值。单相变压器的额定容量为副绕组额定电压与额定电流的乘积，即：

$$S_N = U_{2N} I_{2N}$$

额定容量是变压器输出的视在功率，单位为千伏安（kVA）。忽略变压器的损耗，则：

$$S_N = U_{2N}I_{2N} \approx U_{1N}I_{1N}$$

三相变压器的额定容量为：

$$S_N = \sqrt{3}U_{2N}I_{2N} \approx \sqrt{3}U_{1N}I_{1N}$$

（5）连接组标号。连接组标号表明变压器高压、低压绕组的连接方式。星形连接时，高压端用大写字母 Y，低压端用小写字母 y 表示；三角形接法时高压端用大写字母 D，低压端用小写字母 d 表示。有中线时加 n。例如 Y,yn0 表示该变压器的高压侧为无中线引出的星形连接，低压侧为有中线引出的星形连接，标号的最后一个数字 0 表示高低压对应绕组的相位差为零。

如图 6-12 所示为三相变压器的两种接法和电压的变换关系。图 6-12（a）中的三相变压器采用 Y,yn0 接法，当原边线电压为 U_1 时，相电压为 $\dfrac{U_1}{\sqrt{3}}$，若变压器的变比为 k，则副边相电压为 $\dfrac{U_1}{\sqrt{3}k}$，线电压为 $U_2 = \dfrac{U_1}{k}$。图 6-12（b）中的三相变压器采用 Y,d 接法，同样的分析可知，当原边线电压为 U_1 时，副边线电压为 $U_2 = \dfrac{U_1}{\sqrt{3}k}$。

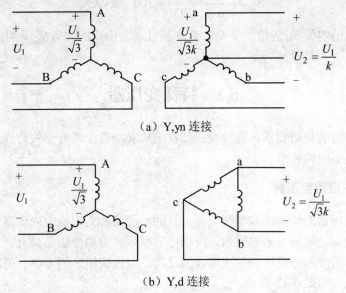

（a）Y,yn 连接

（b）Y,d 连接

图 6-12　三相变压器的连接方法举例

（6）阻抗电压。阻抗电压又称短路电压，它是指变压器二次绕组短路，一、二次绕组达到额定电流时加到一次绕组的电压值，用该绕组额定电压的百分数表示。三相变压器的阻抗电压在 4%～7% 之间。阻抗电压越小，变压器输出电压 U_2 随负载的变化越小。

例 6-3 有一台三相配电变压器，连接组标号是 Y,yn0，额定电压为 10000V/400V，现向 380V，功率 $P = 240\,\mathrm{kW}$，$\cos\varphi = 0.8$ 的负载供电，求变压器一、二次绕组的电流，并选择变压器的容量。

解 变压器供给负载的电流也就是二次绕组的电流，为：

$$I_2 = \frac{P}{\sqrt{3}U_2\cos\varphi} = \frac{240\times10^3}{\sqrt{3}\times380\times0.8} = 456 \quad (\mathrm{A})$$

变压器变比为：

$$k = \frac{U_{1\mathrm{N}}}{U_{2\mathrm{N}}} = \frac{10000}{400} = 25$$

忽略变压器的损耗，则变压器一次绕组的电流为：

$$I_1 = \frac{I_2}{k} = \frac{456.3}{25} = 18.2 \quad (\mathrm{A})$$

负载的视在功率 S_2 为：

$$S_2 = \frac{P_2}{\cos\varphi} = \frac{240}{0.8} = 300 \quad (\mathrm{kVA})$$

变压器的容量 S_N 应稍大于 S_2。查产品目录，应选标称值 $S_\mathrm{N} = 315\,\mathrm{kVA}$。

6.3　特殊变压器

根据特定的使用要求，各种变压器在结构和特性上常有一些特殊的考虑，各自具有一些不同的特点。

6.3.1　自耦变压器

普通变压器的原绕组和副绕组是分开的，通常称为双绕组变压器。这种变压器原、副绕组之间只有磁的联系，没有电的联系。自耦变压器只有一个绕组，其中高压绕组的一部分兼作低压绕组，因此高、低压绕组之间不但有磁的联系，还有电的联系，如图 6-13 所示。

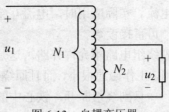

图 6-13　自耦变压器

自耦变压器与普通单相双绕组变压器一样，原、副绕组电压之间及电流之间同时存在如下关系：

$$\frac{U_1}{U_2} = \frac{N_1}{N_2} = k$$

$$\frac{I_1}{I_2} = \frac{N_2}{N_1} = \frac{1}{k}$$

自耦变压器分为可调式和固定式两种结构。实验室中常用的调压器就是一种可以改变副绕组匝数的自耦变压器。

6.3.2　仪用互感器

在直流电路中，测量较大的电流常并联分流电阻；测量较高的电压常串联分压电阻。在交流电路中，电流更大，电压更高，由于绝缘要求和仪表制造工艺方面的原因，用仪表直接测量大电流和高电压是不可能的，必须借助仪用互感器进行间接测量。

仪用互感器分为电流互感器和电压互感器。将大电流变换成小电流的称为电流互感器，将高电压变换成低电压的称为电压互感器。仪用互感器的工作原理与变压器相同，但由于用途不同、安装地点不同、电压等级不同，在构造和外形上有明显区别。

1. 电流互感器

电流互感器的原绕组线径较粗，匝数很少，有时只有一匝，与被测电路负载串联；副绕组线径较细，匝数很多，与电流表及功率表、电度表、继电器的电流线圈串联，如图 6-14（a）所示。

根据变压器电流变换原理，电流互感器原、副绕组电流之比为：

$$\frac{I_1}{I_2} = \frac{N_2}{N_1} = \frac{1}{k}$$

通常电流互感器副绕组额定电流设计成标准值 5A，因而电流互感器的额定电流比就有 50A/5A、75A/5A、100A/5A 等。将测量仪表的读数乘以电流互感器的电流比，即可得到被测电流值，因此，用一只 5A 的电流表，配以相应的电流互感器，即可测量任意大的电流。实际应用时，电流互感器的电流比不同，相应配用不同的电流表刻度标尺，可直接读数。

　　使用电流互感器时，副绕组电路不允许开路。这是因为正常运行时，原、副绕组的磁动势基本互相抵消，工作磁通很小，而且原绕组磁动势不随副绕组而变，只取决于原绕组电路负荷。一旦副绕组断开，铁心中的磁通将急剧增加，一方面引起铁损剧增，铁心严重发热，导致绕组绝缘损坏；另一方面由于副绕组匝数远比原绕组多，在副绕组中将产生很高的感应电动势，危及人身和设备安全。此外，电流互感器的铁心及副绕组的一端必须接地，以防止原、副绕组绝缘击穿时原绕组的高电压窜入副绕组而危及人身和设备安全。

　　2. 电压互感器

　　电压互感器的原绕组匝数很多，并联于待测电路两端；副绕组匝数较少，与电压表及电度表、功率表、继电器的电压线圈并联，如图 6-14（b）所示。

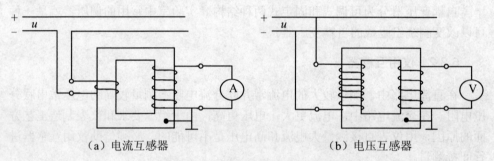

（a）电流互感器　　　　　　　　　　（b）电压互感器

图 6-14　电流互感器和电压互感器

　　根据变压器电压变换原理，电压互感器原、副绕组电压之比为：

$$\frac{U_1}{U_2} = \frac{N_1}{N_2} = k$$

　　通常将电压互感器副绕组的额定电压设计成标准值 100V。不同高压电路中所使用的电压互感器的电压比有 6000V/100V、10000V/100V、35000V/100V 等，所以一只 100V 的电压表，配以相应的电压互感器即可测量不同等级的电压。实际上，为了直接在电压表上读数，电压表可相应配用不同的标度尺。目前 220V/380V系统中很少用电压互感器，而将仪表直接接电源，因而在低压配电屏中通常只见电流互感器而不见电压互感器。但在高压系统中，必须使用电压互感器，绝不能直接用仪表测量高电压。

　　电压互感器实际上相当于一个降压变压器。使用电压互感器时，副绕组不得短路。这是因为电压互感器副绕组所接的电压线圈阻抗很高，工作时接近开路状态，如果发生短路，将产生很大的短路电流，会烧坏互感器，甚至影响主电路的安全运行。此外，电压互感器的铁心及副绕组的一端必须接地，以防止原、副绕组绝缘击穿时原绕组的高电压窜入副绕组而危及人身和设备安全。

6.3.3　电焊变压器

电焊变压器是一种特殊的降压变压器，其副边空载电压 U_{20} 约为 60～80V，作为焊接的电弧点火电压。因为在焊接过程中，电焊变压器的负载经常处于从空载（当焊条与工件分离时）到短路（当焊条与工件接触时）或者从短路到空载之间急剧变化的状态，所以要求电焊变压器具有急剧下降的外特性，如图 6-15 所示。这样，短路时，由于输出电压迅速下降，副边电流也不至于过大；空载时，由于副边电流为零，输出电压能迅速恢复到点火电压。

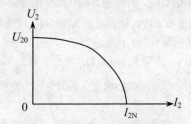

图 6-15　电焊变压器的外特性

此外，为了使电焊变压器能够适应不同的焊件和不同规格的焊条，还要求电焊变压器能够调节其负载电流。

（1）变压器是根据电磁感应原理制成的静止电器。变压器主要由硅钢片叠成的铁心和绕在铁心柱上的线圈（绕组）构成。变压器具有变换电压、变换电流和变换阻抗的功能，变换关系式分别为：

$$\frac{U_1}{U_{20}} = \frac{N_1}{N_2} = k$$

$$\frac{I_1}{I_2} = \frac{N_2}{N_1} = \frac{1}{k}$$

$$|Z'| = \left(\frac{N_1}{N_2}\right)^2 |Z| = k^2 |Z|$$

（2）变压器带负载时的外特性 $U_2 = f(I_2)$ 是一条微向下倾斜的曲线，若负载增大、功率因数减小，端电压就下降，其变化情况由电压变化率表示。

变压器的效率是输出有功功率和输入有功功率之比，即：

$$\eta = \frac{P_2}{P_1} = \frac{P_2}{P_2 + \Delta P}$$

变压器铭牌是工作人员运行变压器的依据，因此必须掌握各额定值的含义。

6-1　有一台变压器，原绕组接线端为 A、B，副绕组接线端为 C、D，现测出某瞬间电流从 A 流进，该瞬间感应电流从 D 流出，试确定原、副绕组的同极性端。

6-2　一台单相变压器铭牌是 220V/36V、500 VA。如果要使变压器在额定情况下运行，应在副绕组接多少盏 36V、15W 的灯泡？并求原、副绕组中的额定电流。

6-3　已知某音频线路电压为 50V，输出阻抗为 800Ω，现选用阻抗为 8Ω 的扬声器，问应使用变比为多少的变压器？扬声器获得的功率是多少？

6-4　信号源电压 $U_S = 10$ V，内阻 $R_0 = 400\ \Omega$，负载电阻 $R_L = 8\ \Omega$。为使负载能获得最大功率，在信号源与负载之间接入一台变压器。求变压器的变比、变压器原副边的电压和电流、负载的功率。

6-5　一台降压变压器，原边额定电压 $U_{1N} = 220$ V，副边额定电压 $U_{2N} = 36$ V，铁心中磁通最大值 $\Phi_m = 10 \times 10^{-4}$ Wb，电源频率 $f = 50$ Hz，副边负载电阻 $R_2 = 30\ \Omega$，试求：

（1）变压器原、副绕组的匝数 N_1 和 N_2。

（2）变压器原、副边电流 I_1 和 I_2。

6-6　如图 6-16 所示的变压器，原绕组 $N_1 = 1100$ 匝，接在电压 $U_1 = 220$ V 的交流电源上，副边有两个绕组，其中 $N_2 = 180$ 匝，$N_3 = 120$ 匝，负载电阻 $R_2 = 7.2\ \Omega$，$R_3 = 3\ \Omega$，求：

（1）两个副绕组的电压 U_2、U_3 各为多少？

（2）原、副边电流 I_1、I_2、I_3 各为多少？

（3）原边等效负载电阻是多少？

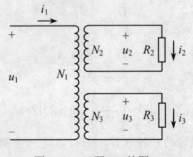

图 6-16　习题 6-6 的图

6-7　如图 6-17 所示是一台多绕组电源变压器，N_1、N_2 为原绕组，各能承受 110V 电压，N_3、N_4、N_5 为副绕组，各能承受 12V 电压。问：

（1）原边电压为 220V 或 110V 时，原绕组应如何连接？

（2）当负载需要 12V、24V 或 36V 电压时，副绕组应如何连接？

（3）能将原绕组 2、4 两端连在一起，将 1、3 两端接入 220V 电源吗？为什么？

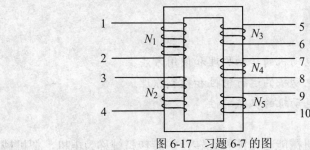

图 6-17　习题 6-7 的图

6-8　某三相变压器原绕组每相匝数 $N_1 = 2080$，副绕组每相匝数 $N_2 = 80$。如果原绕组所加线电压 $U_1 = 6000\ \text{V}$，试求在 Y,y 和 Y,d 两种接法时副绕组的线电压和相电压。

6-9　某三相变压器每相原、副绕组的匝数比为 10，试分别求出变压器在 Y,y；Y,d；D,d；D,y 接法时原、副绕组线电压的比值。

6-10　一台容量为 100kVA 的三相变压器，原边额定电压 $U_{1N} = 10\ \text{kV}$，副边额定电压 $U_{2N} = 400\ \text{V}$，Y,yn0 接法。

（1）这台变压器原、副边额定电流 I_{1N} 和 I_{2N} 各为多少？

（2）如果负载是 220V、100W 的电灯，这台变压器在额定情况下运行时可接入多少盏这样的电灯？

（3）如果负载是 220V、100W、$\cos\varphi = 0.5$ 的日光灯，这台变压器在额定情况下运行时可接入多少盏这样的日光灯？

6-11　一台 5kVA 可调的单相自耦变压器，已知 $U = 220\ \text{V}$，每伏匝数为 2，如果要使输出电压为 0～250V，则自耦变压器应为多少匝？当输出电压为 250V 时，原、副绕组的额定电流为多少？

6-12　电流互感器和电压互感器在结构和接法上有什么区别？使用时各应注意什么？

6-13　某电流互感器电流比为 400A/5A。问：

（1）若副绕组电流为 3.5 A，原绕组电流为多少？

（2）若原绕组电流为 350 A，副绕组电流为多少？

第7章　三相异步电动机

本章学习要求

- 掌握三相异步电动机的转动原理和使用方法。
- 理解三相异步电动机的运行特性和控制原理。
- 了解三相异步电动机的机械特性。

根据电磁原理实现机械能与电能相互转换的旋转机械称为电机，把机械能转换为电能的电机称作发电机，把电能转换为机械能的电机称作电动机。

无论是在工农业生产和国防建设的各个领域，还是在人们的日常生活中，电动机都得到了极为广泛的应用。在工矿企业中，各种各样的生产机械，如机床、电铲、吊车、轧钢机、风机、水泵等，一般都采用电动机进行驱动。在自动控制系统中，各式各样的微型电动机广泛用作检测、放大、执行和解算元件。即使在家用电器中，如洗衣机、电风扇、电冰箱等，电动机也是不可缺少的。由此可见，电动机是一种常用的机电设备。

生产机械用电动机来驱动具有许多优点，如简化生产机械的结构，提高生产率和产品质量，能实现自动控制和远距离操纵，减轻劳动强度等。

根据使用的电源种类，电动机可分为直流电动机和交流电动机两大类。交流电动机又分同步电动机和异步电动机。直流电动机按照励磁方式的不同分为他励、并励、串励和复励 4 种。根据使用场合的不同，电动机又可分为动力用电动机和控制用电动机。

直流电动机的突出优点是调速性能好，但制造工艺复杂，生产成本较高，维护较困难，主要用于调速性能要求较高的一些机械设备上。三相异步电动机具有结构简单、使用方便、运行可靠、价格低廉等一系列优点，所以在各种电力拖动系统中，三相异步电动机一直是使用最为普遍的电气设备。但异步电动机的功率因数较低，调速性能不如直流电动机。随着电子技术的飞速发展和在电力拖动系统中的广泛应用，异步电动机采用变频调速也能够获得平滑调速的性能。

本章主要介绍三相异步电动机的结构、转动原理、机械特性、运行控制方法及使用方法。

7.1　三相异步电动机的结构及转动原理

三相异步电动机是利用定子中三相电流所产生的旋转磁场，与转子导体内的感应电流相互作用而工作的。

7.1.1　三相异步电动机的结构

三相异步电动机由定子和转子两部分构成，如图 7-1 所示为绕线式转子三相异步电动机的剖面图。

图 7-1　绕线式三相异步电动机的剖面图

1. 定子

三相异步电动机的固定部分称为定子。定子由机座、装在机座内的圆筒形铁心以及嵌在铁心内的三相定子绕组组成。机座是电动机的外壳，起支撑作用，用铸铁或铸钢制成；铁心是由 0.5 mm 厚的硅钢片叠成，片间互相绝缘。

铁心的内圆周冲有线槽，用以放置定子对称三相绕组 AX、BY、CZ。有些电动机的定子三相绕组连接成星形，有些电动机的定子三相绕组连接成三角形。

为了便于接线，常将三相绕组的 6 个出线头引至接线盒中，三相绕组的始端分别标为 U_1、V_1、W_1，末端分别标为 U_2、V_2、W_2。6 个出线头在接线盒中的位置排列及星形和三角形两种接线方式如图 7-2 所示。

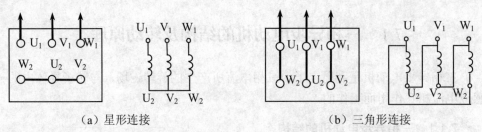

（a）星形连接　　　　　　　　　　（b）三角形连接

图 7-2　三相异步电动机定子绕组的接线方法

2. 转子

三相异步电动机的转动部分称为转子。按照构造上的不同，三相异步电动机的转子分为鼠笼式和绕线式两种。两种转子铁心都为圆柱状，也是用硅钢片叠成的，表面冲有管槽。铁心装在转轴上，轴上加机械负载。

鼠笼式转子绕组的特点是在转子铁心的槽中放置铜条，两端用端环连接，如图 7-3 所示，因其形状极似鼠笼而得名。在实际制造中，对于中小型电动机，为了节省铜材，常采用在转子槽管内浇铸铝液的方式来制造鼠笼式转子。现在 100 kW 以下的三相异步电动机，转子槽内的导体、两个端环以及风扇叶都是用铝铸成的，各部分形状如图 7-4 所示。

绕线式转子绕组的构造如图 7-5 所示，形式与定子绕组基本相同。3 个绕组的末端连接在一起构成星形连接，而 3 个始端则连接在 3 个铜集电环上。环和环之间以及环和轴之间都彼此互相绝缘。起动变阻器和调速变阻器通过电刷与集电环和转子绕组相连接。

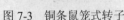

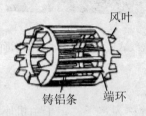

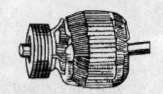

图 7-3　铜条鼠笼式转子　　　图 7-4　铸铝鼠笼式转子　　　图 7-5　绕线式转子

虽然鼠笼式异步电动机和绕线式异步电动机在转子结构上有所不同，但工作原理是一样的。由于鼠笼式电动机构造简单、价格便宜、工作可靠、使用方便，因此在工业生产和家用电器上得到广泛应用。

定子与转子之间的间隙称为异步电动机的气隙。气隙的大小对异步电动机的性能有很大影响。气隙大，则空载电流大，损耗大，功率因数低。所以，异步电动机的气隙要尽可能小。一般中小型异步电动机的气隙在 0.2～2.0mm 之间。

7.1.2　旋转磁场的产生

为便于分析，设在三相异步电动机的定子铁心槽孔内相隔 120°角对称地放置匝数相同的 3 个绕组。3 个绕组的首端分别为 A、B、C，末端分别为 X、Y、Z，并且把三相绕组接成星形，如图 7-6（a）所示。当把三相异步电动机的三相定子绕组接到对称三相电源上时，定子绕组中便有对称三相电流流过。设电流的参考方向为由各个绕组的首端流向末端，则流过三相绕组的电流分别为：

$$i_A = I_m \sin \omega t$$
$$i_B = I_m \sin(\omega t - 120°)$$
$$i_C = I_m \sin(\omega t + 120°)$$

电流波形如图 7-6（b）所示。在正半周电流的实际方向与参考方向一致；在负半周电流的实际方向与参考方向相反。

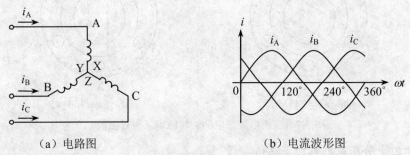

（a）电路图　　　　　　　　　　　（b）电流波形图

图 7-6　对称三相电流

在 $\omega t = 0°$ 瞬间，定子绕组中的电流 $i_A = 0$；i_B 为负，实际方向与参考方向相反，电流从 Y 流到 B（B 端用 ⊙ 表示，Y 端用 ⊗ 表示）；i_C 为正，实际方向与参考方向相同，电流从 C 流到 Z（C 端用 ⊗ 表示，Z 端用 ⊙ 表示）。如图 7-7（a）所示。根据右手定则可以确定，3 个绕组中的电流在这一瞬间所产生的合成磁场方向是自上而下的。

在 $\omega t = 120°$ 瞬间，定子绕组中的电流 i_A 为正，$i_B = 0$，i_C 为负。根据右手定则可知，3 个绕组中的电流在这一瞬间所产生的合成磁场方向如图 7-7（b）所示。与 $\omega t = 0°$ 瞬间相比，合成磁场方向已在空间顺时针转过了 120°。

同理，在 $\omega t = 240°$ 瞬间，合成磁场的方向又顺时针转过了 120°，如图 7-7（c）所示。在 $\omega t = 360°$（0°）瞬间，合成磁场的方向如图 7-7（d）所示，这时合成磁场的方向又转回到图 7-7（a）所示情况。

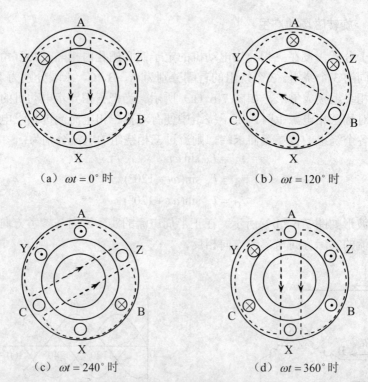

（a）$\omega t = 0°$ 时　　　　　　　　（b）$\omega t = 120°$ 时

（c）$\omega t = 240°$ 时　　　　　　　　（d）$\omega t = 360°$ 时

图 7-7　三相电流产生的旋转磁场（一对磁极）

由以上分析可得到如下结论：

（1）在空间对称排列的三相绕组，通入三相对称电流后，能够产生一个在空间旋转的合成磁场。

（2）旋转磁场的旋转方向是先从 A 相绕组的首端到 B 相绕组的首端，然后再到 C 相绕组的首端，即遵循着 A→B→C→A…的方向，这和 3 个绕组中电流的相序（A→B→C）是一致的。如果将 3 个绕组电流的相序改为 A→C→B，即：

$$i_A = I_m \sin \omega t$$

$$i_C = I_m \sin(\omega t - 120°)$$

$$i_B = I_m \sin(\omega t + 120°)$$

采用上述方法（读者可自行画图）分析，可得出合成磁场的旋转方向与如图 7-7 所示的相反，即按着 A→C→B 的方向旋转。

由此可见，旋转磁场的旋转方向是由 3 个绕组中三相电流的相序决定的，即只要改变流入三相绕组中的电流相序，就可以改变旋转磁场的转向。具体方法就是将定子绕组接到三相电源上的 3 根导线中的任意两根对调一下即可。

（3）旋转磁场的转速称为同步转速，用 n_0 表示。对两极（一对磁极）磁场而言，电流变化一周，合成磁场旋转一周。若三相交流电的频率为 $f_1 = 50\,\text{Hz}$，则合成磁场的同步转速为 $n_0 = f_1 = 50$　r/s（转/秒）。工程上，转速的单位习惯采用 r/min（转/分），这时同步转速为 $n_0 = 60 f_1 = 3000$　r/min。由此可见，同步转速 n_0 的大小与电流频率有关，改变电流的频率可以改变合成磁场的转速。

同步转速 n_0 的大小还与旋转磁场的磁极对数有关。上面讨论的旋转磁场只有两个磁极，即只有一对 N、S 极，称为一对磁极，用 $p = 1$ 表示。如果电动机的旋转磁场不只一对磁极，则为多极旋转磁场。如 4 极旋转磁场有两对 N、S 极，称为 2 对磁极，用 $p = 2$ 表示。6 极旋转磁场有 3 对 N、S 极，称为 3 对磁极，用 $p = 3$ 表示。旋转磁场磁极对数增加时，同步转速将按比例减小。可以证明，同步转速 n_0 与旋转磁场磁极对数 p 的关系为：

$$n_0 = \frac{60 f_1}{p}\ \text{r/min}$$

式中 f_1 为三相电源的频率，我国电网的频率 $f_1 = 50\,\text{Hz}$。对于制成的电动机，磁极对数 p 已定，所以决定同步转速的惟一因素是频率。同步转速 n_0 与旋转磁场磁极对数 p 的对应关系如表 7-1 所示。

表 7-1　同步转速 n_0 与旋转磁场磁极对数 p 的对应关系

磁极对数 p	1	2	3	4	5	6
同步转速 n_0（r/min）	3000	1500	1000	750	600	500

三相异步电动机的磁极对数越多，电动机的旋转磁场转速越慢。电动机磁极对数的增加，需要采用更多的定子线圈，加大电动机的铁心，这将使电动机的成本提高，重量增大。因此，电动机的磁极对数 p 有一定的限制，常用电动机的磁极对数多为 1～4。

7.1.3　三相异步电动机的转动原理

由以上分析可知，三相异步电动机的定子绕组通入三相电流后，即在定子铁心、转子铁心及其之间的气隙中产生一个同步转速为 n_0 的旋转磁场。在旋转磁场的作用下，转子导体将切割磁力线而产生感应电动势。

在图 7-8 中，旋转磁场在空间按顺时针方向旋转，因此转子导体相对于磁场按逆时针方向旋转而切割磁力线。根据右手定则可确定感应电动势的方向。转子上半部分导体中产生的感应电动势方向是从里向外，转子下半部分导体中产生的感应电动势方向是从外向里。因为鼠笼式转子绕组是短路的，所以，在感应电动势作用下，转子导体中产生出感应电流，即转子电流。正因为异步电动机的转子电流是由电磁感应产生的，所以异步电动机又称为感应电动机。

　　通有电流的转子处在旋转磁场中，将受到电磁力的作用。电磁力的方向可用左手定则判定。在图 7-8 中，转子上半部分导体受力的方向向右，转子下半部分导体受力的方向向左。这一对电磁力对于转轴形成转动力矩，称为电磁砖矩。如图 7-8 所示，电磁转矩方向为顺时针方向，在该方向的电磁转矩作用下，转子便按顺时针方向以转速 n 旋转起来。

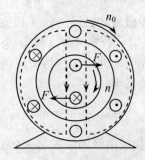

图 7-8　三相异步电动机的转动原理

　　由此可见，三相异步电动机电磁转矩的方向与旋转磁场的方向一致。如果旋转磁场的方向改变，则电磁转矩的方向改变，电动机转子的转动方向也随之改变。因此，可以通过改变三相绕组中的电流相序来改变电动机转子的转动方向。

　　显然，电动机转子的转速 n 必须小于旋转磁场的同步转速 n_0，即 $n < n_0$。如果 $n = n_0$，转子导体与旋转磁场之间就没有相对运动，转子导体不切割磁力线，就不会产生感应电流，电磁转矩为零，转子因失去动力而减速。待到 $n < n_0$ 时，转子导体与旋转磁场之间又存在相对运动，产生电磁转矩。因此，电动机在正常运转时，其转速 n 总是稍低于同步转速 n_0，因而称为异步电动机。

　　异步电动机同步转速和转子转速的差值与同步转速之比称为转差率，用 s 表示，即：

$$s = \frac{n_0 - n}{n_0} \times 100\%$$

　　转差率表示了转子转速 n 与旋转磁场同步转速 n_0 之间相差的程度，是分析异步电动机的一个重要参数。转子转速 n 越接近同步转速 n_0，转差率 s 越小。当 $n = 0$（起动初始瞬间）时，转差率 $s = 1$；当理想空载时，即转子转速与旋转磁场转速相等（$n = n_0$）时，转差率 $s = 0$。所以，转差率 s 的值在 $0 \sim 1$ 范围内，即 $0 < s < 1$。

　　由于三相异步电动机的额定转速与同步转速十分接近，所以转差率很小。通常异步电动机在额定负载下运行时的转差率约为 $1\% \sim 9\%$。

例 7-1　有一台三相异步电动机，额定转速 $n_{\mathrm{N}} = 1440 \, \mathrm{r/min}$，电源频率 $f_1 = 50$ Hz，试求这台电动机的磁极对数及额定负载时的转差率。

解　由于三相异步电动机的额定转速略小于同步转速，而同步转速对应于不同磁极对数有一系列固定的数值，如表 7-1 所示。显然，与 1440 r/min 最接近的同步转速为 $n_0 = 1500 \, \mathrm{r/min}$。与此相应的磁极对数为：

$$p = 2$$

因此，额定负载时的转差率为：

$$s_{\mathrm{N}} = \frac{n_0 - n_{\mathrm{N}}}{n_0} \times 100\% = \frac{1500 - 1440}{1500} \times 100\% = 4\%$$

7.2　三相异步电动机的电磁转矩和机械特性

电动机拖动生产机械工作时，负载的改变会使电动机产生的电磁转矩改变，从而使电动机的转速发生变化。电动机的转速与电磁转矩的关系 $n = f(T)$ 称为电动机的机械特性。机械特性是电动机的重要特性，不同生产机械要求不同特性的电动机拖动。因为电磁转矩是定子绕组中的电流通过旋转磁场与转子中的感应电流相互作用的结果，为了深入了解三相异步电动机的电磁转矩和机械特性，应该先对三相异步电动机的相关电路进行分析。

7.2.1　三相异步电动机的电路分析

三相异步电动机的电磁关系与变压器相似，定子绕组相当于变压器的原绕组，转子绕组相当于副绕组。由于电动机内部旋转磁场的磁感应强度沿定子和转子之间的气隙近似成正弦分布，因此当转子旋转时，通过定子每相绕组的磁通也按正弦规律变化，设 $\Phi = \Phi_{\mathrm{m}} \sin \omega t$，其中 Φ_{m} 是通过每相绕组的磁通最大值，磁通 Φ 在定子每相绕组中产生感应电动势 e_1。除旋转磁通 Φ 外，定子电流还会在定子每相绕组中产生漏磁通 $\Phi_{\sigma 1}$，感应出漏磁电动势 $e_{\sigma 1}$；转子电流也会在转子每相绕组中产生漏磁通 $\Phi_{\sigma 2}$，感应出漏磁电动势 $e_{\sigma 2}$。由此可画出三相异步电动机的每相电路图，如图 7-9 所示。

1. 定子电路分析

由图 7-9 可得定子电路的电压方程为：

$$u_1 = i_1 R_1 + (-e_{\sigma 1}) + (-e_1) = i_1 R_1 + L_{\sigma 1} \frac{\mathrm{d} i_1}{\mathrm{d} t} - e_1$$

写成相量形式为：

$$\dot{U}_1 = \dot{I}_1 R_1 + (-\dot{E}_{\sigma 1}) + (-\dot{E}_1) = \dot{I}_1 R_1 + \mathrm{j} \dot{I}_1 X_1 - \dot{E}_1$$

式中 R_1 和 $X_1 = \omega_1 L_1 = 2\pi f_1 L_1$ 分别为定子每相绕组的电阻和漏抗。由于 R_1 和 X_1 都很小，其上的电压与电动势 $\dot{E}_1$ 相比可忽略不计，所以：

$$\dot{U}_1 \approx -\dot{E}_1$$

有效值关系式为：

$$U_1 \approx E_1 = 4.44 f_1 N_1 \Phi_m$$

式中 N_1 为定子每相绕组的匝数，f_1 为电源的频率。上式说明当电源频率 f_1 和定子每相绕组的匝数 N_1 一定时，磁通的最大值 Φ_m 仅由电源电压（即定子绕组电压）的有效值 U_1 决定。

2. 转子电路分析

旋转磁场在转子每相绕组中感应出的电动势 $\dot{E}_2$ 的有效值为：

$$E_2 = 4.44 f_2 N_2 \Phi_m$$

式中 N_2 为转子每相绕组的匝数，f_2 为转子电动势 $\dot{E}_2$ 或转子电流 $\dot{I}_2$ 的频率。因为对转子来说，旋转磁场是以 $(n_0 - n)$ 的速度相对于转子旋转的，如果旋转磁场的磁极对数为 p，则转子感应电动势的频率为：

$$f_2 = \frac{p(n_0 - n)}{60} = \frac{n_0 - n}{n_0} \cdot \frac{pn_0}{60} = sf_1$$

可见转子电流频率 f_2 与转差率 s 有关，也就是与转子转速 n 有关。因此，转子电动势的有效值可改写为：

$$E_2 = 4.44 sf_1 N_2 \Phi_m$$

在 $n = 0$，即 $s = 1$ 时，转子电动势的有效值为：

$$E_{20} = 4.44 f_1 N_2 \Phi_m$$

这时 $f_2 = f_1$，转子电动势最大。s 为任意值时的转子电动势的有效值为：

$$E_2 = sE_{20}$$

由图 7-9 可得转子电路的电压方程为：

$$e_2 = i_2 R_2 + (-e_{\sigma 2}) = i_2 R_2 + L_2 \frac{di_2}{dt}$$

写成相量形式为：

$$\dot{E}_2 = \dot{I}_2 R_2 + (-\dot{E}_{\sigma 2}) = \dot{I}_2 R_2 + j\dot{I}_2 X_2$$

式中 R_2 和 X_2 分别为转子每相绕组的电阻和漏抗。转子漏抗 X_2 与转子频率 f_2 有关，为：

$$X_2 = \omega_2 L_2 = 2\pi f_2 L_2 = 2\pi sf_1 L_2$$

在 $n = 0$，即 $s = 1$ 时，转子漏抗为：

$$X_{20} = 2\pi f_1 L_2$$

这时 $f_2 = f_1$，转子漏抗最大。s 为任意值时的转子漏抗为：

$$X_2 = sX_{20}$$

因此，转子每相电流的有效值为：

$$I_2 = \frac{E_2}{\sqrt{R_2^2 + X_2^2}} = \frac{sE_{20}}{\sqrt{R_2^2 + (sX_{20})^2}}$$

转子的功率因数为：

$$\cos\varphi_2 = \frac{R_2}{\sqrt{R_2^2 + X_2^2}} = \frac{R_2}{\sqrt{R_2^2 + (sX_{20})^2}}$$

可见，异步电动机的转子电流 I_2 和转子功率因数 $\cos\varphi_2$ 也与转差率 s 有关。I_2 和 $\cos\varphi_2$ 与 s 的关系曲线如图 7-10 所示。

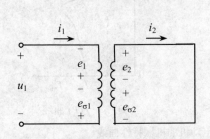

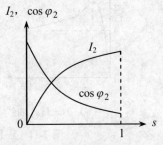

图 7-9　三相异步电动机的每相电路图　　　图 7-10　I_2 和 $\cos\varphi_2$ 与 s 的关系

通过上面的分析可知，转子的电动势、电流、频率、感抗以及功率因数等都与转差率有关，即与转速有关。这是学习三相异步电动机时应注意的一个特点。

7.2.2　三相异步电动机的电磁转矩

三相异步电动机的电磁转矩 T 是由旋转磁场的每极磁通 Φ 与转子电流 I_2 相互作用而产生的。因为转子电路是电感性的，转子电流 $\dot{I}_2$ 比转子电动势 $\dot{E}_2$ 滞后 φ_2 角，而电磁转矩是反映电动机做功能力的一个物理量，所以只有转子电流的有功分量 $I_2 \cos\varphi_2$ 与定子旋转磁场的每极磁通 Φ 相互作用才产生电磁转矩。由此可得三相异步电动机的电磁转矩公式为：

$$T = K_T \Phi I_2 \cos\varphi_2$$

式中 K_T 是一个与电动机结构有关的常数。将 I_2、$\cos\varphi_2$ 的表达式及 Φ 与 U_1 的关系式代入上式，得三相异步电动机电磁转矩公式的另一个表示式：

$$T = K\frac{sR_2U_1^2}{R_2^2 + (sX_{20})^2}$$

式中 K 是一个与电动机结构有关的常数。由上式可知，电磁转矩 T 与转差率 s 有关，并且与定子每相电压 U_1 的平方成正比，电源电压对转矩影响较大。同时，电磁转矩 T 还受到转子电阻 R_2 的影响。

7.2.3　三相异步电动机的机械特性

当电源电压 U_1 和转子电阻 R_2 为定值时，转矩 T 与转差率 s 的关系曲线 $T = f(s)$ 或转速 n 与转矩 T 的关系曲线 $n = f(T)$ 称为电动机的机械特性。由转矩公式可画出三相异步电动机的机械特性曲线，如图 7-11 所示。

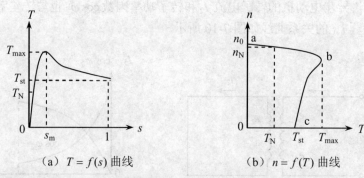

（a）$T = f(s)$ 曲线　　　　　　（b）$n = f(T)$ 曲线

图 7-11　三相异步电动机的机械特性曲线

为了正确使用电动机，应该注意机械特性曲线上 3 个重要转矩。

1. 额定转矩 T_N

电动机匀速运行时，电磁转矩 T 必须与阻转矩 T_C 相平衡，即：

$$T = T_C$$

阻转矩主要是机械负载转矩 T_2，此外还包括空载损耗转矩 T_0（主要是机械摩擦和风阻所产生的阻转矩），所以：

$$T = T_2 + T_0$$

由于 T_0 很小，可忽略不计。这样，电磁转矩 T 与电动机轴上输出的机械负载转矩 T_2 近似相等。即：

$$T \approx T_2 = \frac{P_2}{\omega} = \frac{P_2}{2\pi n}$$

式中 P_2 为电动机轴上输出的机械功率，单位是 W；ω 为转子角速度，单位是 rad/s；T 为电动机的电磁转矩，单位是 N·m；n 为转速，单位是 r/s。

在实际中，功率的单位常用 kW，转速的单位常用 r/min，由上式可得：

$$T = \frac{P_2 \times 10^3}{\frac{2\pi n}{60}} = 9550 \frac{P}{n}$$

电动机在额定负载下工作的电磁转矩称为额定转矩，用 T_N 表示。电动机的额定转矩可由铭牌上的额定功率和额定转速求得。应用上式，得三相异步电动机的额定转矩为：

$$T_N = 9550 \frac{P_N}{n_N}$$

通常，三相异步电动机一旦起动，很快就会沿着起动特性曲线进入机械特性曲线的 ab 段稳定运行。电动机在 ab 段工作时，若负载增大，则因阻转矩大于电磁转矩，电动机转速开始下降。随着转速的下降，转子与旋转磁场之间的转差率增大，于是转子中的感应电动势和感应电流增大，使得电动机的电磁转矩同时增加。当电磁转矩增加到与阻转矩相等时，电动机达到新的平衡状态，这时，电动机以较低于前一平衡状态的转速稳定运行。

从机械特性图上还可以看出，ab 段较为平坦，电动机从空载到满载时转速下降很少，这种特性称为电动机的硬机械特性。具有硬机械特性的三相异步电动机适用于一般的金属切削机床。

2. 最大转矩 T_{max}

从机械特性曲线上看，转矩有一个最大值，称为最大转矩或临界转矩，用 T_{max} 表示。对应于最大转矩的转差率 s_m 可由 $\frac{dT}{ds} = 0$ 求得，为：

$$s_m = \frac{R_2}{X_{20}}$$

将 s_m 代入电磁转矩公式，得三相异步电动机的最大转矩为：

$$T_{max} = K \frac{U_1^2}{2X_{20}}$$

可见，三相异步电动机的最大转矩 T_{max} 与 U_1^2 成正比，而与转子电阻 R_2 无关；s_m 与 R_2 成正比，R_2 越大，s_m 也越大。上述关系表示在图 7-12（a）、（b）中。

如果负载转矩大于电动机的最大转矩，电动机将带不动负载，转速沿特性曲线 bc 段迅速下降到 0，发生闷车现象。此时，三相异步电动机的电流会升高 6～7 倍，电动机严重过热，时间一长就会烧毁电动机。

为了避免电动机出现过热情况，不允许电动机在超过额定转矩的情况下长期运行（长期过载）。如果过载时间短，电动机不至于立即过热，是允许的。因此，最大转矩也表示电动机的短时允许过载能力。

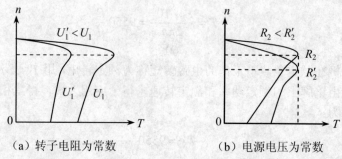

（a）转子电阻为常数　　　（b）电源电压为常数

图 7-12　对应不同电源电压和转子电阻时三相异步电动机的机械特性曲线

电动机的技术数据给出了电动机的最大转矩 T_{max} 与额定转矩 T_N 的比值，称为过载系数，用 λ 表示，即：

$$\lambda = \frac{T_{max}}{T_N}$$

一般三相异步电动机的过载系数 $\lambda = 1.8 \sim 2.2$。

选用电动机时，必须考虑可能出现的最大负载转矩，然后根据所选电动机的过载系数算出电动机的最大转矩，它必须大于最大负载转矩，否则，就要重选电动机。

3. 起动转矩 T_{st}

电动机刚起动（$n = 0$，$s = 1$）时的转矩称为起动转矩，用 T_{st} 表示。从图 7-11（b）上可以看出，当起动转矩 T_{st} 大于转轴上的阻转矩时，转子就旋转起来，并在电磁转矩作用下逐渐加速。此时，电磁转矩也逐渐增大（沿 cb 段上升）到最大转矩 T_{max}。随着转速的继续上升，曲线进入到 ba 段，电磁转矩反而减小。最后，当电磁转矩等于阻转矩时，电动机以某一转速等速旋转。将 $s = 1$ 代入电磁转矩公式，得起动转矩 T_{st} 的大小为：

$$T_{st} = K \frac{R_2 U_1^2}{R_2^2 + X_{20}^2}$$

可见，T_{st} 与 U_1^2 及 R_2 有关，如图 7-12 所示。如果降低电源电压 U_1，起动转矩 T_{st} 会减小，而当转子电阻 R_2 适当增大时，起动转矩会随着增大。

为了保证电动机能够起动，电动机的起动转矩必须大于静止时的负载转矩。因此，起动转矩也表示电动机的起动能力。在电动机的技术数据中，用起动转矩 T_{st} 与额定转矩 T_N 的比值（用 λ_{st} 表示）来衡量起动转矩的大小，即：

$$\lambda_{st} = \frac{T_{st}}{T_N}$$

一般异步电动机的 $\lambda_{st} = 1.0 \sim 2.0$。

例 7-2　有一台 4 极三相鼠笼式异步电动机，其额定功率 $P_N = 7.5\,kW$，额定转速 $n_N = 1450\,r/min$，$\dfrac{T_{max}}{T_N} = 1.8$，$\dfrac{T_{st}}{T_N} = 1.2$，电源频率 $f_1 = 50\,Hz$，求这台电动机的额定转矩 T_N、最大转矩 T_{max}、起动转矩 T_{st} 和额定转差率 s_N。

解　额定转矩为：

$$T_N = 9550\frac{P_N}{n_N} = 9550 \times \frac{7.5}{1450} = 49.4\ （N \cdot m）$$

最大转矩为：

$$T_{max} = 1.8T_N = 1.8 \times 49.4 = 88.9(\ （N \cdot m）$$

起动转矩为：

$$T_{st} = 1.2T_N = 1.2 \times 49.4 = 59.3\ （N \cdot m）$$

因为该电动机的磁极数为 4，故磁极对数 $p = 2$，从而得同步转速为：

$$n_0 = \frac{60f_1}{p} = \frac{60 \times 50}{2} = 1500\ （r/min）$$

因此，额定转差率为：

$$s_N = \frac{n_0 - n_N}{n_0} \times 100\% = \frac{1500 - 1450}{1500} \times 100\% = 3.3\%$$

7.3　三相异步电动机的运行与控制

三相异步电动机的基本运行过程和控制方法包括起动、正反转、调速和制动等。

7.3.1　三相异步电动机的起动

三相异步电动机接上三相电源后，如果电磁转矩 T 大于负载转矩 T_2，电动机就可以从静止状态过渡到稳定运转状态，这个过程叫做起动。

通常对电动机的起动要求是：起动电流小，起动转矩大，起动时间短。

电动机起动时由于旋转磁场对静止的转子相对运动速度很大，转子导体切割磁力线的速度也很快，转子绕组中产生的感应电动势和感应电流都很大，和变压器的原理一样，定子电流必须相应增大。一般中小型鼠笼式三相异步电动机的定子起动电流（指线电流）约为额定电流的 5～7 倍。由于起动后转子的速度不断增加，所以电流将迅速下降。若电动机起动不频繁，则短时间的起动过程对电动机本身的影响并不大。但当电网的容量较小时，这么大的起动电流会使电网电压显著降低，从而影响电网上其他设备的正常工作。另外，在起动瞬间，由于转差率

$s=1$，所以转子电路的功率因数（$\cos\varphi_2 = \dfrac{R_2}{\sqrt{R_2^2+(sX_{20})^2}}$）较低，以至起动转矩较小。电动机可能会因起动转矩太小而需要较长的起动时间，甚至不能带动负载起动，故应设法提高起动转矩。但在某些情况下，例如机械系统中，起动转矩过大会使传动机构（如齿轮）受到冲击而损坏，又需设法减小起动转矩。

由上述可知，三相异步电动机起动时的主要缺点是起动电流较大，为了减小起动电流，有时也为了提高或减小起动转矩，必须根据具体情况选择不同的起动方法。

鼠笼式电动机的起动有直接起动和降压起动两种。

1. 直接起动

直接起动是利用闸刀开关或接触器将电动机直接接到额定电压上的起动方式，又叫全压起动，如图 7-13 所示。这种起动方法简单，但起动电流较大，将使线路电压下降，影响负载正常工作。一般电动机容量在 10kW 以下，并且小于供电变压器容量的 20%时，可采用这种起动方式。

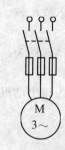

图 7-13　直接起动

2. 降压起动

如果电动机直接起动时电流太大，必须采用降压起动。由于降压起动同时也减小了电动机的起动转矩，所以这种方法只适用于对起动转矩要求不高的生产机械。鼠笼式电动机常用的降压起动方式有星形－三角形（Y-△）换接起动和自耦降压起动。

Y-△换接起动是在起动时将定子绕组连接成星形，通电后电动机运转，当转速升高到接近额定转速时再换接成三角形，如图 7-14 所示。这种起动方式只适用于正常运行时定子绕组是三角形连接，且每相绕组都有两个引出端子的电动机。根据三相交流电路的理论，用 Y-△换接起动可以使电动机的起动电流降低到全压起动时的 $\dfrac{1}{3}$。但要注意的是，由于电动机的起动转矩与电压的平方成正比，所以，用 Y-△换接起动时，电动机的起动转矩也是直接起动时的 $\dfrac{1}{3}$。这种起动方法使起动转矩减小很多，故只适用于空载或轻载起动。

Y-△换接起动可采用 Y-△起动器来实现换接，接线图如图 7-15 所示。为了使鼠笼式电动机在起动时具有较高的起动转矩，应该考虑采用高起动转矩的电动机，这种电动机的起动转矩值约为其额定转矩的 1.6～1.8 倍。

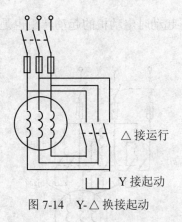

图 7-14　Y-△ 换接起动

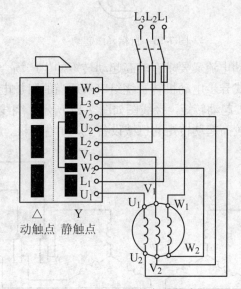

图 7-15　Y-△ 换接起动接线图

　　自耦降压起动是利用三相自耦变压器将电动机在起动过程中的端电压降低，以达到减小起动电流的目的，如图 7-16 所示。对于有些三相异步电动机，正常运转时要求其转子绕组必须接成星形，这样一来就不能采用 Y-△ 换接起动方式，而只能采用自耦降压起动方式。自耦变压器备有 40%、60%、80% 等多种抽头，使用时要根据电动机起动转矩的具体要求进行选择。

　　可以证明，若自耦变压器原、副绕组的匝数比为 k，则采用自耦降压起动时电动机的起动电流为直接起动时的 $\dfrac{1}{k^2}$。由于电动机的起动转矩与电压的平方成正比，所以采用自耦降压起动时电动机的起动转矩也是直接起动时的 $\dfrac{1}{k^2}$ 。

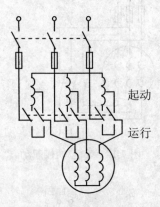

图 7-16   自耦降压起动

对于既要求限制起动电流又要求有较高起动转矩的生产场合，可采用绕线式异步电动机拖动。绕线式异步电动机转子绕组串入适当的附加电阻后，既可以降低起动电流，又可以增大起动转矩，接线图如图 7-17 所示。绕线式电动机多用于起动较频繁而且要求有较高起动转矩的机械设备上，如卷扬机、起重机、锻压机等。

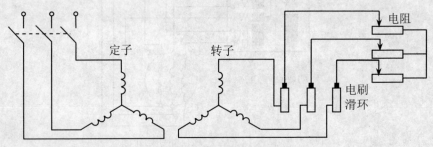

图 7-17   绕线式异步电动机起动时的接线图

例7-3   一台三相异步电动机的额定数据如下：$P_N = 10\,\text{kW}$、$n_N = 1450\,\text{r/min}$、$U_N = 380\,\text{V}$、效率 $\eta_N = 0.88$、$\cos\varphi_N = 0.86$、$\dfrac{I_{st}}{I_N} = 6.5$、$\dfrac{T_{st}}{T_N} = 1.8$、$\dfrac{T_{max}}{T_N} = 1.8$，△接法。试求：

（1）额定电流 I_N 和起动电流 I_{st}；

（2）额定转矩 T_N、最大转矩 T_{max} 和起动转矩 T_{st}；

（3）在额定负载情况下，电动机能否采用 Y-△ 换接起动？

解   （1）电动机的额定电流是指电动机在额定工作状态下运行时，定子绕组中的线电流。根据定子的功率计算公式 $P_1 = \sqrt{3}U_N I_N \cos\varphi_N$ 及效率的计算公式 $\eta_N = \dfrac{P_N}{P_1}$，得额定电流为：

$$I_N = \frac{P_N}{\sqrt{3}U_N \eta_N \cos\varphi_N} = \frac{10 \times 10^3}{\sqrt{3} \times 380 \times 0.88 \times 0.86} = 20 \ (\text{A})$$

起动电流为：

$$I_{st} = 6.5I_N = 6.5 \times 20 = 130 \ (\text{A})$$

（2）额定转矩为：

$$T_N = 9550\frac{P_N}{n_N} = 9550 \times \frac{10}{1450} = 65.9 \ (\text{N} \cdot \text{m})$$

最大转矩为：

$$T_{max} = 1.8T_N = 1.8 \times 65.9 = 118.5 \ (\text{N} \cdot \text{m})$$

起动转矩为：

$$T_{st} = 1.8T_N = 1.8 \times 65.9 = 118.5 \ (\text{N} \cdot \text{m})$$

（3）星形起动转矩是三角形起动转矩的 $\dfrac{1}{3}$，即：

$$T_{stY} = \frac{T_{st\triangle}}{3} = \frac{118.5}{3} = 39.5 \ (\text{N} \cdot \text{m})$$

可见，星形起动转矩小于电动机的额定转矩（65.9 N·m），故该电动机在额定负载情况下不能采用 Y-△ 换接起动。

7.3.2 三相异步电动机的调速

电动机的调速是在保持电动机电磁转矩（即负载转矩）一定的前提下，改变电动机的转动速度，以满足生产过程的需要。从转差率公式得三相异步电动机的转速为：

$$n = (1-s)n_0 = (1-s)\frac{60f_1}{p}$$

可见三相异步电动机的调速可以从 3 个方面进行：改变电源频率 f_1、改变磁极对数 p 以及改变转差率 s。

1. 变极调速

若电源频率 f_1 一定，改变电动机的定子绕组所形成的磁极对数 p，可以达到调速的目的。但因为磁极对数只能按 1、2、3、…的规律变化，所以用这种方法调速，不能连续、平滑地调节电动机的转速。

能够改变磁极对数的电动机称为多速电动机。这种电动机的定子有多套绕组或绕组有多个抽头引至电动机的接线盒，可以在外部改变绕组接线来改变电动机的磁极对数。多速电动机可以做到二速、三速、四速等，它普遍应用在机床上。采用多速电动机可以简化机床的传动机构。

　　2. 变频调速

　　变频调速是目前生产过程中使用最广泛的一种调速方式。如图 7-18 所示为鼠笼式三相异步电动机变频调速的原理图。变频调速主要是通过晶闸管整流器和晶闸管逆变器组成的变频器，把频率为 50Hz 的三相交流电源变换成频率和电压均可调节的三相交流电源，然后供给三相异步电动机，从而使电动机的速度得到调节。

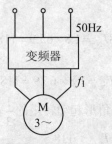

图 7-18　变频调速原理图

　　变频调速属于无级调速，具有机械特性曲线较硬的特点。目前，市场上有各种型号的变频器产品，在选择使用时应注意按三相异步电动机的容量来选择变频器，以免出现因变频器容量不够而烧毁的现象。

　　3. 变转差率调速

　　这种方法只适用于绕线式异步电动机，通过改变转子绕组中串接调速电阻的大小来调整转差率，从而实现平滑调速，又称为变阻调速。从图 7-12（b）所示的转子电阻 R_2 与转子转速的关系曲线可以看出，当在转子绕组中串入附加电阻后，电动机的机械特性发生了变化，在负载转矩一定的情况下，改变转子电阻的阻值大小，电动机的转速也随之发生变化，从而达到调速的目的。调速电阻的接法与起动电阻相同，如图 7-17 所示。

　　变转差率调速使用的设备简单，但能量损耗较大，一般用于起重设备。

7.3.3　三相异步电动机的反转

　　某些生产机械在工作中经常要改变运动方向，例如，车床的主轴需要正反转、吊车需要上下运动等等。虽然可以用机械方法改变机器的旋转方向，但是在某些场合，机械方法有一定的困难。这时可以通过电气方法改变电动机的旋转方向，从而达到改变机器运动方向的目的。

　　根据三相异步电动机的转动原理可知，三相异步电动机的转动方向是由旋转磁场的方向决定的，而旋转磁场的转向取决于定子绕组中通入三相电流的相序。因此，要改变三相异步电动机的转动方向非常容易，只要将电动机三相供电电源中的任意两相对调，接到电动机定子绕组的电流相序会被改变，旋转磁场的方向也被改变，电动机就实现了反转。三相异步电动机的正反转控制接线图如图 7-19 所示。

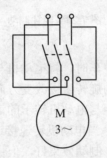

图 7-19　正反转接线图

7.3.4　三相异步电动机的制动

　　当生产机械结束工作或改变状态时，一般都需要将电动机停稳。由于惯性，断电后电动机并不会立即停止，而需要继续运行一段时间，这不利于安全用电和提高生产效率，因此，应该采取一些特殊的方法使电动机尽快停稳。

　　电动机的制动是指电动机受到与转子运动方向相反的转矩作用，从而迅速降低转速，最后停止转动的过程。制动的关键是使电动机产生一个与实际转动方向相反的电磁转矩，这时的电磁转矩称为制动转矩。常用的制动方法有能耗制动、反接制动和发电反馈制动。

　　1.　能耗制动

　　这种制动方法是在电动机切断定子三相电源以后，迅速在定子绕组中接通直流电源，如图 7-20 所示。直流电产生的磁场是不随时间变化的固定磁场，而电动机的转子却在惯性的作用下继续转动。根据右手定则和左手定则可以确定，这时转子中感应电流与固定磁场相互作用而产生的电磁转矩的方向与电动机转子的转动方向相反，因而起到制动作用。制动转矩的大小同直流电流的大小有关，直流电流的大小一般为电动机额定电流的 0.5～1 倍。由于该制动方法是将转子的动能转换成电能消耗在转子绕组的电阻上，故称为能耗制动。能耗制动的特点是制动准确、平稳，但需要额外的直流电源。

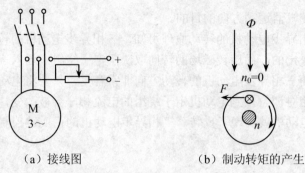

（a）接线图　　　　　　　　　（b）制动转矩的产生

图 7-20　能耗制动

2. 反接制动

这种制动方式是在电动机停车时，将电动机与电源相连的三相电源中的任意两相对调，从而使电动机产生的旋转磁场改变方向，电磁转矩方向也随之改变。这样，作用在转子上的电磁转矩与电动机转子的运动方向相反，成为制动转矩，起到制动作用，如图 7-21 所示。当电动机转速接近零时，要及时断开电源防止电动机反转。反接制动比较简单，制动效果好，但由于反接时旋转磁场与转子间的相对运动加快，因而电流较大。对于功率较大的电动机，制动时必须在定子电路（鼠笼式）或转子电路（绕线式）中接入电阻，用以限制电流。

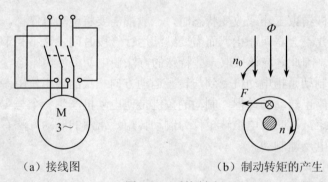

（a）接线图　　　　　　　　　（b）制动转矩的产生

图 7-21　反接制动

3. 发电反馈制动

当电动机转子轴受外力作用，使转子的转速超过旋转磁场的转速时，如起重机吊着重物下降，电磁转矩的作用就不再是驱动转矩了。此时，电磁转矩的方向与转子的运动方向相反，从而限制转子的转速，起到制动作用。当转子转速大于旋转磁场的转速时，有电能从电动机的定子返回给电源，这时电动机已经转为发电机运行，所以这种制动称为发电反馈制动，如图 7-22 所示。

另外，当将多速电动机从高速调到低速的过程中，也自然发生发电反馈制动。因为刚将磁极对数 p 加倍时，磁场转速立即减半，而转子转速由于惯性只能逐渐下降，因此就出现了转子转速大于磁场转速的情况。

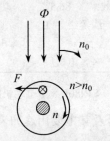

图 7-22　发电反馈制动

7.4　三相异步电动机的选择与使用

电动机的使用寿命是有限的，电动机轴承的逐渐磨损、绝缘材料的逐渐老化等等，是不可避免的。一般来说，只要选用正确、安装良好、维修保养完善，电动机的使用寿命还是比较长的。在使用中如何尽量避免对电动机的损害，及时发现电动机运行中的故障隐患，对电动机的安全运行意义重大。因此，电动机在运行中的监视和维护，定期的检查维修是消灭故障隐患，延长电动机使用寿命，减小不必要损失的重要手段。

7.4.1　三相异步电动机的铭牌

为了满足各种生产机械的需要，电机制造厂家设计并制造出各种型号的电动机，形成了许多产品系列。选择电动机时，必须根据使用环境、工作特点以及生产机械提供的技术数据等在产品目录中选取。产品目录中列有多项有关电动机的技术数据，以便用户在选择电动机时能比较详细地了解电动机的性能。

每台电动机的外壳上都有一块铭牌，标出这台电动机的主要规格，如型号、额定数据、使用条件等。要正确使用、维护、修理电动机，必须要看懂铭牌。现以 YRl80L-8 型电动机为例，逐项说明它们的意义。YR180L-8 型电动机的铭牌如图 7-23 所示。

（1）型号。型号是不同规格电动机的代号，每一个字母都有一定含义。

电动机的型号是由产品代号、规格代号和工作环境代号 3 部分组成。其中产品代号又由电动机的类型代号、特点代号和设计序号组成。

```
┌─────────────────────────────────────────────────────────┐
│                      三相异步电动机                        │
│                                                           │
│   型号    YR180L-8    功率    11kW      频率    50Hz       │
│                                                           │
│   电压    380V        电流    25.2A     接法    △         │
│                                                           │
│   转速    746r/min    效率    86.5%     功率因数  0.77     │
│                                                           │
│   工作方式    连续     绝缘等级   B       重量    kg        │
│                                                           │
│   标准编号                              出厂日期           │
│                                                           │
│                     ××电机厂                             │
└─────────────────────────────────────────────────────────┘
```

图 7-23　YRl80L-8 型电动机的铭牌

异步电动机的产品类型代号及其主要用途如表 7-2 所示。

表 7-2　异步电动机的代号及其用途

产品名称	代号	主要用途
鼠笼式异步电动机	Y	一般用途，如水泵、风扇、金属切割机床等
绕线式异步电动机	YR	用于电源容量较小，不足以起动鼠笼式电动机，或要求较大起动转矩和需要小范围调速的场合
鼠笼式防爆型异步电动机	YB	用于有爆炸性气体的场合
起重冶金用鼠笼式异步电动机	YZ	用于起重机械或冶金机械
起重冶金用绕线式异步电动机	YZR	用于起重机械或冶金机械
高起动转矩鼠笼式异步电动机	YQ	用于起动静止负载或惯性较大的机械，如压缩机、传送带、粉碎机等

设计序号是指电动机产品设计的顺序。

规格代号是指电动机的中心高、铁心外径、机座号、机座长度、功率、转速或极数等。

电动机的机座号直接用电动机轴中心高度或机壳外径的毫米数表示。机座（铁心）长度等级用 L、M、S 分别表示长、中、短。铁心长度用数字表示，数字越大铁心越长。极数用数字表示。特殊环境代号用字母表示，如：TH—湿热带用，TA—干热带用，G—高原用，W—户外用，F—化工防腐用，等等。

例如，型号为 YRl80L-8 的异步电动机，其型号的意义如图 7-24 所示。

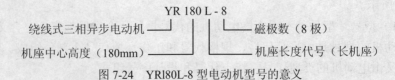

图 7-24　YRl80L-8 型电动机型号的意义

关于型号的具体标示有一定规则和标准，可查手册。

（2）功率。电动机在铭牌规定条件下正常工作时转轴上输出的机械功率称为额定功率或额定容量，单位用千瓦（kW）。电动机的输出功率与输入功率并不相等，其差值等于电动机本身的损耗，包括铜损、铁损及机械摩擦损耗等。

（3）电压。指电动机在额定工作状态下运行时定子绕组上应接电源的额定线电压。对电动机来讲，要求电源电压值的波动不应超过额定电压的 5%，否则电动机不能正常工作。有的电动机铭牌上标有两个电压值，如"220/380V"表示电动机绕组采用三角形和星形两种不同连接时，分别适用于这两种电源线电压。

（4）电流。指电动机在额定工作状态下运行时定子绕组中的额定线电流。如果电动机铭牌上有两个电流值，表示绕组采用三角形和星形两种不同连接方式时对应的输入电流。

（5）频率。指电动机所接交流电源的工作频率。我国工频为 50Hz。

（6）转速。指额定转速，表示电动机在额定功率时转子每分钟的转数。

（7）接法。这里特指三相定子绕组的连接方法，即接成星形还是三角形。三相异步电动机的 6 个出线头在出线盒的位置排列及星形和三角形两种接线方式如图 7-2 所示。

（8）工作方式。工作方式分连续、短时、断续 3 种。

（9）绝缘等级。绝缘等级是按电动机绕组所用的绝缘材料在使用时允许的极限温度分级的。所谓极限温度，是指电动机绝缘结构中最热点的最高允许温度。若工作温度过高，会使绝缘材料老化。修理电动机时，选用的绝缘材料要符合铭牌规定的绝缘等级，常用的绝缘材料有几种等级，其允许的极限温度如表 7-3 所示。

表 7-3　绝缘材料的绝缘等级及其极限温度

绝缘等级	A	E	B	F	H
极限温度（℃）	105	120	130	155	180

（10）功率因数。因为电动机是感性负载，定子相电流的相位比相电压的相位滞后一个 φ 角，$\cos\varphi$ 就是电动机的功率因数。电动机铭牌上的功率因数是指电动机在额定工作状态下运行时，定子电路的额定功率因数。三相异步电动机的功率因数较低，在额定负载时约为 0.7~0.9，空载时只有 0.2~0.3，因此必须正确选择电动机的容量，防止大马拉小车，并力求缩短空载的时间。

（11）效率。指电动机在额定状态下运行时的额定效率，为电动机的额定功率 P_N 与电源输入到定子的功率 P_1 之比，即：

$$\eta_{\mathrm{N}} = \frac{P_{\mathrm{N}}}{P_1} = \frac{P_{\mathrm{N}}}{\sqrt{3}U_{\mathrm{N}}I_{\mathrm{N}}\cos\varphi_{\mathrm{N}}}$$

例7-4 一台三相异步电动机的额定数据如下：$P_{\mathrm{N}} = 10\,\mathrm{kW}$、$n_{\mathrm{N}} = 1450\,\mathrm{r/min}$、$U_{\mathrm{N}} = 380\,\mathrm{V}$、$I_{\mathrm{N}} = 20\,\mathrm{A}$、效率 $\eta_{\mathrm{N}} = 0.88$、$\cos\varphi_{\mathrm{N}} = 0.86$、$\dfrac{I_{\mathrm{st}}}{I_{\mathrm{N}}} = 6.5$、$\dfrac{T_{\mathrm{st}}}{T_{\mathrm{N}}} = 1.2$、$\dfrac{T_{\max}}{T_{\mathrm{N}}} = 1.8$。求起动电流 I_{st}、额定转矩 T_{N}、最大转矩 $T_{\max}$、起动转矩 T_{st}、额定转差率 s_{N} 和定子功率 P_1。

解 起动电流：

$$I_{\mathrm{st}} = 6.5I_{\mathrm{N}} = 6.5 \times 20 = 130 \quad (\mathrm{A})$$

额定转矩：

$$T_{\mathrm{N}} = 9550\frac{P_{\mathrm{N}}}{n_{\mathrm{N}}} = 9550 \times \frac{10}{1450} = 65.9 \quad (\mathrm{N \cdot m})$$

最大转矩：

$$T_{\max} = 1.8T_{\mathrm{N}} = 1.8 \times 65.9 = 118.5 \quad (\mathrm{N \cdot m})$$

起动转矩：

$$T_{\mathrm{st}} = 1.2T_{\mathrm{N}} = 1.2 \times 65.9 = 79 \quad (\mathrm{N \cdot m})$$

由额定转速 $n_{\mathrm{N}} = 1450\,\mathrm{r/min}$ 可知电动机是 4 极的，即 $p = 2$，所以同步转速为：

$$n_0 = \frac{60f_1}{p} = \frac{60 \times 50}{2} = 1500 \quad (\mathrm{r/min})$$

额定转差率：

$$s_{\mathrm{N}} = \frac{n_0 - n_{\mathrm{N}}}{n_0} = \frac{1500 - 1450}{1500} = 0.033$$

定子功率即电动机的输入功率为：

$$P_1 = \frac{P_{\mathrm{N}}}{\eta_{\mathrm{N}}} = \frac{10}{0.88} = 11.36 \quad (\mathrm{kW})$$

定子功率也可由公式 $P_1 = \sqrt{3}U_{\mathrm{N}}I_{\mathrm{N}}\cos\varphi_{\mathrm{N}}$ 计算，即：

$$P_1 = \sqrt{3}U_{\mathrm{N}}I_{\mathrm{N}}\cos\varphi_{\mathrm{N}} = 1.732 \times 380 \times 20 \times 0.86 = 11.32 \quad (\mathrm{kW})$$

7.4.2 三相异步电动机的选择

合理选择电动机是正确使用电动机的前提。电动机品种繁多，性能各异，选择时要全面考虑电源、负载、使用环境等诸多因素。对于与电动机配套使用的控制电器和保护电器的选择也是同样重要的。

1. 电源的选择

在三相异步电动机中，中小功率电动机大多采用三相 380V 电压，也有使用三相 220V 电压的。在电源频率方面，我国自行生产的电动机采用 50Hz 的频率，而世界上有些国家采用 60Hz 的交流电源。虽然频率不同不至于烧毁电动机，但其工作性能将大不一样，因此，选择电动机时应根据电源的情况和电动机的铭牌正确选用。

2. 防护型式的选择

由于工作环境不尽相同，有的生产场所温度较高，有的生产场所有大量粉尘，有的生产场所空气中含有爆炸性气体或腐蚀性气体等。这些环境都会使电动机的绝缘状况恶化，从而缩短电动机的使用寿命，甚至危及生命和财产安全。因此，使用时有必要选择各种不同结构形式的电动机，以保证在各种不同工作环境中电动机能安全可靠地运行。

电动机的外壳一般有如下几种型式：

（1）开启型。外壳有通风孔，借助和转轴连成一体的通风风扇使周围的空气与电动机内部的空气流通。这种型式的电动机冷却效果好，适用于干燥无尘的场所。

（2）防护型。机壳内部的转动部分及带电部分有必要的机械保护，以防止意外的接触。若电动机通风口用带网孔的遮盖物盖起来，称为网罩式；通风口可防止垂直下落的液体或固体直接进入电动机内部的称为防漏式；通风口可防止与垂直方向成 100° 范围内任何方向的液体或固体进入电动机内部的称为防溅式。

（3）封闭式。机壳严密密封，靠自身或外部风扇冷却，外壳带有散热片，适用于潮湿、多尘或含酸性气体的场合。

（4）防爆式。电动机外壳能阻止电动机内部的气体爆炸传递到电动机外部，从而引起外部燃烧气体的爆炸。

此外，还得考虑电动机是否应用于特殊环境，如高原、户外、湿热等。

3. 功率的选择

选用电动机的功率要满足所带负载的要求。一般电动机的额定功率要比负载功率大一些，以留有一定余量，但也不宜大太多，否则既浪费设备容量，又降低电动机的功率因数和效率。

对于短时运行的工作场合，如果选用连续工作型电动机，因为允许电动机短时过载，所以所选电动机的额定功率可以略小一些，一般可以是生产机械要求功率的 $\frac{1}{\lambda}$，其中 λ 为电动机的过载系数。

4. 转速的选择

应该根据生产机械的要求来选择电动机的额定转速，转速不宜选择过低（一般不低于 500r/min），否则会提高设备成本。如果电动机转速和机械转速不一样，可以用皮带轮或齿轮等变速装置变速。在负载转速要求不严格的情况下，尽量选用 4 极电动机，因为在相同容量下，二极电动机起动电流大、起动转矩小且机械磨损大，而多极电动机体积大、造价高、空载损耗大。

7.4.3　电动机的安装原则和接地装置

1. 电动机的安装原则

若安装电动机的场所选择得不好，不但会使电动机的寿命大大缩短，还会引起故障，损坏周围的设备，甚至危及操作人员的生命安全，因此，必须慎重考虑安装场所。

安装电动机应遵循如下原则：

（1）有大量尘埃、爆炸性或腐蚀性气体、环境温度 40℃ 以上以及水中作业等场所，应该选择具有适当防护型式的电动机。

（2）一般场所安装电动机，要注意防止潮气。必要情况下要抬高基础，安装换气扇排潮。

（3）通风条件良好。环境温度过高会降低电动机的效率，甚至使电动机过热烧毁。

（4）灰尘少。灰尘会附着在电动机的线圈上，使电动机绝缘电阻降低、冷却效果恶化。

（5）安装地点要便于对电动机的维护、检查等操作。

2. 电动机的接地装置

电动机的绝缘如果损坏，运行中机壳就会带电。一旦机壳带电而电动机又没有良好的接地装置，当操作人员接触机壳时，就会发生触电事故。因此，电动机的安装、使用一定要有接地保护。电源中点直接接地的系统，采用保护接零；电源中点不接地的系统，应采用保护接地，电动机密集地区应将中线重复接地。

接地装置包括接地极和接地线两部分。接地极通常用钢管或角钢制成。钢管直径多为 $\phi 50mm$，角钢采用 $45mm \times 45mm$，长度为 2.5m。接地极应垂直埋入地下，每隔 5m 打一根，上端离地面的深度不应小于 0.5～0.8m，接地极之间用 5mm $\times 50mm$ 的扁钢焊接。

接地线最好用裸铜线，截面积不小于 $16mm^2$，一端固定在机壳上，另一端和接地极焊牢。容量 100kW 以下的电动机保护接地，其电阻不应大于 10Ω。

下列情况可以省略接地：

（1）设备的电压在 150V 以下；

（2）设备置于干燥的木板地上或绝缘性能较好的物体上；

（3）金属体和大地之间的电阻在 100Ω 以下。

本章小结

（1）三相异步电动机由定子和转子两部分组成，这两部分之间由气隙隔开。转子按结构形式的不同分为鼠笼式和绕线式两种。鼠笼式三相异步电动机结构简单，价格便宜，运行、维护方便，使用广泛。绕线式三相异步电动机起动、调速性能好，但结构复杂，价格高。

三相异步电动机的转动原理是：在三相定子绕组中通入三相交流电流产生旋转磁场，旋转磁场与转子产生相对运动，在转子绕组中感应出电流，转子感应电流与旋转磁场相互作用产生电磁转矩，驱动电动机旋转。转子的转动方向与旋转磁场的方向及三相电流的相序一致，这是三相异步电动机改变转向的原理。旋转磁场的转速，即同步转速为：

$$n_0 = \frac{60 f_1}{p}$$

三相异步电动机旋转的必要条件是转差率的存在，即转子转速恒小于旋转磁场转速。转差率是三相异步电动机的一个重要参数，定义为：

$$s = \frac{n_0 - n}{n_0} \quad 或 \quad n = (1-s)n_0$$

（2）电磁转矩的表达式 $T = K_T \Phi I_2 \cos\varphi_2$，表明电磁转矩是由主磁通与转子电流的有功分量相互作用产生的，其参数表达式为：

$$T = K \frac{s R_2 U_1^2}{R_2^2 + (s X_{20})^2}$$

由此可绘出 $T = f(s)$ 及 $n = f(T)$ 机械特性曲线。机械特性曲线是分析三相异步电动机运行性能的依据。三相异步电动机具有较硬的机械特性，在负载变化时，转速变化不大。由于 T 正比于 U_1^2，故三相异步电动机电磁转矩对电源电压的波动十分敏感。

对三相异步电动机的机械特性，重点掌握 3 个特征转矩：额定转矩、最大转矩和起动转矩。额定转矩为：

$$T_N = 9550 \frac{P_N}{n_N}$$

最大转矩决定了电动机的过载能力，起动转矩反映了电动机的起动性能。

（3）三相异步电动机直接起动时，起动电流大，起动转矩小。对稍大容量的鼠笼式电动机常采用降压起动来限制起动电流，降压起动有 Y-△换接起动和自耦

降压起动两种方式。降压起动虽可限制起动电流，但也使得起动转矩更小，故只适用于空载或轻载起动。对绕线式电动机，采用在转子回路串联电阻起动，既能降低起动电流，又可增大起动转矩。

三相异步电动机的调速有变极调速、变频调速和变转差率调速 3 种。变极调速为有级调速，变频调速为无级调速。变转差率调速只适用于绕线式电动机，即在转子绕组回路中串联可变电阻调速。

三相异步电动机的制动有能耗制动、反接制动和发电反馈制动 3 种。能耗制动是在切断交流电源的同时把直流电通入三相绕组中的两相，形成恒定磁场而产生制动转矩。反接制动是改变电流相序，形成反向旋转磁场而产生制动转矩。发电反馈制动是电动机转速大于同步转速时使电动机变为发电运行状态而产生制动转矩。

（4）铭牌是电动机的运行依据，其中额定功率是指在额定状态下电动机转子轴上输出的机械功率，不是电动机从电源取得的电功率。额定电压和额定电流均指线电压和线电流。

合理选择电动机关系到生产机械的安全运行和投资效益。可根据生产机械所需功率选择电动机的容量，根据工作环境选择电动机的结构形式，根据生产机械对调速、起动的要求选择电动机的类型，根据生产机械的转速选择电动机的转速。

 习题七

7-1　三相异步电动机主要由哪几个部分构成？各部分的主要作用是什么？

7-2　三相电源的相序对三相异步电动机旋转磁场的产生有何影响？

7-3　三相异步电动机转子的转速能否等于或大于旋转磁场的转速？为什么？

7-4　一台三相异步电动机，电源频率 $f_1 = 50$ Hz，同步转速 $n_0 = 1500$ r/min，求这台电动机的磁极对数及转速分别为 0 和 1440 r/min 时的转差率。

7-5　一台三相异步电动机，电源频率 $f_1 = 50$ Hz，额定转速 $n_N = 960$ r/min，则该电动机的磁极对数是多少？

7-6　一台 4 极的三相异步电动机，电源频率 $f_1 = 50$ Hz，额定转速 $n_N = 1440$ r/min。计算这台电动机在额定转速下的转差率 s_N 和转子电流的频率 f_2。

7-7　三相异步电动机的电磁转矩是否会随负载而变化？如何变化？

7-8　如果三相异步电动机发生堵转，试问对电动机有何影响？

7-9　为什么三相异步电动机的起动电流较大？用哪几种起动方式可减小起动电流？

7-10　绕线式三相异步电动机采用串联转子电阻起动时，是否电阻越大起动转矩越大？

7-11　三相异步电动机有哪几种调速方式？各有何特点？

7-12　三相异步电动机有哪几种制动方式？各有何特点？

7-13　电动机的额定功率指什么功率？额定电流指定子绕组的线电流还是相电流？

7-14　当工作电源的线电压为 380V 时，能否使用一台额定电压 220V、接法为三角形或星形的三相异步电动机？如果能使用，定子绕组该采用何种接法？

7-15　一台三相异步电动机的额定数据如下：$P_N = 5.5 \text{ kW}$，$n_N = 1440 \text{ r/min}$，$U_N = 380 \text{ V}$，效率 $\eta_N = 0.855$，$\cos\varphi_N = 0.84$，$\dfrac{I_{st}}{I_N} = 7$，$\dfrac{T_{st}}{T_N} = 2.2$，$\dfrac{T_{max}}{T_N} = 2.2$，电源频率为 50 Hz。求：

（1）额定状态下的转差率 s_N、电流 I_N 和转矩 T_N；

（2）起动电流 I_{st}、最大转矩 T_{max}、起动转矩 T_{st} 和定子功率 P_1。

7-16　三相异步电动机若有一相绕组开路，则会发生什么后果？

7-17　对绕线式异步电动机能否用改变磁极对数的方法来调速？为什么？

7-18　三相异步电动机的额定功率为 20kW，额定电压为 380V，△ 连接，频率为 50Hz，$p = 2$，且 $\dfrac{T_{st}}{T_N} = 1.3$，$\dfrac{I_{st}}{I_N} = 8$。在额定负载下运行时的转差率为 0.03，效率为 85%，线电流为 40A，求：

（1）电动机在额定负载下运行时的转矩和功率因数；

（2）用 Y-△ 换接起动时的起动电流和起动转矩；

（3）当负载为额定转矩的 80%和 25%时，电动机能否起动？

7-19　一台三相异步电动机的额定数据如下：220V/380，△/Y，3kW，2960r/min，50Hz，功率因数 0.88，效率 0.86，$\dfrac{I_{st}}{I_N} = 7$，$\dfrac{T_{st}}{T_N} = 1.5$，$\dfrac{T_{max}}{T_N} = 2.2$。

（1）若电源线电压为 220V，应如何连接？I_N、I_{st}、T_N、T_{st}、T_{max} 各为多少？

（2）若电源线电压为 380V，应如何连接？I_N、I_{st}、T_N、T_{st}、T_{max} 各为多少？

7-20　某电动机的额定功率为 15kW，额定转速为 970r/min，频率为 50Hz，最大转矩为 295.36 N·m。试求电动机的过载系数。

第 8 章　三相异步电动机的继电接触器控制

![本章学习要求]

- 了解各种常用控制电器的结构、选用原则、动作原理及其控制作用。
- 掌握继电接触器控制的自锁、联锁作用。
- 掌握鼠笼式三相异步电动机典型控制电路的工作原理。
- 了解过载、短路和失压保护的方法。

异步电动机是应用最为普遍的旋转动力源。各种生产机械的运动部件大多是由异步电动机驱动的，因此对生产机械运动的控制大多是通过控制电动机实现的。通过对电动机起动、正反转、制动、调速等进行控制，以及控制多台电动机顺序起停等，可以实现各种复杂的运动控制，从而满足生产过程和加工工艺的预定要求，自动完成各种加工过程，减轻劳动强度，提高劳动生产率，提高产品质量。

通过开关、按钮、继电器、接触器等电器触点的接通或断开实现的各种控制称为继电接触器控制，由这种方式构成的自动控制系统称为继电接触器控制系统。典型的控制环节有点动控制、单向自锁运行控制、正反转控制、行程控制、时间控制等。

电动机在使用过程中由于各种原因可能会出现一些异常情况，如电源电压过低、电动机电流过大、电动机定子绕组相间短路或电动机绕组与外壳短路等，若不及时切断电源则可能给设备或人身带来危险，因此必须采取保护措施。常用的保护措施有短路保护、过载保护、零压保护和欠压保护等。

本章在介绍常用控制电器的结构、动作原理及其控制作用的基础上，将进一步介绍三相异步电动机的一些典型控制电路和电动机的保护方法。

8.1　常用控制电器

对电动机和生产机械实现控制和保护的电工设备叫做控制电器。控制电器的种类很多，按其动作方式可分为手动电器和自动电器两类。手动电器的动作是由工作人员手动操纵的，如刀开关、组合开关、按钮等。自动电器的动作是根据指令、信号或某个物理量的变化自动进行的，如中间继电器、交流接触器等。

8.1.1　开关电器

开关电器是控制电路中用于不频繁地接通或断开电路的开关，或用于机床电路电源的引入开关，开关电器包括刀开关、组合开关及自动开关等。

1.　刀开关

刀开关是一种简单而使用广泛的手动电器，又称为闸刀开关，一般在不频繁操作的低压电路中，用作接通和切断电源，或用来将电路与电源隔离，有时也用来控制小容量电动机的直接起动与停机。

刀开关由闸刀（动触点）、静插座（静触点）、手柄和绝缘底板等组成，如图 8-1（a）所示是常见的胶盖瓷底闸刀开关的结构示意图。

刀开关的种类很多。按极数（刀片数）分为单极、双极和三极；按结构分为平板式和条架式；按操作方式分为直接手柄操作式、杠杆操作机构式和电动操作机构式；按转换方向分为单投和双投等。图 8-1（b）所示是双极和三极刀开关的符号。

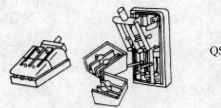
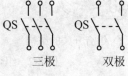

（a）刀开关的结构　　　　　（b）刀开关的符号

图 8-1　刀开关的结构与符号

刀开关一般与熔断器串联使用，以便在短路或过载时熔断器熔断而自动切断电路。

刀开关的额定电压通常为 250V 和 500V，额定电流在 1500A 以下。

安装刀开关时，电源线应接在静触点上，负荷线接在与闸刀相连的端子上。对于有熔断丝的刀开关，负荷线应接在闸刀下侧熔断丝的另一端，以确保刀开关切断电源后闸刀和熔断丝不带电。垂直安装时，手柄向上合为接通电源，向下拉为断开电源，不能反装，否则可能因闸刀松动自然落下而误将电源接通。

刀开关的选用主要考虑回路额定电压、长期工作电流以及短路电流所产生的动热稳定性等因素。刀开关的额定电流应大于其所控制的最大负载电流。用于直接起停 3kW 及以下的三相异步电动机时，刀开关的额定电流必须大于电动机额定电流的 3 倍。

2. 组合开关

组合开关又叫转换开关，是一种转动式的闸刀开关，主要用于接通或切断电路、换接电源、控制小型鼠笼式三相异步电动机的起动、停止、正反转和局部照明。

组合开关的结构如图 8-2（a）所示，它有若干个动触片和静触片，分别装于数层绝缘件内，静触片固定在绝缘垫板上，动触片装在转轴上，随转轴旋转而变更通、断位置。

如图 8-2（b）所示是用组合开关起停电动机的接线图。

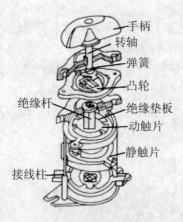
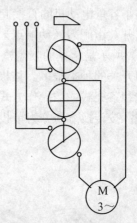

（a）组合开关的结构　　　　　　　　　（b）组合开关的接线图

图 8-2　组合开关的结构与接线图

组合开关按通、断类型可分为同时通断和交替通断两种；按转换位数分为二位转换、三位转换、四位转换 3 种。额定电流有 10A、25A、60A 和 100A 等多种。

与刀开关相比，组合开关具有体积小、使用方便、通断电路能力强等优点。

3. 自动开关

自动开关又叫自动空气开关或自动空气断路器，其主要特点是具有自动保护功能，当发生短路、过载、欠电压等故障时能自动切断电路，起到保护作用。

如图 8-3 所示是自动开关的工作原理图，它主要由触点系统、操作机构和保护元件 3 部分组成。主触点靠操作机构（手动或电动）闭合。开关的脱扣机构是一套连杆装置，有过流脱扣器和欠压脱扣器等，它们都是电磁铁。主触点闭合后就被锁钩锁住。在正常情况下，过流脱扣器的衔铁是释放的，一旦发生严重过载或短路故障，线圈因流过大电流而产生较大的电磁吸力，把衔铁往下吸而顶开锁钩，使主触点断开，起到过流保护作用。欠压脱扣器的工作情况与之相反，正常情况下吸住衔铁，主触点闭合，当电压严重下降或断电时释放衔铁使主触点断开，实现欠压保护。

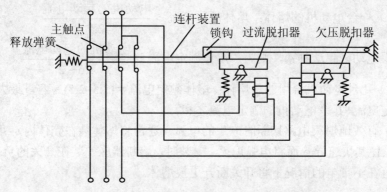

图 8-3　自动开关的结构原理图

自动开关切断电路后，若电源电压恢复正常，需要重新合闸才能工作。

8.1.2　熔断器

熔断器是一种最简单有效并且价格低廉的保护电器。熔断器主要用作短路保护，串联在被保护的线路中。线路正常工作时，熔断器如同一根导线，起通路作用；当线路短路或严重过载时，电流大大超过额定值，熔断器中的熔体迅速熔断，从而起到保护线路上其他电器设备的作用。

熔断器一般由夹座、外壳和熔体组成。熔体有片状和丝状两种，用电阻率较高的易熔合金或截面积很小的良导体制成。如图 8-4 所示为熔断器的 3 种常用结构及符号。

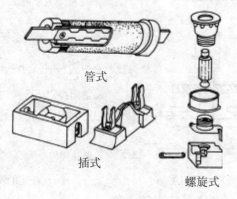

管式

插式

螺旋式

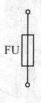

FU

（a）熔断器的结构　　　　　　　　（b）熔断器的符号

图 8-4　熔断器的结构及符号

选择熔断器，主要是选择熔体的额定电流。选择熔体额定电流的方法如下：

（1）电灯支线的熔体：熔体额定电流≥支线上所有电灯的工作电流之和。

（2）一台电动机的熔体：熔体额定电流 $\geq \dfrac{\text{电动机的起动电流}}{2.5}$。

如果电动机起动频繁，则为：熔体额定电流 $\geq \dfrac{\text{电动机的起动电流}}{1.6 \sim 2}$。

（3）几台电动机合用的总熔体：熔体额定电流＝(1.5~2.5)×容量最大的电动机的额定电流+其余电动机的额定电流之和。

为了有效地熄灭电路切断时产生的电弧，通常将熔体装在壳体内，并采取适当措施，使其快速导热而将电弧熄灭。安装时，熔断器应安装在开关的负载一侧，这样便可在不带电的情况下将开关断开更换熔体。

8.1.3　主令电器

主令电器是自动控制系统中用于接通或断开控制电路（指小电流电路）的电器设备，用以发送控制指令或进行程序控制。主令电器主要有控制按钮、行程开关、接近开关、万能转换开关等。这里只介绍应用较多的按钮和行程开关。

1. 按钮

按钮是一种发出指令的电器，主要用于远距离操作继电器、接触器接通或断开控制电路，从而控制电动机或其他电气设备的运行。

按钮由按钮帽、复位弹簧、接触部件等组成，其外形、内部结构原理图和符号如图 8-5 所示。按钮的触点分为常闭触点（又叫动断触点）和常开触点（又叫动合触点）两种。常闭触点是按钮未按下时闭合、按下后断开的触点。常开触点是按钮未按下时断开、按下后闭合的触点。

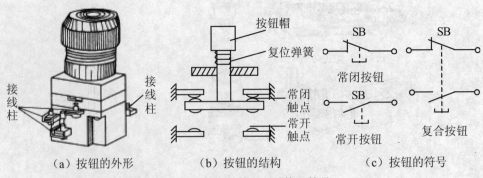

（a）按钮的外形　　　　（b）按钮的结构　　　　（c）按钮的符号

图 8-5　按钮的外形、结构和符号

按钮的种类很多。按钮内的触点对数及类型可根据需要组合，最少具有一对常闭触点或常开触点。由常闭触点和常开触点通过机械机构联动的按钮称为复合按钮或复式按钮。复式按钮按下时，常闭触点先断开，然后常开触点闭合；松开后，依靠复位弹簧使触点恢复到原来的位置，其动作顺序是常开触点先断开，然后常闭触点闭合。

2．行程开关

行程开关也称位置开关，主要用于将机械位移变为电信号，以实现对机械运动的电气控制。行程开关的结构及工作原理与按钮相似，如图 8-6 所示为直动式行程开关的原理示意图及符号。当机械运动部件撞击触杆时，触杆下移使常闭触点断开，常开触点闭合；当运动部件离开后，在复位弹簧的作用下，触杆回复到初始位置，各触点恢复常态。

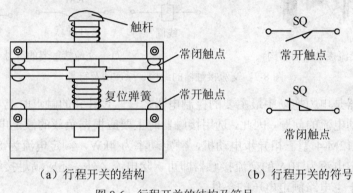

（a）行程开关的结构　　　　　　　（b）行程开关的符号

图 8-6　行程开关的结构及符号

8.1.4　交流接触器

交流接触器是用来远距离频繁接通、切断电动机或其他负载主电路的一种控制电器。如图 8-7 所示为交流接触器的结构、原理示意图及符号。

交流接触器利用电磁铁的吸引力动作，主要由电磁机构、触点系统和灭弧装置 3 部分组成。触点用以接通或断开电路，由动触点、静触点和弹簧组成。电磁机构实际上是一个电磁铁，包括吸引线圈、铁心和衔铁。当电磁铁的线圈通电时，产生电磁吸引力，将衔铁吸下，使常开触点闭合，常闭触点断开。电磁铁的线圈断电后，电磁吸引力消失，依靠弹簧使触点恢复到初始状态。

根据用途可将交流接触器的触点分主触点和辅助触点两种。主触点一般比较大，接触电阻较小，用于接通或分断较大为电流，常接在主电路中。辅助触点一般比较小，接触电阻较大，用于接通或分断较小电流，常接在控制电路（或称辅助电路）中。有时为了接通或分断较大的电流，在主触点上装有灭弧装置，以熄灭由于主触点断开而产生的电弧，防止烧坏触点。

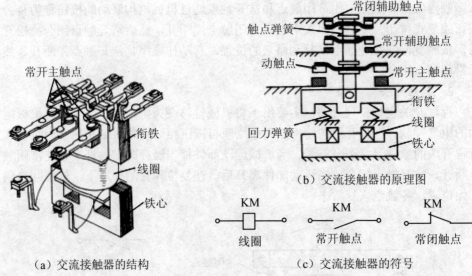

（a）交流接触器的结构　　　　　　　　（c）交流接触器的符号

图 8-7　交流接触器的结构、原理图及符号

接触器是电力拖动中最主要的控制电器之一。设计它的触点时已考虑到接通负载时起动电流的问题，因此，选用接触器时主要应根据负载的额定电流来确定，如一台 Y112M-4 型三相异步电动机，额定功率为 4kW，额定电流为 8.8A，选用主触点额定电流为 10A 的交流接触器即可。除电流之外，还应满足接触器的额定电压不小于主电路额定电压的条件。

8.1.5　继电器

继电器是一种根据电量（电压、电流）或非电量（转速、时间、温度等）的变化来接通或断开控制电路，实现自动控制或保护电力拖动装置的电器。继电器按输入信号的性质，可分为电压继电器、电流继电器、速度继电器、时间继电器、压力继电器等；按工作原理可分为电磁式继电器、感应式继电器、热继电器、电动式继电器、电子式继电器等；按用途可分为控制继电器、保护继电器等。

1. 中间继电器

中间继电器通常用来传递信号和同时控制多个电路，也可用来直接控制小容量电动机或其他电气执行元件。中间继电器的结构和工作原理与交流接触器基本相同，与交流接触器的主要区别是触点数目较多，且触点容量小，只允许通过小电流。在选用中间继电器时，主要是考虑电压等级和触点数目。

如图 8-8（a）所示是 JZ7 型电磁式中间继电器的外形图，图 8-8（b）所示是中间继电器的图形符号。

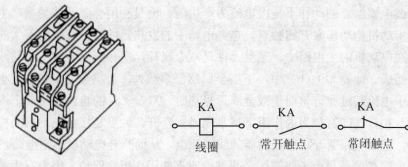

（a）JZ7 型电磁式中间继电器的外形　　　　　（b）中间继电器的符号

图 8-8　中间继电器的外形图及符号

2. 热继电器

热继电器是利用电流的热效应原理工作的保护电器，在电路中用作三相异步电动机的过载保护。电动机在实际运行中经常会遇到过载情况，只要过载不太严重，时间较短，绕组不超过允许温升，这种过载是允许的。若电动机长期超载运行，其绕组温升会超过允许值，其后果是加速绝缘材料的老化，缩短电动机的使用寿命，严重时会使电动机损坏。过载电流越大，达到允许温升的时间越短。因此，长期运行的电动机都应设置过载保护。

如图 8-9 所示是热继电器的外形结构、工作原理图及符号。

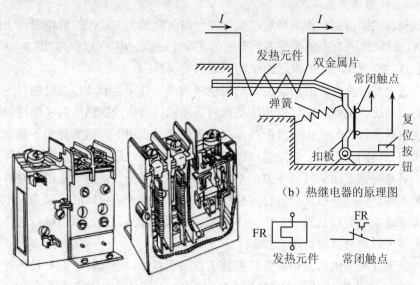

（b）热继电器的原理图

（a）热继电器的外形与结构　　　　　（c）热继电器的符号

图 8-9　热继电器的结构原理图及符号

　　热继电器触点的动作不是由电磁力产生的，而是利用感温元件受热产生的机械变形推动机构动作来开闭触点。热继电器中的发热元件是一段阻值不大的电阻丝，接在电动机的主电路中。感温元件是双金属片，由热膨胀系数不同的两种金属辗压而成。如图 8-9（b）中，下层金属膨胀系数大，上层金属膨胀系数小。当主电路中电流超过允许值而使双金属片受热时，双金属片的自由端将向上弯曲超出扣板，扣板在弹簧拉力的作用下将常闭触点断开。触点是接在电动机的控制电路中的，控制电路断开将使接触器的线圈断电，从而断开电动机的主电路。

　　需要注意的是，由于热惯性，热继电器不能用作短路保护。因为发生短路事故时，要求电路能够立即断开，而热继电器是不能立即动作的。但这个热惯性也是符合人们的要求的，在电动机起动或短时过载时，热继电器不会动作（也不应该动作），这可避免电动机不必要的停车。

　　热继电器动作后如果要复位，按下复位按钮即可。

　　热继电器中有 2～3 个发热元件，使用时应将各发热元件分别串接在两根或三根电源线中，可直接反映三相电流的大小。

　　常用热继电器有 JR0 和 JR10 系列，其主要技术数据是整定电流。所谓整定电流，就是通过发热元件的电流为此值的 120% 时，热继电器应在 20 分钟内动作。整定电流与电动机的额定电流一致，应根据整定电流选择热继电器。

　　3. 时间继电器

　　吸引线圈得到动作信号后，要延迟一段时间触头才动作的继电器称为时间继电器。时间继电器的种类很多，有空气式、电磁式、电子式等。如图 8-10 所示为通电延时空气式时间继电器的结构原理图及符号。

　　通电延时空气式时间继电器利用空气的阻尼作用达到动作延时的目的，主要由电磁系统、触点、空气室和传动机构等组成。吸引线圈通电后将衔铁吸下，使衔铁与活塞杆之间产生一段距离，在释放弹簧的作用下，活塞杆向下移动。伞形活塞的表面固定有一层橡皮膜，当活塞向下移动时，膜上将会出现空气稀薄的空间，活塞受到下面空气的压力，不能迅速下移，当空气由进气孔进入时，活塞才逐渐下移。移动到最后位置时，杠杆使微动开关动作。延时时间即为从电磁铁吸引线圈通电时刻起到微动开关动作时为止的这段时间。通过调节螺钉改变进气孔的大小可以调节延时时间。

　　吸引线圈断电后，依靠复位弹簧的作用而复原，空气经出气孔被迅速排出，如图 8-10 所示的时间继电器有两个延时触点：一个是延时断开的常闭触点，另一个是延时闭合的常开触点，此外还有两个瞬动触点。

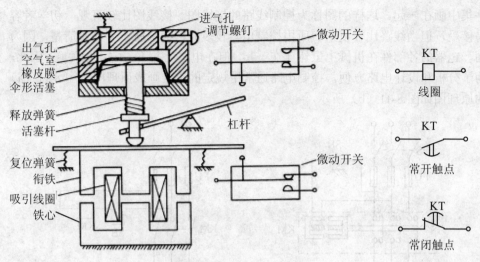

（a）通电延时空气式时间继电器的结构　　　　（b）时间继电器的符号

图 8-10　通电延时空气式时间继电器的结构原理图及符号

8.2　三相异步电动机的基本控制电路

在三相异步电动机的基本控制电路中，用接触器和按钮控制电动机的起动与停止，用熔断器和热继电器对电动机进行短路保护和过载保护。工业用的生产机械，其动作是多种多样的，因此，继电接触器控制电路也是多种多样的。但是，不管多么复杂的控制电路，都是由点动控制、单向自锁运行控制、正反转控制、多地控制、行程控制、时间控制等典型控制电路构成的。掌握这些典型控制电路，对阅读、应用和设计控制电路至关重要。

8.2.1　点动控制和直接起动控制

1．点动控制

点动控制常用于各种机械的调整和调试。如图 8-11（a）所示是用按钮和接触器实现三相异步电动机点动控制的控制线路图，图中 SB 为按钮，KM 为接触器。闭合开关 QS，三相电源被引入控制电路，但电动机还不能起动。按下按钮 SB，接触器 KM 的线圈通电，衔铁吸合，常开主触点接通，电动机定子接入三相电源起动运转。松开按钮 SB，接触器 KM 的线圈断电，衔铁松开，常开主触点断开，电动机因断电而停转。

在图 8-11（a）中，各个电器是按照实际位置画出的，属于同一电器的各个部件集中画在一起，这样的图称为控制线路的接线图。接线图比较直观，初学者容易接受，但当线路比较复杂、所用控制电器较多时，线路就不容易看清楚，因为同一电器的各部件在机械上虽然连在一起，但在电路上并不一定互相关联。因此，为了分析和设计电路方便，控制电路通常用规定的符号画成原理图。图 8-11（a）的原理图如图 8-11（b）所示。

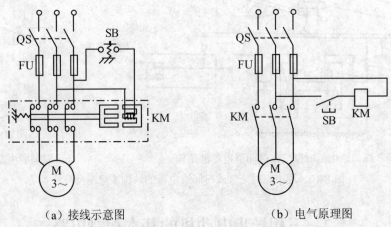

（a）接线示意图　　　　　　　　　　　（b）电气原理图

图 8-11　点动控制

阅读原理图时应注意以下几点：

（1）弄清各种电器的符号和意义，图中各电器的触点均处于常态，即接触器线圈没有通电、按钮不受外力时的状态。

（2）同一电器的各个部件（如接触器的线圈和触点）在原理图中往往很分散，为了识别方便，用同一文字符号表示它们。

2. 直接起动控制

更多的情况是要求电动机连续长时间运转，如图 8-12 所示电路就是为满足这一要求而设计的电动机连续运转控制电路，其工作过程如下：

（1）起动过程。按下起动按钮 SB_1，接触器 KM 的线圈通电，与 SB_1 并联的 KM 辅助常开触点闭合，以保证松开按钮 SB_1 后 KM 的线圈持续通电，串联在电动机回路中的 KM 主触点持续闭合，电动机连续运转，从而实现连续运转控制。

（2）停止过程。按下停止按钮 SB_2，接触器 KM 的线圈断电，与 SB_1 并联的 KM 辅助常开触点断开，以保证松开按钮 SB_2 后 KM 的线圈持续失电，串联在电动机回路中的 KM 主触点持续断开，电动机停转。

与 SB_1 并联的 KM 辅助常开触点的这种作用称为自锁。

如图 8-12 所示控制电路还可实现短路保护、过载保护和零压保护。

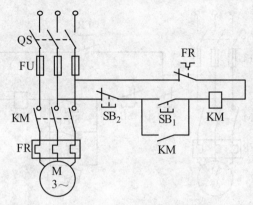

图 8-12　直接起动控制

　　起短路保护作用的是串接在主电路中的熔断器 FU。一旦电路发生短路故障，熔体立即熔断，电动机立即停转。

　　起过载保护作用的是热继电器 FR。过载时，热继电器的发热元件发热，将其常闭触点断开，使接触器 KM 的线圈断电，串联在电动机回路中的 KM 主触点断开，电动机停转。同时 KM 辅助触点也断开，解除自锁。故障排除后若要重新起动，需按下 FR 的复位按钮，使 FR 的常闭触点复位（闭合）即可。

　　起零压（或欠压）保护作用的是接触器 KM。当电源暂时断电或电压严重下降时，接触器 KM 的线圈电磁吸力不足，衔铁自行释放，使主、辅触点自行复位，切断电源，电动机停转，同时解除自锁。

8.2.2　多地控制和顺序控制

1. 多地控制

　　由于工作需要，有些生产机械要在两个或两个以上的地点进行控制。例如，为了便于集中管理，除了需要进行对每台设备就地控制外，还需要在中央控制台对设备进行控制，这就需要能够对设备实现多地控制。

　　对于一台电动机（或其他电气设备），要能够从多个地点进行控制，每一个控制点都必须有一个起动按钮和一个停机按钮。这些按钮的接线原则是：所有起动按钮并联，所有停机按钮串联。这样，按任一处的起动按钮或停机按钮，都能控制电动机的起停。

　　如图 8-13 所示是一个两地控制起停的控制电路，图中起动按钮 SB_{11} 和停机按钮 SB_{21} 组装在一处，起动按钮 SB_{12} 和停机按钮 SB_{22} 组装在另一处。按下 SB_{11} 或 SB_{12} 都可以使接触器 KM 的线圈通电，接通主电路，电动机运转；按下 SB_{21} 或 SB_{22} 都可以使接触器 KM 的线圈断电，断开主电路，电动机停转。

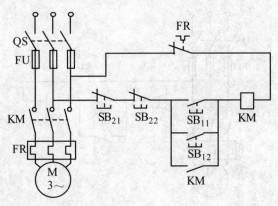

图 8-13　两地控制

2. 顺序控制

许多生产场合往往需要多台电动机，并且这些电动机要按一定顺序起停。例如，磨床工作时，要求先起动润滑油泵，然后再起动主轴电动机；龙门刨床在工作台移动前要先起动导轨润滑油泵；铣床的主轴旋转后，工作台方可移动；皮带运输机各电动机的起停要有一定顺序等。

如图 8-14 所示为两台电动机的顺序起动、同时停止控制电路，其中，图 8-14（a）所示为主电路，图 8-14（b）所示为控制电路。图中，接触器 KM_1 控制先起动的电动机 M_1，接触器 KM_2 控制后起动的电动机 M_2。

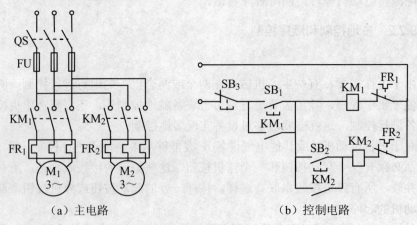

（a）主电路　　　　　　　　　　　　（b）控制电路

图 8-14　顺序控制

从图中可以看出，因为接触器 KM_2 的线圈电路中串接有接触器 KM_1 的常开触点，所以，当电动机 M_1 未起动时，即接触器 KM_1 的线圈未通电时，接触器 KM_2 的线圈不可能通电，电动机 M_2 不可能起动；只有当按下 SB_1，接触器 KM_1 的线圈通电，电动机 M_1 起动后，再按 SB_2，接触器 KM_2 的线圈通电，电动机 M_2 才起动。当按下 SB_3 时，接触器 KM_1、KM_2 的线圈同时断电，电动机 M_1、M_2 同时停止运转。

　　从图中还可以看出，如果由于过载使热继电器 FR_1 动作，接触器 KM_1 的线圈断电，电动机 M_1 停转。由于自锁触点 KM_1 断开使得接触器 KM_2 的线圈断电，电动机 M_2 也停转。若仅是电动机 M_2 过载，热继电器 FR_2 动作，使接触器 KM_2 的线圈断电，电动机 M_2 停转，电动机 M_1 仍可照常工作。

8.2.3　正反转控制

　　实际生产中，无论是工作台的上升、下降，还是立柱的夹紧、放松，或是进刀、退刀，大都是通过电动机的正反转实现的。如图 8-15 所示电路可以实现电动机的正反转控制。

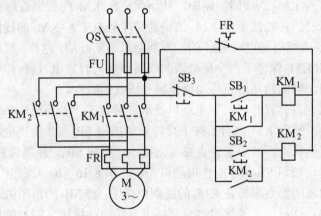

图 8-15　正反转控制

　　在主电路中，通过接触器 KM_1 的主触点将三相电源顺序接入电动机的定子三相绕组，通过接触器 KM_2 的主触点将三相电源逆序接入电动机的定子三相绕组。当接触器 KM_1 的主触点闭合而 KM_2 的主触点断开时，电动机正向运转。当接触器 KM_2 的主触点闭合而 KM_1 的主触点断开时，电动机反向运转。当接触器 KM_1 和 KM_2 的主触点同时闭合时，将引起电源相间短路，这种情况是不允许发生的。

　　为了实现主电路的要求，在控制电路中使用了 3 个按钮 SB_1、SB_2 和 SB_3，用于发出控制指令。SB_1 为正向起动控制按钮，SB_2 为反向起动控制按钮，SB_3 为停机按钮。通过接触器 KM_1、KM_2 实现电动机的正反转控制。动作过程如下：

　　（1）正向起动过程。按下起动按钮 SB_1，接触器 KM_1 的线圈通电，与 SB_1 并联的 KM_1 辅助常开触点闭合，以保证 KM_1 的线圈持续通电，串联在电动机回路中的 KM_1 主触点持续闭合，电动机连续正向运转。

（2）停止过程。按下停止按钮 SB$_3$，接触器 KM$_1$ 的线圈断电，与 SB$_1$ 并联的 KM$_1$ 辅助触点断开，以保证 KM$_1$ 的线圈持续失电，串联在电动机回路中的 KM$_1$ 主触点持续断开，切断电动机定子电源，电动机停转。

（3）反向起动过程。按下起动按钮 SB$_2$，接触器 KM$_2$ 的线圈通电，与 SB$_2$ 并联的 KM$_2$ 辅助常开触点闭合，以保证 KM$_2$ 的线圈持续通电，串联在电动机回路中的 KM$_2$ 主触点持续闭合，电动机连续反向运转。

如图 8-15 所示的控制电路在使用时应该特别注意 KM$_1$ 和 KM$_2$ 的线圈不能同时通电，因此不能同时按下 SB$_1$ 和 SB$_2$，也不能在电动机正转时按下反转起动按钮，或在电动机反转时按下正转起动按钮。如果操作错误，将引起主回路电源短路，给操作带来潜在的危险和很大的不便。在控制回路中引入联锁可解决这一问题。

如图 8-16（a）所示为带接触器联锁的正反转控制电路。将接触器 KM$_1$ 的辅助常闭触点串入 KM$_2$ 的线圈回路中，从而保证在 KM$_1$ 的线圈通电时，KM$_2$ 的线圈回路总是断开的；将接触器 KM$_2$ 的辅助常闭触点串入 KM$_1$ 的线圈回路中，从而保证在 KM$_2$ 的线圈通电时 KM$_1$ 的线圈回路总是断开的。这样，接触器的辅助常闭触点 KM$_1$ 和 KM$_2$ 保证了两个接触器的线圈不能同时通电，这种控制方式称为联锁或互锁，两个辅助常闭触点称为联锁触点或互锁触点。

上述电路在具体操作时，若电动机处于正转状态，若要反转必须先按停止按钮 SB$_3$，使联锁触点 KM$_1$ 闭合后按下反转起动按钮 SB$_2$，才能使电动机反转；若电动机处于反转状态，若要正转也必须先按停止按钮 SB$_3$，使联锁触点 KM$_2$ 闭合后按下正转起动按钮 SB$_1$，才能使电动机正转。图 8-16（b）中采用了复式按钮，将 SB$_1$ 按钮的常闭触点串接在 KM$_2$ 的线圈电路中；将 SB$_2$ 的常闭触点串接在 KM$_1$ 的线圈电路中；这样，无论何时，只要按下反转起动按钮，KM$_2$ 的线圈通电之前就首先使 KM$_1$ 的线圈断电，从而保证 KM$_1$ 和 KM$_2$ 不同时通电；从反转到正转的情况也是一样。这种由机械按钮实现的联锁称为机械联锁或按钮联锁。相应地，将上述由接触器触点实现的联锁称为电气联锁。在图 8-16（b）中用虚线表示机械联动关系，也可以不用虚线而将复式按钮用相同的文字符号表示。

8.2.4　行程控制

根据生产机械运动部件的位置或行程距离进行的控制称为行程控制，行程控制使用的控制电器称为行程开关。行程控制分限位控制和自动往返控制两种。

1. 限位控制

具有限位控制的控制电路，是将行程开关 SQ 的常闭触点与接触器 KM 的线圈串联，如图 8-17 所示。当生产机械的运动部件到达预定位置时，压下行程开关的触杆，将常闭触点断开，接触器的线圈断电，使电动机断电而停止运行。

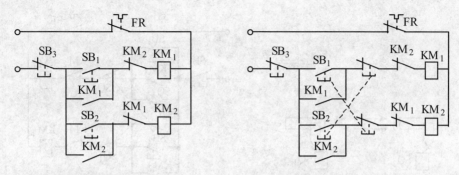

（a）只有电气联锁的控制电路　　　　（b）同时具有电气和机械联锁的控制电路

图 8-16　具有联锁环节的正反转控制

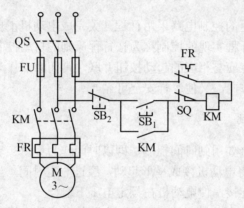

图 8-17　限位控制

2. 自动往返控制

许多机床都需要自动往返运动，如磨床是通过自动往返运动实现磨削加工的，这就要求电动机能够自动实现正反转控制。如图 8-18（a）所示是某工作台自动往返运动的工作循环图，行程开关 SQ_1 和 SQ_2 分别装在工作台的原位和终点，用以检测行程。行程开关由装在工作台上的挡铁（也叫挡块）来碰撞，工作台由电动机带动。电动机的主电路与正反转电路一样，控制电路如图 8-18（b）所示。该电路实质上是用行程开关控制的电动机正反转自动控制电路。

按下正向起动按钮 SB_1，电动机正向起动运行，带动工作台前运动，当运行到 SQ_2 位置时，挡块压下 SQ_2，接触器 KM_1 断电释放，KM_2 通电吸合，电动机反向起动运行，使工作台后退。工作台退到 SQ_1 位置时，挡块压下 SQ_1，KM_2 断电释放，KM_1 通电吸合，电动机又正向起动运行，工作台前进，如此一直循环下去，直到需要停止时按下 SB_3，KM_1 和 KM_2 同时断电释放，电动机脱离电源并停止转动。

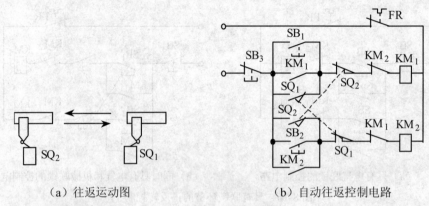

（a）往返运动图　　　　　　　（b）自动往返控制电路

图 8-18　自动往返控制

　　电动机自动往返的控制电路采用行程开关完成电动机正反转的自动切换，这种利用运动部件的行程实现的控制称为按行程原则的自动控制。在行程控制中，行程开关的常开触点应与相应的起动按钮并联，常闭触点作为互锁触点。这样，既能准确变换运动方向，又使运行安全可靠。

8.2.5　时间控制

　　在很多应用场合要用到时间控制，即以时间作为参量实现控制，如电动机的Y-△换接起动，先将电动机接成星形起动，经过一定时间，当转速上升到接近额定值时换成三角形连接，使电动机在额定电压下运行。

　　鼠笼式三相异步电动机直接起动控制电路简单经济，操作方便，但由于起动电流大，引起过大的电源电压降落，影响同一电源的其他用户，故 10kW 以上的鼠笼式异步电动机常常需要降压起动以减小起动电流。对于正常运转时定子绕组连接成三角形的鼠笼式异步电动机，可采用 Y-△换接的办法起动，以降低起动电压，从而达到减小起动电流的目的。这种方法在起动时将电动机的定子绕组连接成星形接入电源，待转速接近额定值时，把定子绕组改接成三角形，使电动机在额定电压下正常运行。如图 8-19 所示为鼠笼式三相异步电动机 Y-△换接起动控制电路。

　　按下起动按钮 SB₁，时间继电器 KT 和接触器 KM₂ 同时通电吸合，KM₂ 的常开主触点闭合，把定子绕组连接成星形，其常开辅助触点闭合，接通接触器 KM₁。KM₁ 的常开主触点闭合，将定子接入电源，电动机在星形连接下起动。KM₁ 的一对常开辅助触点闭合，进行自锁。经过一定延时，KT 的常闭触点断开，KM₂ 断电复位，接触器 KM₃ 通电吸合。KM₃ 的常开主触点将定子绕组接成三角形，使电动机在额定电压下正常运行。与按钮 SB₁ 串联的 KM₃ 辅助常闭触点的作用是：当电动机正常运行时，该常闭触点断开，切断 KT、KM$_2$ 的通路，即使误按 SB$_1$，KT 和 KM$_2$ 也不会通电，以免影响电路正常运行。若要停车，则按下停止按钮 SB$_3$，接触器 KM$_1$、KM$_2$ 同时断电释放，电动机脱离电源并停止转动。

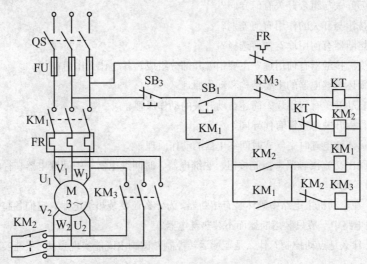

图 8-19　Y-△ 换接起动的控制电路

　　电动机 Y-△ 换接起动的控制电路采用了时间继电器延时动作来完成电动机从降压起动到全压运行的自动切换，这种控制方式称为按时间原则的自动控制，它在机床自动控制中得到广泛应用。延时时间的长短可根据起动过程所需时间设定。

　　（1）控制电器是电气控制的基本元件，分为手动电器（如刀开关、组合开关、按钮等）和自动电器（如接触器、继电器等）两大类。接触器用来接通或切断带负载的主电路，并易于实现远距离控制的自动切换。继电器及其他一些控制电器用于对主电路进行控制、检测及保护。

　　（2）用继电器、接触器及按钮等有触点的控制电器来实现的自动控制称为继电接触器控制。继电接触器控制工作可靠、维护简单，并能实现电动机起动、调速、正反转、制动等自动控制，所以应用极广。

　　（3）在三相异步电动机的各种控制电路中，点动控制、直接起动控制和正反转控制、自锁和联锁，以及短路保护、过载保护和零压（欠压）保护等是一些最基本的控制电路，任何一个复杂控制系统均是由这些基本控制电路再加上一些能满足特殊要求的控制电路构成的。

习题八

8-1　刀开关与组合开关有何异同？

8-2　按钮与开关的作用有何差别？

8-3　熔断器有何用途？如何选择？

8-4　交流接触器有何用途？主要由哪几部分组成？各起什么作用？

8-5　简述热继电器的主要结构和动作原理。

8-6　自动开关有何用途？简述自动开关的动作原理。

8-7　行程开关与按钮有何异同？

8-8　简述通电延时空气式时间继电器的动作原理。

8-9　画出交流接触器、控制按钮、热继电器、时间继电器、中间继电器、行程开关等电气元件的图形符号。

8-10　在电动机主电路中既然装有熔断器，为什么还要装热继电器？它们各起什么作用？为什么照明电路中一般只装熔断器而不装热继电器？

8-11　什么是点动控制？什么是连续运转控制？试画出既能实现点动，又能实现连续运转的控制电路。

8-12　试设计一个控制电路，使之能分别在 3 个不同地点直接控制一台三相异步电动机起动和停机。

8-13　什么是自锁？什么是联锁？试举例说明如何实现自锁与联锁。

8-14　电动机主电路中的热继电器是按电动机的额定电流选择的，在起动时，电动机起动电流比额定电流大 4～7 倍，为什么热继电器并不动作？在运行时，当负载电流大于额定电流时，为什么热继电器会动作？

8-15　在用如图 8-12 所示电路做电动机单向连续运转控制实验时，合上开关，按下起动按钮后出现以下现象，试分析故障原因。

（1）接触器不动作；

（2）接触器动作但电动机不转；

（3）电动机转动，但手松开起动按钮后，电动机又停转；

（4）电动机不转或转得很慢，并有"嗡嗡"声。

8-16　如图 8-20 所示的控制电路哪些有自锁作用，哪些没有？为什么？

8-17　如图 8-21 所示的控制电路哪些能正常工作，哪些不能？如不能正常工作，请改正。

8-18　在如图 8-18 所示的自动往返控制电路中，试再增加两个行程开关用以实现终端限位保护，以避免由于 SQ_1 和 SQ_2 经常受挡铁碰撞而动作失灵，造成工作台越出正常行程的危险。

8-19　两台三相鼠笼式异步电动机分别由两个交流接触器控制，试画出两台电动机能同时起动同时停止的控制电路。

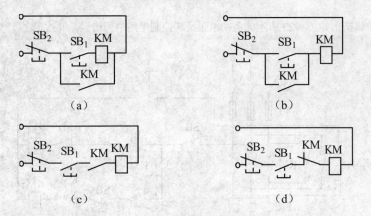

图 8-20 习题 8-16 的图

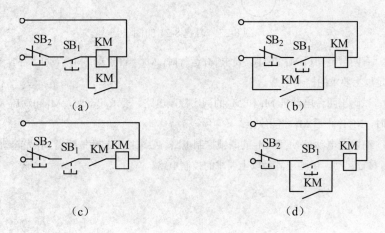

图 8-21 习题 8-17 的图

8-20 一控制电路如图 8-22 所示，试分析电路的工作原理，并说明按钮 SB₁、SB₂ 和 SB₃ 在电路中各起什么作用。

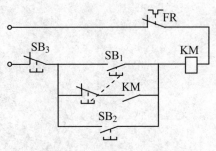

图 8-22 习题 8-20 的图

8-21 试指出如图 8-23 所示的电动机正反转控制电路中的错误，并改正之。

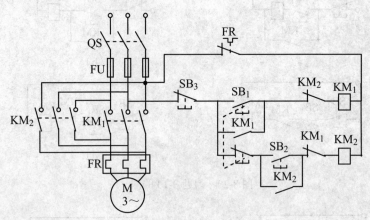

图 8-23 习题 8-21 的图

8-22 有两台电动机 M_1 和 M_2，要求 M_1 运行时，M_2 不许点动；M_2 点动时，M_1 不许运行。试画出满足以上要求的控制电路。

8-23 试画出两台电动机 M_1 和 M_2 的顺序控制电路，要求起动时，M_1 起动后 M_2 才能起动；停止时，M_2 停止后 M_1 才能停止。

8-24 有两台电动机 M_1 和 M_2 的联锁控制电路。要求按下起动按钮后 M_1 先起动，经一定延时后 M_2 自行起动。试画出满足以上要求的控制电路。

第 9 章　可编程控制器

本章学习要求

- 了解可编程控制器的硬件结构和工作原理。
- 了解可编程控制器的指令系统。
- 了解梯形图的设计规则和经验设计方法。
- 能够用梯形图语言进行简单的应用编程。

继电接触器控制系统简单实用，长期在生产上得到广泛的应用。但继电接触器控制系统存在着固有缺陷：由于继电接触器控制系统是利用硬接线来组成各种逻辑实现控制功能的，因此需要大量的机械触点，控制系统体积大，接线复杂，可靠性不高；而且当改变生产流程而需要改变控制逻辑时，需要改变大量的硬接线，甚至需要重新设计，这要耗费大量的人力、物力，改造时间也很长。可见，采用继电接触器控制系统，存在机械触点多、接线复杂、可靠性低、功耗高、通用性和灵活性也较差等缺点，因此，继电接触器控制系统已逐渐满足不了现代化生产过程复杂多变的控制要求。

可编程控制器（PLC）是以中央处理器（CPU）为核心，综合了计算机和自动控制等先进技术发展起来的一种工业控制器。1985 年 1 月，国际电工委员会（IEC）颁布了可编程序控制器标准草案第二稿，对可编程控制器作了如下定义："可编程控制器是一种数字运算操作的电子系统装置，专为在工业现场应用而设计。它采用可编程序的存储器，用来在其内部存储执行逻辑运算、顺序控制、定时、计数和算术运算等操作的指令，并通过数字式或模拟式的输入和输出，控制各种类型的机械或生产过程。可编程控制器及其有关设备都应按易于与工业控制器系统联成一个整体和易于扩充其功能的原则进行设计。"

PLC 具有可靠性高、功能完善、组合灵活、编程简单以及功耗低等许多独特优点，已被广泛应用于国民经济的各个控制领域。现在，可编程序控制器已成为工业自动控制的首选产品，与工业机器人、CAD（CAM）并称为工业生产自动化的三大支柱。PLC 的应用深度和广度已成为一个国家工业水平的重要标志。

本章将介绍 PLC 的硬件结构和工作原理、PLC 的梯形图及其设计方法以及

PLC 的基本指令及其应用。本章只为初学者提供 PLC 的基础知识，重点是简单程序编制，重在应用，有些应用举例可与继电接触器控制相对照。

9.1 PLC 的结构及工作原理

9.1.1 PLC 的结构

PLC 的类型繁多，功能和指令系统也不尽相同，但其结构和工作原理则大同小异。PLC 一般由主机、输入/输出接口、电源、编程器、扩展接口和外部设备接口等几个主要部分构成，如图 9-1 所示。如果把 PLC 看作一个系统，外部的各种开关信号或模拟信号均为输入变量，它们经输入接口寄存到 PLC 内部的数据存储器中，然后经逻辑运算或数据处理以输出变量形式送到输出接口，从而控制输出设备。

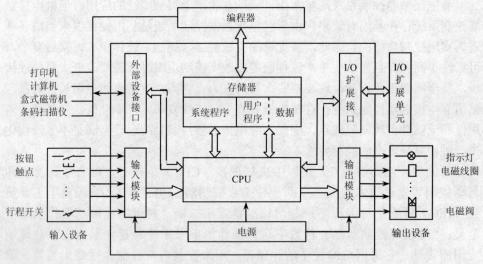

图 9-1 PLC 的硬件系统结构图

1. 主机

主机部分包括中央处理器（CPU）、系统程序存储器和用户程序及数据存储器。

CPU 是 PLC 的核心，起着总指挥的作用，它主要用来运行用户程序，监控输入/输出接口状态，作出逻辑判断和进行数据处理。即取进输入变量，完成用户指令规定的各种操作，将结果送到输出端，并响应外部设备如编程器、打印机、条码扫描仪等的请求，以及进行各种内部诊断等。

PLC 的内部存储器包括只读存储器（ROM）和读写存储器（RAM）两类。

只读存储器用于存放系统管理和监控程序以及对用户程序作编译处理的程序等系统程序。系统程序由厂家固定，用户不能更改。读写存储器用于存放用户编制的应用程序及各种暂存数据和中间结果，用户程序通过外接的专用编程器写入。

2. 输入/输出模块

输入/输出（I/O）模块是 PLC 与输入/输出设备连接的部件。

输入模块主要包括光电耦合器输入接口、输入状态寄存器和输入数据寄存器。输入接口接受各种输入设备如按钮、行程开关、传感器等的控制信号，并将其送到输入状态寄存器或输入数据寄存器中。

输出模块包括输出状态寄存器、输出锁存器、光电耦合器和功率放大器等。PLC 提供了 3 种类型的输出：机械触头继电器、无触点交流开关（双向晶闸管开关）和无触点直流开关（晶体管开关），以供驱动各种不同类型的负载。继电器输出型的输出接口提供了一个常开触点，可直接驱动交流接触器线圈、交流电磁阀、直流电磁铁等功率器件，而不用外加接口，这给用户带来了极大的方便。

输入/输出接口电路采用光电耦合电路是为了减少电磁干扰，这是提高 PLC 可靠性的重要措施之一。

3. 电源

PLC 的电源是指为 CPU、存储器、I/O 接口等内部电子电路工作所配备的直流开关稳压电源。I/O 接口电路的电源相互独立，以避免或减小电源间的干扰，通常也为输入设备提供直流电源。电源组件中还装有备用电池（锂电池），以保证在断电时存放在读写存储器（RAM）中的信息不会丢失。

4. 编程器

编程器也是 PLC 的一种重要的外部设备，用于手持编程。用户可以用它输入、检查、修改、调试程序，或用它监视 PLC 的工作情况。除手持编程器外，还可将 PLC 和计算机连接，并利用专用的工具软件进行编程或监控。

5. 输入/输出扩展接口

输入/输出扩展接口用于将扩充外部输入/输出端子数的扩展单元与基本单元（即主机）连接在一起。

6. 外部设备接口

此接口可将编程器、打印机、条码扫描仪等外部设备与主机相连，以完成相应的操作。

9.1.2　PLC 的工作原理

PLC 虽然采用了计算机技术，但在使用和操作上是很简单的，不需要对计算机的概念作深入的了解，只需把 PLC 看成是由普通继电器、定时器、计数器等组合而成的电气控制系统。值得注意的是，PLC 内部的继电器仅仅是一个逻辑概念，实际上是指存储器中的存储单元，而不是实际的物理继电器，但与物理继电器的功能十分相似。当输入到存储单元的逻辑状态为 1 时，表示相应继电器的线圈通电，其常开触点闭合，常闭触点断开；当输入到存储单元的逻辑状态为 0 时，表示相应继电器的线圈断电，其常开触点断开，常闭触点闭合。为了与传统的继电器相区别，将 PLC 内部的继电器称为软继电器。软继电器的触点只能供内部逻辑运算用，因为除了输出继电器外，其余继电器在 PLC 内部并没有实际继电器那样的实体，有的只是存储单元中每位触发器的状态。所以这些软继电器体积小、功耗低、无触点、速度快、寿命长，并且具有无限多的常开、常闭触点供程序使用。

如图 9-2 所示为 PLC 内部继电器的线圈及触点的图形符号。

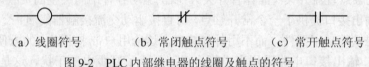

　　（a）线圈符号　　　　　（b）常闭触点符号　　　　（c）常开触点符号

图 9-2　PLC 内部继电器的线圈及触点的符号

现对照如图 8-12 所示的直接起动控制电路来说明 PLC 的工作原理。

对于如图 8-12 所示的电路，如果采用 PLC 来控制，PLC 的外部接线及内部等效电路如图 9-3 所示。与传统的继电接触器控制系统相类似，可以将 PLC 分成 3 部分：输入部分、内部控制电路和输出部分。

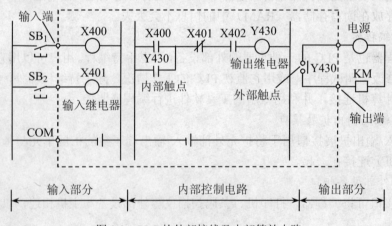

图 9-3　PLC 的外部接线及内部等效电路

输入部分由输入接线端与等效输入继电器（如用 X 表示）组成。输入继电器由接到输入端点的外部信号来驱动，其作用是收集被控制设备的各种信息或操作命令，例如从按钮开关、选择开关、行程开关和各种传感器输出的开关量或模拟量。当外部所接的触点闭合时，输入继电器通电；当外部所接的触点断开时，输入继电器断电。输入继电器有许多对常开触点和常闭触点供 PLC 内部使用。

包括等效输出继电器（如用 Y 表示）、定时器（如用 T 表示）、计数器（如用 C 表示）、辅助继电器（如用 M 表示）等，这些编程元件有许多对常开触点和常闭触点供 PLC 内部使用。PLC 内部控制电路的作用是处理由输入部分所取得的信息，并根据用户程序的要求，使输出达到预定的控制要求。

输出部分的作用是驱动被控制的设备按程序的要求动作。每条输出电路对应一个输出继电器，此输出继电器有一个对外常开触点与输出端相连，其余均为供 PLC 内部使用的常开触点和常闭触点。输出继电器接通时，对外常开触点闭合，外部执行元件通电动作。

从以上分析可知，PLC 的输入部分及输出部分对外连接好以后，PLC 外部接线工作即已完成。但只是这样还不能完成如图 8-12 所示的起动控制功能，PLC 内部还必须有相当于如图 8-12 所示电路的等效电路。在图 9-3 中用梯形图表示 PLC 内部的等效电路。梯形图实际上就是用户所编写的应用程序等效于 PLC 内部的接线图，也就是用编程触点构成的控制电路。用编程器将梯形图程序送入 PLC 内后，PLC 就可以按照预先制定的方案工作。

梯形图按从左到右、自上而下的顺序绘制。梯形图中的左右两条竖线类似于继电接触器控制电路图中的电源线，称为母线。每一逻辑行（或称梯级）起始于左母线，然后是触点的串、并联连接，最后是线圈与右母线相连。

梯形图的分析方法与分析电器控制电路类似。在图 9-3 中，当起动按钮 SB_1 闭合，输入继电器 X400 接通，其常开触点 X400 闭合，输出继电器 Y430 接通，Y430 的常开触点闭合自锁，同时外部常开触点闭合，使接触器线圈 KM 通电，电动机连续运行。停机时按停机按钮 SB_2，输入继电器 X401 接通，其常闭触点断开，线圈 Y430 断开，电动机停止运行。这里要注意，因为与停机按钮相连的输入继电器 X401 采用的是常闭触点，所以停机按钮必须采用常开触点，这与继电接触器控制电路不同。

PLC 的基本控制原理是：首先通过编程器编制控制程序，即按照控制要求将 PLC 内部的各种逻辑部件进行组合以达到一定的逻辑功能；其次当输入信息进入 PLC 内部后，执行逻辑部件组合后所达到的逻辑功能；最后使输出达到生产过程和工艺的控制要求。

9.1.3　PLC 的工作方式

PLC 是采用顺序扫描、不断循环的方式工作的。即 PLC 运行时，CPU 根据用户按控制要求编制好并存储于用户存储器中的程序，按指令步序号（或地址号）

作周期性循环扫描。如果无跳转指令，则从第一条指令开始逐条顺序执行用户程序，直到程序结束，然后重新返回第一条指令，开始下一轮新的扫描。在每次的扫描过程中，还要完成对输入信号的采样和对输出状态的刷新等工作，周而复始。

PLC 的扫描工作过程可分为输入采样、程序执行和输出刷新 3 个阶段，并进行周期性循环，如图 9-4 所示。

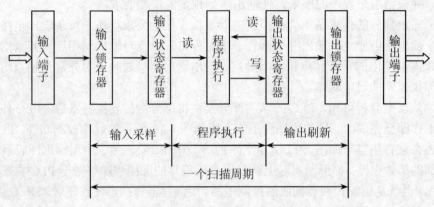

图 9-4　PLC 的扫描工作过程

1. 输入采样阶段

PLC 在输入采样阶段，控制器首先以扫描方式按顺序将所有暂存在输入锁存器中有关输入端子的通断状态或输入数据读入，并将其存入（写入）各对应的输入状态寄存器中，即刷新输入，随即关闭输入端口，进入程序执行阶段。在程序执行阶段，即使输入状态有变化，输入状态寄存器的内容也不会改变。变化了的输入信号状态只能在下一个扫描周期的输入采样阶段读入。

2. 程序执行阶段

PLC 在程序执行阶段按用户程序指令存放的先后顺序扫描执行每条指令，所需的执行条件可从输入状态寄存器和当前输出状态寄存器中读入，经过相应的运算处理后，其结果再写入输出状态寄存器中。所以，输出状态寄存器中所有的内容随着程序的执行而改变。

3. 输出刷新阶段

当所有指令执行完毕，输出状态寄存器的通断状态在输出刷新阶段送至输出锁存器中，并通过一定的方式（继电器、晶体管或晶闸管）输出，驱动相应的输出设备工作，这就是 PLC 的实际输出。

经过这 3 个阶段，就完成了一个扫描周期。对于小型 PLC，由于采用集中采样、集中输出的方式，使得在每一个扫描周期中，只对输入状态采样一次，对输出状态刷新一次，在一定程度上降低了系统的响应速度，即存在输入/输出滞后的现象。但从另外一个角度看，却大大提高了系统的抗干扰能力，使可靠性增强。另外，PLC 几毫秒至几十毫秒的响应延迟对一般工业系统的控制来讲是无关紧要的。

9.2　PLC 的编程元件与指令系统

PLC 利用编程语言、根据不同的控制要求编制不同的控制程序，就相当于设计和改变继电器控制的硬接线线路。PLC 的编程语言主要用梯形图和指令两种方法表示。

9.2.1　PLC 的编程元件

PLC 的指令一般都针对一个编程元件而言的，每个编程元件都有名称和编号。在使用 PLC 时，必须了解 PLC 各种编程元件的功能、名称和编号，不能混淆。

PLC 生产厂家不同，编程元件的种类有所不同，但主要编程元件的功能是相同的。现以日本三菱公司的小型机 PLC F-40M 为例介绍。

F-40M 的元件编号采用八进制。

1. 输入继电器（X）

输入继电器是 PLC 联系外部输入信息的桥梁，它只能由 PLC 输入端所连接的外部信号驱动，不能在内部由程序指令驱动。输入继电器与 PLC 的输入端子（也称输入点）一一对应，即有多少输入点就有多少个输入继电器。每个输入继电器都带有许多常开触点和常闭触点（也称接点）供编程使用。F-40M 的主机有 24 个输入继电器，编号为 X400～X407、X410～X413、X500～X507、X510～X513。

2. 输出继电器（Y）

输出继电器是 PLC 联系外部负载的桥梁，它根据程序执行的结果来驱动。每个输出继电器驱动的外部执行元件的常开触点只有一个。输出继电器与 PLC 的输出端子（也称输出点）一一对应，即有多少输出点就有多少个输出继电器。每个输出继电器都带有许多常开触点和常闭触点（也称接点）供编程使用。F-40M 的主机有 16 个输出继电器，编号为 Y430～Y437、Y530～Y537。

3. 辅助继电器（M）

辅助继电器不能直接驱动外部负载，要通过输出继电器才能驱动外部负载。F-40M 辅助继电器的编号为：M100～M277，128 点为普通型；M300～M377，64 点为断电保持型。断电保持型辅助继电器在断电之后若再行供电能恢复断电前的状态。

4. 移位寄存器

移位寄存器由辅助继电器构成。可组成 8 位或 16 位的移位寄存器。移位寄存器的第一个辅助继电器的代号就是这个移位寄存器的代号。当辅助继电器已构成移位寄存器时，不可再作他用。

下面以图 9-5 为例来考察移位寄存器的工作情况。

（1）该移位寄存器的代号为 M300，它是一个 16 位的移位寄存器。

（2）输入：是指设置第一个辅助继电器的状态。它由接在输入端的输入继电器 X400 的状态所决定，其操作如图 9-6 所示。

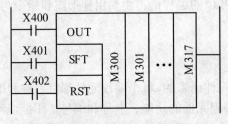 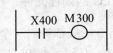

图 9-5　移位寄存器　　　　　　　图 9-6　移位寄存器的输入

（3）复位：当复位端的信号 X402 接通（1 态）时，M300～M317 全部处于复位状态（0 态）。因此，当移位寄存器按照移位方式工作时，复位输入（在此指 X402）应断开。

（4）移位：移位输入端的信号 X401 接通（由 0 变 1）一次，每个辅助继电器的状态（1 或 0）向右移一位，原 M317 的信号溢出。

5. 定时器（T）

F-40M 定时器的编号为 T450～T457、T550～T557，共计 16 个。每个定时器的定时时间 K 为 0.1～999s，在编程中设定。

若需要延时接通定时器，可使用如图 9-7（a）所示电路。在图 9-7（a）中，定时值 K 设定为 3s。若输入继电器 X400 接通，则其常开触点闭合，定时器 T450 起动，每隔 0.1s 对 K 减 0.1，直至 3s 后 K 减到 0，定时器 T450 输出，其常开触点闭合，接通输出继电器 Y430。若输入继电器 X400 一直接通，则定时器 T450 维持输出。当输入继电器 X400 断开，定时器 T450 复位，其常开触点断开，定时值 K 恢复到设定值。波形图如图 9-7（b）所示。

在需要延时断开定时器时，可使用如图 9-8（a）所示的电路。在图 9-8（a）中，定时值 K 设定为 19s。输入继电器 X400 由接通变为断开时，则其常开触点断开，常闭触点闭合。由于输出继电器 Y430 的常开触点自保持，定时器 T450 起动，每隔 0.1s 对 K 减 0.1，直至 19s 后 K 减到 0，定时器输出，其常闭触点 T450 断开，使输出继电器 Y430 断开，同时定时值 K 恢复到设定值。波形图如图 9-8（b）所示。

（a）梯形图   （b）波形图

图 9-7 延时接通定时器

定时器亦有若干个常开触点和常闭触点供限制时间操作之用。若在需要延时动作触点的同时还需要瞬时动作触点，可将辅助继电器线圈与定时器线圈并联，则该辅助继电器的触点即为瞬时动作触点。

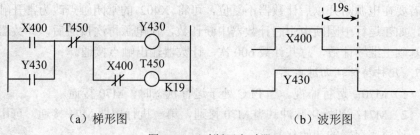

（a）梯形图   （b）波形图

图 9-8 延时断开定时器

6. 计数器（C）

F-40M 计数器的编号为 C460～C467、C560～C567，共计 16 个。每个计数器的计数值 K 为 1～999，在编程中设定。

每个计数器均有断电保持功能，即在电源中断时当前的计数值仍保持着。在不需要电源中断保持计数值的场合，可用初始化脉冲 M71 复位。

如图 9-9 所示是无电源中断保持的减法计数器。运行开始时，初始化脉冲 M71 将计数器 C460 复位，C460 的常开触点断开，常闭触点闭合，计数器当前值等于设定值 19。当复位输入断开时，计数开始。输入继电器 X401 接通一次（由 0 变 1），计数器就将当前值减 1，直到计数值减到 0 为止，此时计数器 C460 的常开触点接通（常闭触点断开），输出继电器 Y430 接通。若再来计数脉冲，计数器当前值仍保持为 0，C460 的常开触点一直保持接通。直到复位输入 X400 接通，C460 断开，计数值恢复为设定值。

计数器也可作定时器用。如图 9-10 所示是由计数器 C461 组成的 60s 定时器。

X402 接通，100ms 的时钟脉冲 M72 使计数器 C461 计数，当计数值达到设定值 600（即 0.1s×600=60s）时，计数器 C461 的常开触点闭合，使输出继电器 Y531 接通。输入继电器 X402 断开时，其常闭触点闭合，使 C461 复位，其常开触点断开，从而使输出继电器 Y531 断开。利用此特点，可用计数器构成长延时定时器。

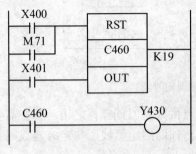

图 9-9　计数器　　　　　　　　图 9-10　60s 定时器

若要在电源断开以后计数器不复位，可将 X402 的常闭触点改为常开触点。这样，如在运行中因断电引起计数器中断计数，在电源再次接通后，计数器将在此值基础上继续计数，总共计数 600 次，计数器输出触点接通。

　　7. 几种特殊辅助继电器

（1）M70：运行监视。当 PLC 处于运行状态时，M70 接通。

（2）M71：初始化脉冲。当 M70 接通，第一执行周期 M71 接通，可用作计数器、移位寄存器的初始化复位。

（3）M72：100ms 时钟。产生脉冲间隔为 100ms 的时钟。

（4）M76：电池电压监视。锂电池电压下降到规定值时接通。可以用它的触点通过输出继电器接通指示灯，提醒操作者更换电池。

（5）M77：禁止全部输出。在梯形图中，若 M77 的线圈接通，则全部输出继电器的输出将自动断开，但辅助继电器、定时器及计数器仍继续工作。在紧急情况下，可用 M77 切断全部输出。

9.2.2　PLC 的指令

指令是一种与梯形图相对应的助记符号。由实现一定功能的若干条指令组成用户程序。对 F 系列的 PLC，其基本指令如下：

1. 输入、输出指令

LD：取指令。取与左母线相连的常开触点。

LDI：取反指令。取与左母线相连的常闭触点。

以上两条指令还可与 ANB、ORB 配合，用于分支电路的开始点。

OUT：输出指令。用于驱动输出继电器、辅助继电器、定时器、计数器，但不能用于输入继电器。对于定时器和计数器使用 OUT 指令后，必须设定常数 K，常数 K 的设定也作为一条指令。图 9-11 是这 3 条指令的使用举例。

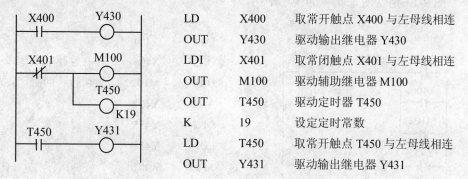

LD	X400	取常开触点 X400 与左母线相连
OUT	Y430	驱动输出继电器 Y430
LDI	X401	取常闭触点 X401 与左母线相连
OUT	M100	驱动辅助继电器 M100
OUT	T450	驱动定时器 T450
K	19	设定定时常数
LD	T450	取常开触点 T450 与左母线相连
OUT	Y431	驱动输出继电器 Y431

图 9-11　LD、LDI、OUT 指令使用举例

2. 与指令

AND：常开触点串联连接指令。

ANI：常闭触点串联连接指令。

图 9-12 是这两条指令的使用举例。

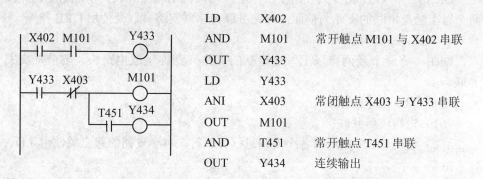

LD	X402	
AND	M101	常开触点 M101 与 X402 串联
OUT	Y433	
LD	Y433	
ANI	X403	常闭触点 X403 与 Y433 串联
OUT	M101	
AND	T451	常开触点 T451 串联
OUT	Y434	连续输出

图 9-12　AND、ANI 指令使用举例

在图 9-12 中的 OUT 指令后，经过 T451 触点，再利用 OUT 指令驱动 Y434，称为连续输出。

AND 指令和 ANI 指令只能用于一个触点与前面的触点串联，不能用于两个及两个以上触点并联的电路块与前面的电路串联，并联电路块串联要使用 ANB 指令。

3. 或指令

OR：常开触点并联连接指令。

ORI：常闭触点并联连接指令。

图 9-13 是这两条指令的使用举例。

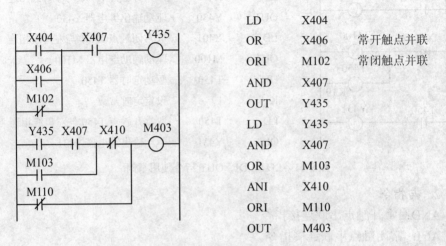

LD	X404	
OR	X406	常开触点并联
ORI	M102	常闭触点并联
AND	X407	
OUT	Y435	
LD	Y435	
AND	X407	
OR	M103	
ANI	X410	
ORI	M110	
OUT	M403	

图 9-13　OR、ORI 指令使用举例

OR 指令和 ORI 指令只能用于一个触点与前面的电路并联，不能用于两个及两个以上触点串联的支路与前面的电路并联，串联支路并联要使用 ORB 指令。

4. 电路块并联指令

ORB：将两个及两个以上触点串联的支路（亦称串联电路块）与前面支路并联。

使用 ORB 指令的原则是：

（1）先组块后并联；

（2）使用 ORB 指令对各个支路进行并联时，各个支路的起点须使用 LD、LDI 指令；

（3）多个支路组成的并联电路，每写一条并联支路后紧跟一条 ORB 指令，则并联电路块的条数没有限制，这种编程方式较好。也可以在所有的支路组成之后，集中写若干条 ORB 指令，但这种写法并联支路不能超过 8 条，是不好的编程方式。

如图 9-14 所示为 ORB 指令的使用举例。

5. 电路块串联指令

ANB：将多个串联电路块并联的电路（亦称并联电路块）与前面的电路串联。

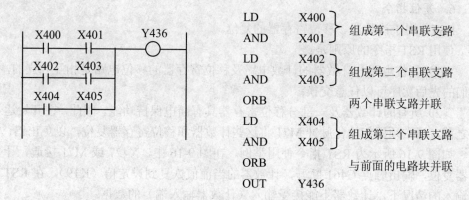

$$
\begin{array}{ll}
\text{LD} & \text{X400} \\
\text{AND} & \text{X401}
\end{array}\ \Bigg\}\ \text{组成第一个串联支路}
$$

$$
\begin{array}{ll}
\text{LD} & \text{X402} \\
\text{AND} & \text{X403}
\end{array}\ \Bigg\}\ \text{组成第二个串联支路}
$$

ORB　　　　　两个串联支路并联

$$
\begin{array}{ll}
\text{LD} & \text{X404} \\
\text{AND} & \text{X405}
\end{array}\ \Bigg\}\ \text{组成第三个串联支路}
$$

ORB　　　　　与前面的电路块并联

OUT　　　Y436

图 9-14　ORB 指令使用举例

使用 ANB 指令的原则是：

（1）先组块后串联；

（2）在每一电路块开始时，须使用 LD、LDI 指令；

（3）多个电路块组成的串联电路，在组成一个电路块后，紧跟一条 ANB 指令，则串联电路块的个数没有限制，这种编程方式较好。也可以在所有的电路块组成之后，集中写若干条 ANB 指令，但这种写法串联电路块不能超过 8 个，是不好的编程方式。

如图 9-15 所示为 ANB 指令使用举例。

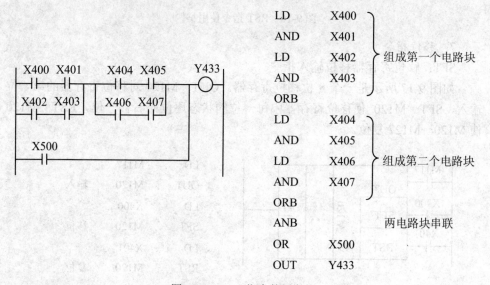

$$
\begin{array}{ll}
\text{LD} & \text{X400} \\
\text{AND} & \text{X401} \\
\text{LD} & \text{X402} \\
\text{AND} & \text{X403} \\
\text{ORB} &
\end{array}\ \Bigg\}\ \text{组成第一个电路块}
$$

$$
\begin{array}{ll}
\text{LD} & \text{X404} \\
\text{AND} & \text{X405} \\
\text{LD} & \text{X406} \\
\text{AND} & \text{X407} \\
\text{ORB} &
\end{array}\ \Bigg\}\ \text{组成第二个电路块}
$$

ANB　　　　　两电路块串联

OR　　　X500

OUT　　　Y433

图 9-15　ANB 指令使用举例

6. 复位指令

RST：用于计数器、移位寄存器的复位。

使用 RST 指令的原则是：

（1）复位电路与计数器的计数电路及移位寄存器的移位电路是相互独立的，它们的先后次序可以任意交换；

（2）所有的计数器及一部分移位寄存器具有断电保持功能。因此，在开始运行之前，通常须用初始化脉冲 M71 将这些计数器和移位寄存器复位，以免出错。

如图 9-16 所示为 RST 指令使用举例。在图 9-16 中，X427 或 M71 接通，计数器复位，输出触点 C461 断开，计数器的当前值恢复到设定值（K19）。在 RST 有输入的情况下，计数器不能接受输入（计数器输入端）的数据。

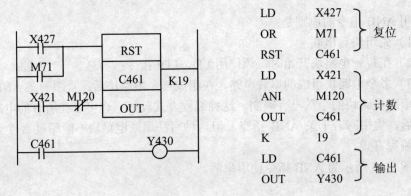

```
LD    X427  ⎫
OR    M71   ⎬ 复位
RST   C461  ⎭

LD    X421  ⎫
ANI   M120  ⎪
OUT   C461  ⎬ 计数
K     19    ⎭

LD    C461  ⎫
OUT   Y430  ⎬ 输出
```

图 9-16　RST 指令使用举例

7. 移位指令

SFT：移位寄存器移位输入指令。

如图 9-17 所示是一个 8 位移位寄存器。OUT　M120 对移位寄存器的第一位输入，SFT　M120 使移位寄存器中每一位的状态逐位向右移一位，RST　M120 使 M120～M127 复位。

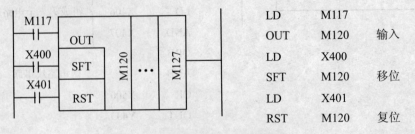

```
LD    M117
OUT   M120   输入

LD    X400
SFT   M120   移位

LD    X401
RST   M120   复位
```

图 9-17　SFT 指令使用举例

8. 脉冲指令

PLS：用于产生脉冲信号。

PLS 指令只能用于 M100～M377。

如图 9-18 所示为 PLS 指令使用举例。

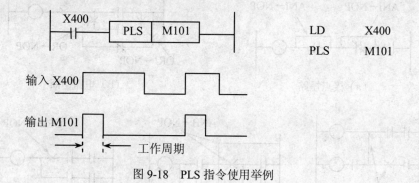

图 9-18　PLS 指令使用举例

在图 9-18 中，在 X400 的上升沿（由 0 变 1）M101 产生一个宽度为一个工作周期的脉冲。工作周期是从程序执行开始到程序执行结束（END）之间所需要的时间。F-40M 每查询一步的平均时间约为 45μs，所以，总步数乘上每步的时间为工作周期。

计数器和移位寄存器的复位、移位寄存器的移位通常需要这种脉冲。如图 9-19 所示为继电器脉冲输出用于计数器复位的例子。

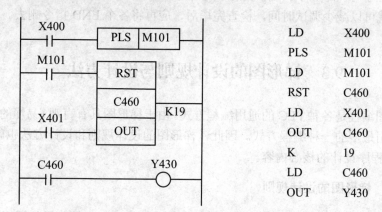

图 9-19　PLS 指令用于计数器复位

9. 空操作指令

NOP：使该步为空操作。

若在程序中写入 NOP 指令，可使变更和增加程序时步序号变更最小。但需注意，若将程序中的 LD、LDI、ANB、ORB 等指令改为 NOP 指令，会引起电路结构的重大变化，如图 9-20 所示。因此，NOP 指令的使用应慎重。

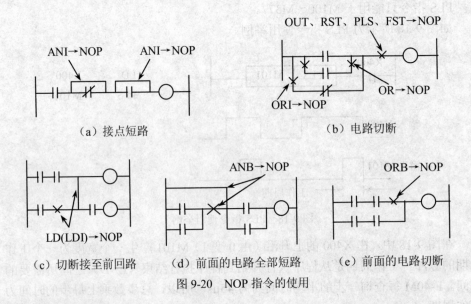

（a）接点短路　　　　　　　　　　　　（b）电路切断

（c）切断接至前回路　　　（d）前面的电路全部短路　　　（e）前面的电路切断

图 9-20　NOP 指令的使用

10. 结束指令

END：程序结束时写入 END 指令。

调试程序时，若在每个程序块的末尾写上 END 指令，检查每一个程序块的运行情况时就可以减少调试时间，检查完毕后，应再将各个 END 指令删去。

9.3　梯形图的设计规则与设计方法

梯形图编程是各种 PLC 的通用编程方式。由于梯形图具有直观、易懂的特点，因而是应用最多的一种编程方式。因此，梯形图的设计规则和设计方法也就自然成为 PLC 程序设计的核心内容。

9.3.1　梯形图的设计规则

梯形图是指由表示 PLC 内部编程元件的图形符号所组成的阶梯状图形。梯形图中编程元件的种类用图形符号及编号加以区别。

梯形图是一种图形语言，它是从继电接触器控制的电气原理图演变而来的。继电接触器控制电路的原理图是由一条条线路画成的阶梯状图形，PLC 的梯形图就与此类似，因而直观、形象，对于那些熟悉继电接触器控制电路的人来说，最容易被接受。

绘制梯形图时应遵循以下几条规则：

规则 1：梯形图按从左到右、自上而下的顺序绘制（指令编程亦应从左到右、自上而下）。每个编程元件线圈为一逻辑行。元件线圈与右母线直接相连。两线圈不能串联，也不能在线圈与右母线之间接其他元件，线圈一般也不允许直接与左母线相连，如图 9-21 所示。

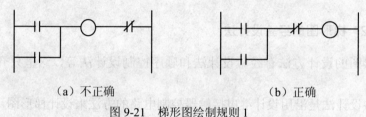

（a）不正确　　　　　　　　　（b）正确

图 9-21　梯形图绘制规则 1

规则 2：除有跳转指令外，一般某编号的线圈在梯形图中只能出现一次。

规则 3：在梯形图中的触点应画在水平线上，不应画在垂直线上，这是因为这种形式的梯形图无法用指令语句编程，应改画成能够编程的形式，如图 9-22 所示。

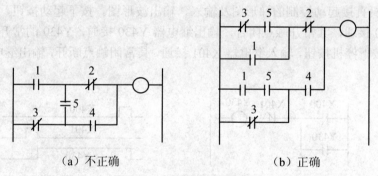

（a）不正确　　　　　　　　　（b）正确

图 9-22　梯形图绘制规则 3

规则 4：绘制梯形图时，应按照"上重下轻、左重右轻"的原则进行。即当几条支路并联时，串联触点多的应画在上面；几个电路块串联时，并联触点多的电路块应画在左边。按照这个原则绘制的梯形图符合"从左到右、自上而下"的程序执行顺序，并易于用指令语句编程，如图 9-23 所示。

规则 5：输入继电器的线圈由输入端子上的外部信号驱动，因而输入继电器的线圈不应出现在梯形图中。梯形图中输入继电器触点的通断取决于外部信号。

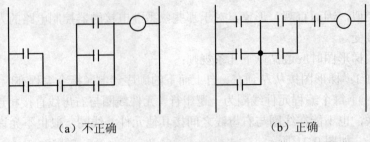

（a）不正确　　　　　　（b）正确

图 9-23　梯形图绘制规则 4

9.3.2　梯形图的经验设计法

梯形图的设计方法有经验设计法和顺序控制设计法等，这里只介绍经验设计法。

经验设计法是沿用设计继电接触器控制电路的方法来设计梯形图，即在一些典型的继电接触器控制电路的基础上，根据被控对象对控制系统的具体要求不断修改和完善梯形图。经验设计法在设计时无普遍规律可循，设计的质量与设计者的经验有很大的关系。经验设计法可用于较简单的梯形图设计，如一些继电接触器基本控制电路的设计。

电动机直接起动控制是继电接触器控制的最基本的单元电路。如图 9-24 所示为电动机直接起动控制的梯形图及输入、输出波形图。按下起动按钮，输入继电器 X400 接通，其常开触点闭合，输出继电器 Y430 接通，Y430 的常开触点闭合自锁。按下停机按钮，输入继电器 X401 接通，其常闭触点断开，输出继电器 Y430 断开。

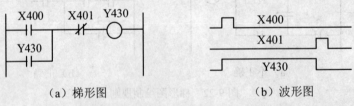

（a）梯形图　　　　　　（b）波形图

图 9-24　电动机直接起动控制的梯形图及波形图

如图 9-25 所示为电动机正反转控制的 PLC 端子分配、外部接线及梯形图。SB_1、SB_2 和 SB_3 分别是正、反转起动和停机按钮。FR 是热继电器的保护触点，用它在 PLC 外端直接通断正、反转接触器 KM_1、KM_2 的电源更为可靠。X400 和 X401 的常闭触点用来实现按钮联锁，Y430 和 Y431 的常闭触点用来实现 Y430 和 Y431 的联锁。为确保在任何情况下两个接触器都不会同时接通，除以上的软件联锁外，还在 PLC 的外部设置了由 KM_1 和 KM_2 常闭触点实现的硬件联锁。

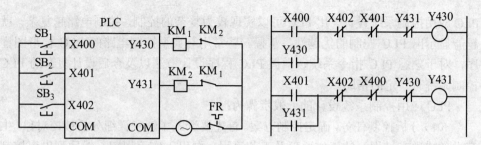

(a) PLC 端子分配、外部接线图   (b) 梯形图

图 9-25 电动机正反转控制的 PLC 端子分配、外部接线及梯形图

在电动机正反转控制梯形图的基础上,很容易设计出电动机的正反转控制且能实现 Y-△降压起动控制的梯形图,如图 9-26 所示。

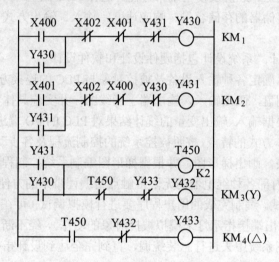

图 9-26 电动机 Y-△降压起动正反转控制的梯形图

当正反转起动时由 Y430 和 Y431 的触点并联接通 Y432,使 KM_3 通电,实现电动机绕组的 Y 形连接。同时,T450 线圈接通开始延时,当延时时间到 2s 时,T450 输出,其常闭触点打开,断开 Y432 而使 KM_3 断电;T450 常开触点闭合,接通 Y433 而使 KM_4 通电,电动机转为△形连接运行。梯形图中用 Y432 和 Y433 的常闭触点实现软件联锁。由于 Y430 和 Y431 有自锁,T450 线圈接通后不会断开,能维持输出,因而 Y433 不用自锁。

9.4 PLC 应用实例

在掌握了 PLC 的基本工作原理和编程技术的基础上,可结合实际问题进行

PLC 应用控制系统设计。用 PLC 可以实现较为复杂的控制，控制电路越复杂，就越能显示出 PLC 控制的优越性。掌握一些常用与典型控制电路的 PLC 梯形图程序，对于熟悉 PLC 指令系统、掌握 PLC 程序设计方法以及今后设计复杂的 PLC 控制系统有一定的帮助。

PLC 应用控制系统设计的一般步骤为：

（1）分析控制任务，确定控制方案。首先要深入了解和详细分析被控对象（生产设备或生产过程）的工作原理及工艺流程，画出工作流程图。然后列出该控制系统应具备的全部功能和控制范围。在上述工作的基础上，拟定控制方案使之能最大限度地满足控制要求，并保证系统简单、经济、安全、可靠。

（2）选择 PLC 机型。机型选择的基本原则是在满足控制功能要求的前提下，保证系统可靠、安全、经济及使用维护方便。选择 PLC 机型时一般须考虑 I/O 端子数、用户程序存储器的存储容量、响应速度、输入、输出方式及负载能力等方面问题。

（3）系统设计。系统设计包括硬件设计和软件设计。

硬件设计包括确定各种输入设备及被控对象与 PLC 的连接方式，设计外围辅助电路及操作控制盘，画出输入、输出端子接线图，并实施具体安装和连接。

软件设计是根据输入、输出变量的统计结果对 PLC 的 I/O 端进行分配和定义，根据 PLC 扫描工作方式的特点，按照被控系统的控制流程及各步动作的逻辑关系，合理划分程序模块，画出梯形图，并根据梯形图编制系统控制程序。软件设计时要充分利用 PLC 内部各种继电器的无限多触点给编程带来的方便。

（4）系统调试。编制完成的用户程序要进行模拟调试（可在输入端接开关来模拟输入信号、输出端接指示灯来模拟被控对象的动作），经不断修改达到动作准确无误后方可接到系统中去进行总装统调，直到完全达到设计指标要求。

9.4.1　三相异步电动机 Y-△降压起动控制电路

三相异步电动机 Y-△降压起动控制的继电接触器控制电路如图 8-19 所示。今用 PLC 来控制，其外部接线图和梯形图如图 9-27 所示。I/O 端子分配如表 9-1 所示。

表 9-1　三相异步电动机 Y-△降压起动控制 I/O 端子分配

输入		输出	
SB_1	X400	KM_1	Y431
SB_2	X401	KM_2	Y432
		KM_3	Y433

从如图 9-27 所示的外部接线图和梯形图可以看出三相异步电动机 Y-△降压

起动控制的控制过程如下：

按下起动按钮 SB_1，输入继电器 X400 接通，其常开触点 X400 闭合，使辅助继电器 M100 接通，M100 的一个辅助常开触点闭合自保持，另两个辅助常开触点闭合使输出继电器 Y430 和 Y431 接通，即接触器线圈 KM_1 和 KM_2 通电，电动机连接成星形降压起动。同时定时器 T450 开始计时，10s 后定时时间到，其常闭触点 T450 断开，使输出继电器线圈 Y431 断开，切断接触器线圈 KM_2 的电源。同时定时器 T450 的常开触点闭合，定时器 T451 开始计时，1s 后定时时间到，其常开触点 T451 闭合，使输出继电器 Y432 接通，接触器线圈 KM_3 通电，电动机换接成三角形运行。

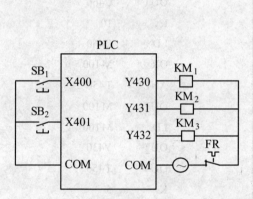
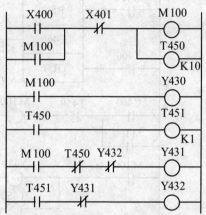

（a）PLC 端子分配、外部接线图　　　　（b）梯形图

图 9-27　电动机 Y-△降压起动控制的 PLC 端子分配、外部接线及梯形图

按下停机按钮 SB_2，输入继电器 X401 接通，其常闭触点 X401 断开，辅助继电器 M100 断开，其常开触点断开，从而使输出继电器线圈 Y430 断开，接触器线圈 KM_1 断电，电动机停止运转。

图 9-27（b）的指令编程如下：

LD	X400	OUT	T451
OR	M100	K	1
ANI	X401	LD	M100
OUT	M100	ANI	T450
OUT	T450	ANI	Y432
K	10	OUT	Y431
LD	M100	LD	T451
OUT	Y430	ANI	Y431
LD	T450	OUT	Y432

　　热继电器的发热元件串联在电动机主回路中，其常闭触点直接串联在电动机接触器的线圈回路中，可不用 PLC 控制。

9.4.2　计数器工作电路控制

　　假设在对装配线上的产品进行检测和计数时，要求计数到第 10 个时起动下一道工序工作 5s。满足这一要求的梯形图及程序如图 9-28 所示。

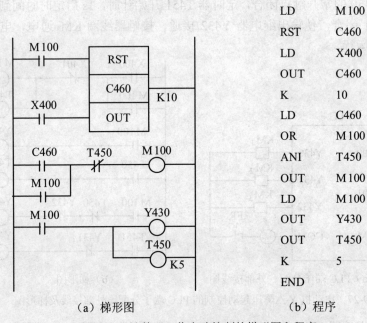

LD	M100
RST	C460
LD	X400
OUT	C460
K	10
LD	C460
OR	M100
ANI	T450
OUT	M100
LD	M100
OUT	Y430
OUT	T450
K	5
END	

（a）梯形图　　　　　　　　　　（b）程序

图 9-28　计数器工作电路控制的梯形图和程序

　　在图 9-28 中，用于检测产品的光电开关（或行程开关）触点与输入继电器 X400 相连，X400 接于计数器的计数输入端（OUT）。每通过一个产品，X400 的常开触点就开闭一次，即计数一次，计数器由当前值减 1。当通过 10 个产品计数 10 次时，计数器的当前值为 0，其常开触点 C460 闭合，使辅助继电器 M100 接通，M100 的 3 个常开触点闭合，一个用于自保持，一个使计数器 C460 复位，一个使输出继电器 Y430 和定时器 T450 通电。输出继电器 Y430 输出起动下一道工序工作。当定时器定时到 5s 时，其常闭触点 T450 断开，辅助继电器线圈 M100 断电，其常开触点 M100 断开，恢复初始状态。

9.4.3　机械手工作过程控制

　　机械手由液压系统驱动，其工作过程有夹紧、放松、正转、反转 4 种状态。

机械手工作按时间原则实现自动控制，其工作循环如图 9-29 所示。

图 9-29 机械手的工作循环图

如图 9-30 所示为输入、输出端子分配图。由于自动循环按时间原则进行，输入端只设起动按钮，这样使外部设备特别简单。4 个输出端子 Y430～Y433 分别控制机械手的夹紧、放松、正转、反转。

按照机械手的工作循环图，将整个控制过程分为 5 步，其中包括一个初始步。如图 9-31 所示为控制过程的梯形图。

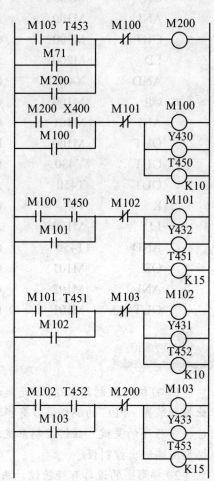

图 9-30 PLC 输入输出端子分配　　　图 9-31 机械手控制过程的梯形图

　　以 M200 的接通为例：当 M103 接通时，T453 一旦接通，则应使 M200 接通。因而用 M103 和 T453 的常开触点串联来接通 M200，同时并联上 M200 的常开触点使其自保持。PLC 上电时亦应将 M200 接通，否则系统将无法运行，因此用初始化脉冲 M71 与上述电路并联。在下一步 M100 接通时 M200 应断开，所以用 M100 的常闭触点与 M200 线圈串联。

　　图 9-31 的指令编程如下：

LD	M103	OUT	Y432
AND	T453	OUT	T451
OR	M71	K	15
OR	M200	LD	M101
ANI	M100	AND	T451
OUT	M200	OR	M102
LD	M200	ANI	M103
AND	X400	OUT	M102
OR	M100	OUT	Y431
ANI	M101	OUT	T452
OUT	M100	K	10
OUT	Y430	LD	M102
OUT	T450	AND	T452
K	10	OR	M103
LD	M100	ANI	M200
AND	T450	OUT	M103
OR	M101	OUT	Y433
ANI	M102	OUT	T453
OUT	M101	K	15

 本章小结

　　（1）可编程控制器（PLC）是集计算机和继电接触器控制优点于一体的新兴工业控制装置。PLC 的编程语言有梯形图和指令等，其中梯形图的设计又是编制 PLC 控制程序的关键。任何控制系统，只要设计出了梯形图，就可以很顺利地按照梯形图编制出控制程序。

　　（2）梯形图的设计有经验设计法和顺序控制设计法。经验设计法是在一些典型的继电接触器控制电路的基础上，根据被控对象对控制系统的具体要求不断修

改和完善梯形图，设计时要注意梯形图与继电接触器控制图的异同。

（3）指令是一种与梯形图相对应的助记符号，由实现一定功能的若干条指令组成用户程序。PLC 具有基本指令和高级指令，指令的种类和数量越多，其软件功能就越强。基本指令是各种型号的 PLC 都具有的指令，因而适用于各种型号 PLC 的编程。

习题九

9-1　试根据 PLC 的构成简述其特点和应用场合。

9-2　指出如图 9-32 所示梯形图的错误，并画出正确的梯形图。

9-3　指出如图 9-33 所示梯形图的错误，并画出正确的梯形图。

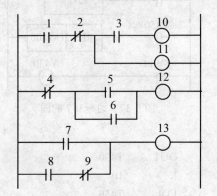
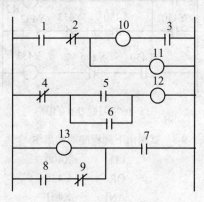

图 9-32　习题 9-2 的图　　　　　　　　图 9-33　习题 9-3 的图

9-4　试写出如图 9-34 所示梯形图的指令程序。

9-5　试写出如图 9-35 所示梯形图的指令程序。

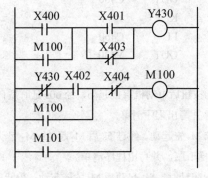
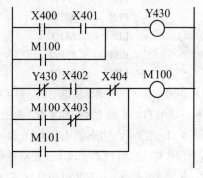

图 9-34　习题 9-4 的图　　　　　　　　图 9-35　习题 9-5 的图

9-6　试写出如图 9-36 所示梯形图的指令程序。

9-7　试写出如图 9-37 所示梯形图的指令程序。

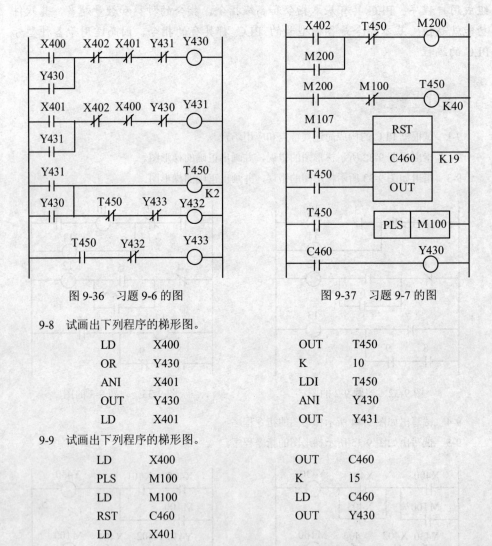

图 9-36　习题 9-6 的图　　　　　　　　　图 9-37　习题 9-7 的图

9-8　试画出下列程序的梯形图。

LD	X400	OUT	T450
OR	Y430	K	10
ANI	X401	LDI	T450
OUT	Y430	ANI	Y430
LD	X401	OUT	Y431

9-9　试画出下列程序的梯形图。

LD	X400	OUT	C460
PLS	M100	K	15
LD	M100	LD	C460
RST	C460	OUT	Y430
LD	X401		

9-10　有一台三相异步电动机，要求按下起动按钮后电动机直接起动，经 60s 延时后自动停机。试用 PLC 实现上述控制要求，画出梯形图，并写出程序清单。

9-11　有两台三相异步电动机 M_1 和 M_2，要求 M_1 先起动，经过 5s 后 M_2 起动；M_2 起动后 M_1 立即停机。试用 PLC 实现上述控制要求，画出梯形图，并写出程序清单。

9-12　有两台三相异步电动机 M_1 和 M_2，要求起动时，M_1 起动后 M_2 才能起动；停止时，M_2 停止后 M_1 才能停止。试用 PLC 实现上述控制要求，画出梯形图，并写出程序清单。

第 10 章　电工测量

本章学习要求

- 掌握电流、电压、电功率及电阻的测量方法。
- 掌握电流表、电压表、功率表及万用表的使用方法。
- 了解磁电式、电磁式及电动式仪表的结构和工作原理。
- 了解电度表的接线方法及电能的测量原理。

　　电工测量是电工技术的一个重要组成部分，对生产过程的监测、保证生产安全和经济运行、实现生产过程自动化都起着十分重要的作用。

　　电工测量就是利用电工测量仪表对电路中的各个物理量，如电流、电压、电功率、电能等参数的大小进行试验测量。测量是人类对自然界的客观事物取得数量概念的一种认识过程。随着科学技术的发展，需要测量乃至精密测量的物理量不断增多，测量的方法、手段和精度也在不断提高，电工测量的地位越来越重要，并被广泛应用在科学研究、工农业生产、工程建设、交通运输、通信事业、医疗卫生和日常生活的各个领域。

　　本章介绍电工测量的一般知识、常用电工仪表的结构原理，以及常用的测量电路等。

10.1　电工仪表的类型、误差和准确度

　　电工仪表是实现电工测量过程所需技术工具的总称。电工仪表的测量对象主要是电学量与磁学量。电学量又分为电量与电参量。通常要求测量的电量有电流、电压、功率、电能、频率等；电参量有电阻、电容、电感等。通常要求测量的磁学量有磁感应强度、磁导率等。

10.1.1　电工仪表的分类

　　表 10-1 列出了常用电工仪表的符号和意义，这些符号大都标示在仪表的度盘上。

表 10-1　常用电工仪表的符号和意义

分类	符号	名称	被测量的种类
电流种类	—	直流电表	直流电流、电压
	～	交流电表	交流电流、电压、功率
	≃	交直流两用表	直流电量或交流电量
	≋ 或 3～	三相交流电表	三相交流电流、电压、功率
测量对象	Ⓐ ⓜA ⓤA	安培表、毫安表、微安表	电流
	Ⓥ kA	伏特表、千伏表	电压
	Ⓦ kW	瓦特表、千瓦表	功率
	kW·h	千瓦时表	电能量
	φ	相位表	相位差
	f	频率表	频率
	Ω MΩ	欧姆表、兆欧表	电阻、绝缘电阻
工作原理	⌒	磁电式仪表	电流、电压、电阻
	⚡	电磁式仪表	电流、电压
	⊟	电动式仪表	电流、电压、电功率、功率因数、电能量
	⌒▷	整流式仪表	电流、电压
	⊙	感应式仪表	电功率、电能量
准确度等级	1.0	1.0 级电表	以标尺量限的百分数表示
	⒈5	1.5 级电表	以指示值的百分数表示
绝缘等级	⚡2kV	绝缘强度试验电压	表示仪表绝缘经过 2kV 耐压试验
工作位置	→	仪表水平放置	
	↑	仪表垂直放置	
	∠60°	仪表倾斜 60° 放置	
端钮	+	正端钮	
	—	负端钮	
	± 或 ✳	公共端钮	
	⊥ 或 ⏚	接地端钮	

按测量方法电工仪表可分为比较式仪表和直读式仪表。比较式仪表需将被测量与标准量进行比较后才能得出被测量的数量，常用的比较式仪表有电桥、电位差计等。直读式仪表将被测量的数量由仪表指针在刻度盘上直接指示出来，常用的电流表、电压表等都属于直读式仪表。直读式仪表测量过程简单、操作容易，但准确度不太高；比较式仪表的结构较复杂，造价较昂贵，测量过程也不如直读式简单，但测量的结果较直读式仪表准确。

按被测量的种类分类，电工仪表可分为电流表、电压表、功率表、频率表、相位表等。

按电流的种类分类，电工仪表可分为直流仪表、交流仪表和交直流两用仪表。

按仪表的工作原理分类，电工仪表可分为磁电式仪表、电磁式仪表、电动式仪表等。

按仪表的显示方法分类，电工仪表可分为指针式（模拟式）仪表和数字式仪表两大类。指针式仪表用指针和刻度盘指示被测量的数值；数字式仪表是随电子技术的发展而出现的一种新型仪表，这种仪表先将被测量的模拟量转化为数字量，然后用数字显示被测量的数值。

按仪表的准确度分类，电工仪表可分为 0.1、0.2、0.5、1.0、1.5、2.5 和 5.0 共 7 个等级。

10.1.2　电工仪表的误差和准确度

电工仪表的准确度是指测量结果（简称示值）与被测量真实值（简称真值）间相接近的程度，是测量结果准确程度的量度。误差是指示值与真值的偏离程度。准确度与误差本身的含义是相反的，但两者又是紧密联系的，测量结果的准确度越高，其误差就越小，因此，在实际测量中往往采用误差的大小来表示准确度的高低。

由于制造工艺的限制及测量时外界环境因素和操作人员的因素，误差是不可避免的。根据引起误差原因的不同，仪表误差可分为基本误差和附加误差。基本误差是在规定的温度、湿度、频率、波形、放置方式以及无外界电磁场干扰等正常工作的条件下，由于仪表本身的缺点所产生的误差。附加误差是由于外界因素的影响和仪表放置不符合规定等原因所产生的误差。附加误差有些是可以消除或限制在一定范围内的，而基本误差却是不可避免的。

误差一般有以下几种表示方法。

（1）绝对误差 ΔA。用示值 A_x 与真值 A_0 的差值表示，即：

$$\Delta A = A_x - A_0$$

（2）相对误差。绝对误差不能反映测量结果的准确程度，因此用相对误差 γ

来反映测量结果的准确程度。相对误差用绝对误差 ΔA 与真值 A_0 之比的百分数表示，即：

$$\gamma = \frac{\Delta A}{A_0} \times 100\%$$

在实际计算时，在已知误差很小或要求不高的情况下，也可用示值 A_x 代替真值 A_0 来近似求出相对误差（称为示值误差），即：

$$\gamma = \frac{\Delta A}{A_x} \times 100\%$$

（3）引用误差。对于同一台仪表，示值不同，相对误差也不相等，因此相对误差并不能说明一个仪表的性能。为此在国家标准中对指示仪表的误差规定用引用误差表示。引用误差是仪表的绝对误差与仪表的满标度值 A_m（即量限）之比的百分数。即：

$$\gamma_n = \frac{\Delta A}{A_m} \times 100\%$$

仪表的准确度用仪表的最大引用误差表示。设仪表的满标度值为 A_m，最大绝对误差为 ΔA_m，则仪表的准确度为：

$$K = \frac{\Delta A_m}{A_m} \times 100\%$$

例如，用一量程为 150V 的电压表在正常条件下测某电路的两点间电压 U，示值为 100V，绝对误差为 1V。这时 U 的真值为 $100 - 1 = 99$ V，相对误差 $\gamma = 1\%$。如果示值为 10V，绝对误差为 -0.8V，则其真值为 10.8V，相对误差 $\gamma = 8\%$。如果已知该电压表可能发生的最大绝对误差 ΔA_m 为 1.5V，则仪表的最大引用误差即准确度为：

$$K = \frac{\Delta A_m}{A_m} \times 100\% = \frac{1.5}{150} \times 100\% = 1\%$$

直读式仪表的准确度用最大引用误差来分级。我国生产的仪表的准确度分为 0.1、0.2、0.5、1.0、1.5、2.5 和 5.0 共 7 个等级。如准确度为 2.5 级的仪表，其最大引用误差为 2.5%。

测量结果的准确程度除了与仪表的准确度等级有关外，还与选用的仪表量程有关。若示值为 A_x，则测量结果可能出现的最大相对误差为：

$$\gamma_m = \frac{\Delta A_m}{A_x} = \frac{\Delta A_m}{A_x} \times \frac{A_m}{A_m} = \frac{\Delta A_m}{A_m} \times \frac{A_m}{A_x} = K \times \frac{A_m}{A_x}$$

可见被测量比仪表量程小得越多，测量结果可能出现的最大相对误差值也越大。例如，用 1.0 级量程为 150V 的电压表测量 30V 的电压，可能出现的最大相

对误差为 5%；而改用 1.0 级量程为 50V 的电压表测量 30V 的电压，可能出现的
最大相对误差为 1.67%。所以选用仪表的量程时应使读数在 2/3 量程以上。

10.2　指针式仪表的结构及工作原理

电工测量中常用的指针式仪表有磁电式、电动式和电磁式 3 种。这些仪表的
结构虽然不同，但工作原理却是相同的，都是利用电磁现象使仪表的可动部分受
到电磁转矩的作用而转动，从而带动指针偏转来指示被测量值的大小。

10.2.1　磁电式仪表

磁电式仪表也称动圈式仪表，是根据载流导体在磁场中受电磁力作用的原理
制成的，构造如图 10-1（a）所示，包括固定部分和可动部分。固定部分由永久磁
铁、极掌和圆柱形铁心组成，极掌与铁心之间空气隙的长度是均匀的，并产生均
匀的辐射状磁场，如图 10-1（b）所示。可动部分由可动线圈、转轴、指针、平衡
锤和游丝等组成。

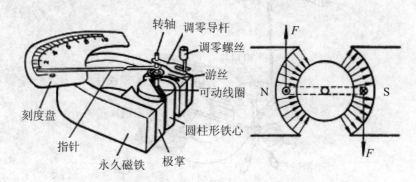

（a）磁电式仪表的结构　　　　　　（b）磁电式仪表的转矩

图 10-1　磁电式仪表的结构及转矩

当直流电流 I 通过可动线圈时，载流线圈与空气隙中的磁场相互作用，使线
圈获得磁场力的作用，如图 10-1（b）所示，从而使线圈产生转动力矩带动指针偏
转。线圈带动指针偏转后，就会扭紧弹簧游丝，使游丝产生反抗力矩。当反抗力
矩和转动力矩相平衡时，线圈和指针便停止偏转。由于在线圈转动的范围内磁场
分布均匀，因此线圈的转动力矩与电流的大小成正比；又因为游丝的反抗力矩与
线圈的偏转角度成正比，所以仪表指针的偏转角度 α 与流过线圈的电流大小成正
比，即：

$$\alpha = KI$$

式中 K 为常数。由此可见磁电式仪表标尺上的刻度是均匀的。

　　磁电式仪表除了刻度均匀外，还具有灵敏度和准确度高、消耗功率小、受外界磁场影响小等优点。其缺点是结构复杂、造价较高、过载能力小，而且只能测量直流，不能测量交流。电表接入电路时要注意其极性，否则指针反打会损坏电表。通常，磁电式仪表的接线柱旁均标有"＋"、"－"记号，以防接错。

10.2.2　电磁式仪表

　　电磁式仪表也称为动铁式仪表，分为推斥型和吸入型两种。它是利用放置于固定线圈中的铁心受到线圈电流产生的磁场磁化后，铁心与线圈或铁心与铁心相互作用产生转矩的原理制成的。

　　如图 10-2 所示为推斥型电磁式仪表的结构，也包括固定部分和可动部分。固定部分由固定线圈和线圈内侧的固定铁片组成。可动部分由转轴、固定在转轴上的可动铁片、指针、阻尼片、平衡锤和游丝等组成。

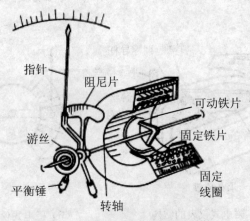

指针　　阻尼片　　可动铁片　　固定铁片　　固定线圈　　游丝　　平衡锤　　转轴

图 10-2　推斥型电磁式仪表的结构

　　线圈通入电流时会产生磁场，其内部的固定铁片和可动铁片同时被磁化。由于两铁片同一端的极性相同，因此两者相斥，致使可动铁片受到转动力矩的作用，从而通过转轴带动指针偏转。当转动力矩与游丝的反抗力矩相平衡时，指针便停止偏转。由于作用在铁心上的电磁力与空气隙中磁感应强度的平方成正比，磁感应强度又与线圈电流成正比，因此仪表的转动力矩与电流的平方成正比。又由于游丝的反抗力矩与线圈的偏转角度成正比，所以仪表指针的偏转角度 α 与线圈电流的平方成正比，即：

$$\alpha = KI^2$$

式中 K 为常数。由此可见，电磁式仪表标尺上的刻度是不均匀的。

推斥型电磁式仪表也可以测量交流，当线圈中电流方向改变时，它所产生磁场的方向也随之改变，因此动、静铁片磁化的极性也发生变化，两铁片仍然相互排斥，转动力矩方向不变，其平均转矩与交流电流有效值的平方成正比。

电磁式仪表的特点是转动部分和反抗弹簧不带电，因此坚固耐用、过载能力大、制造容易、价格便宜，广泛地用以制成电流表和电压表。其缺点是磁场弱，易受外界磁场影响，铁片被交变磁化时会产生铁损，消耗的功率较大，测直流电时有剩磁的影响，刻度不均匀，所以它的灵敏度和准确度都比较低。但经过精心设计，可使准确度提高到 0.2 或 0.1 级。

10.2.3　电动式仪表

电动式仪表的作用原理基本上与磁电式仪表相同，只是电动式仪表的磁场不是永久磁铁提供，而是用通电的固定线圈取代永久磁铁建立磁场的，其构造如图10-3 所示，主要由固定线圈、可动线圈和空气阻尼装置（包括阻尼片和空气室）等组成。可动线圈通常放在固定线圈里面，由较细的导线绕成。

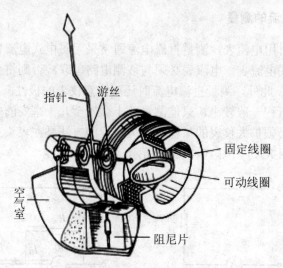

指针　游丝

固定线圈

可动线圈

空气室

阻尼片

图 10-3　电动式仪表的结构

当固定线圈中通入直流电流 I_1 时，就会产生磁场，磁感应强度 B_1 正比于 I_1。如果可动线圈通入直流电流 I_2，则可动线圈在此磁场中便受到电磁力的作用而带动指针偏转，电磁力 F 的大小与磁感应强度 B_1 和电流 I_2 成正比。直到转动力矩与游丝的反抗力矩相平衡时，才停止偏转。仪表指针的偏转角度 α 与两线圈电流的乘积成正比，即：

$$\alpha = KI_1I_2$$

式中 K 为常数。

对于线圈通入交流电的情况，由于两线圈中电流的方向均发生改变，因此产生的电磁力方向不变，这样可动线圈所受到转动力矩的方向就不会改变。设两线圈的电流分别为 i_1 和 i_2，则转动力矩的瞬时值与两个电流瞬时值的乘积成正比。而仪表可动部分的偏转程度取决于转动力矩的平均值，又由于转动力矩的平均值不仅与 i_1 及 i_2 的有效值成正比，而且还与 i_1 和 i_2 相位差的余弦成正比，因此电动式仪表用于交流时，指针的偏转角与两电流的有效值及两电流相位差的余弦成正比，即：

$$\alpha = KI_1I_2 \cos\varphi$$

电动式仪表准确度高，适用于交流或直流电路中电流、电压及功率的测量，但易受外界磁场的影响，测量电流、电压时刻度不均匀，过载能力也较小。

10.3　电流、电压、功率及电能的测量

10.3.1　电流的测量

测量电流时用电流表，测量直流电流通常采用磁电式电流表，测量交流电流主要采用电磁式电流表。电流表必须与被测电路串联，否则将会烧毁电表，如图10-4（a）所示。此外，测量直流电流时还要注意仪表的极性。

电流表的量程一般较小，只能测量几十微安至几十毫安的电流。为了测量更大的电流，就必须扩大仪表的量程。扩大量程的方法是在表头上并联一个称为分流器的低值电阻 R_A，如图 10-4（b）所示。

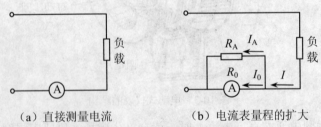

（a）直接测量电流　　　　　（b）电流表量程的扩大

图 10-4　电流的测量及量程的扩大

根据并联电路的特点，可以求出分流器的阻值为：

$$R_A = \frac{R_0}{n-1}$$

式中 R_0 为表头内阻，$n = \dfrac{I}{I_0}$ 为分流系数，其中 I_0 为表头的量程，I 为扩大后的量程。

10.3.2　电压的测量

测量电压时用电压表，测量直流电压常用磁电式电压表，测量交流电压常用电磁式电压表。电压表必须与被测电路并联，否则会影响电路工作，如图 10-5（a）所示。此外，测量直流电压时还要注意仪表的极性。

由于仪表表头内阻很小，只能通过微小电流，所以能测量的电压很低。为了测量更高的电压，就必须扩大仪表的量程。扩大量程的方法是在表头上串联一个称为倍压器的高值电阻 R_V，如图 10-5（b）所示。

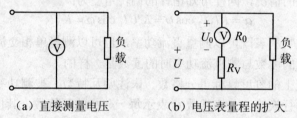

（a）直接测量电压　　　　（b）电压表量程的扩大

图 10-5　电压的测量及量程的扩大

根据串联电路的特点，可以求出倍压器的阻值为：

$$R_V = (m-1)R_0$$

式中 R_0 为表头内阻，$m = \dfrac{U}{U_0}$ 为倍压系数，其中 U_0 为表头的量程，U 为扩大后的量程。

10.3.3　功率的测量

测量功率时采用电动式仪表。测量时将仪表的固定线圈与负载串联，反映负载中的电流，因而固定线圈又称电流线圈；将可动线圈与负载并联，反映负载两端电压，所以可动线圈又称电压线圈。

1. 直流和单相交流功率的测量

直流和单相交流功率的测量均可用电动式功率表，而且接线方式相同，如图 10-6 所示。为了保证功率表的正确连接，在两个线圈的首端标有"*"号或"±"号，这两端均应接在电源的同一端。

在图 10-6 中，电流线圈中的电流 I_1 即为负载电流；R_V 为电压线圈附加电阻，电压线圈总电阻 $R = R_V + r$，电压线圈的电流为 I_2，负载电压为 $U = (R_V + r)I_2$。

所以，通入直流电时仪表指针的偏转角度为：

$$\alpha = KI_1I_2 = K'UI_1 = K'P$$

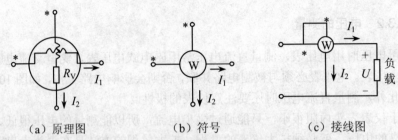

（a）原理图　　　　　　（b）符号　　　　　　（c）接线图

图 10-6　直流和单相交流功率的测量

对于交流电的情况，同样可知指针的偏转角度为：

$$\alpha = KI_1I_2 \cos\varphi = K'UI_1 \cos\varphi = K'P$$

可见电动式功率表既可以测量直流功率，也可以测量单相交流功率，并且测单相交流功率时的读数与测直流功率时的读数是一样的。

功率表标尺上的刻度只标了分格数，未注明瓦特数。被测功率数值的大小需要用分格常数进行换算。分格常数 C 表示每一分格的瓦特数，其值为：

$$C = \frac{U_N I_N}{a_m} \quad (\text{W/div})$$

式中 U_N、I_N 为所接量程电压、电流的额定值，a_m 为功率表标尺的满刻度格数。若功率表指针所指的格数为 a，则被测功率的瓦特数为：

$$P = Ca$$

2. 三相功率的测量

三相电路的总功率为三个相的有功功率之和。当三相负载对称时，可用一个单相功率表测得一相功率，然后乘以 3 即得三相负载的总功率，这种方法称为一表法。如图 10-7（a）、（b）所示为负载星形连接和三角形连接时功率表的接法。

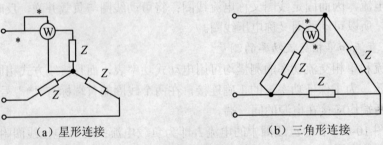

（a）星形连接　　　　　　　　　（b）三角形连接

图 10-7　一表法测三相功率

　　由三相四线制供电的不对称负载的功率可用三个单相功率表来测量，这种方法称为三表法，其接线如图 10-8 所示。设三个功率表的读数分别为 P_a、P_b 和 P_c，则三相总功率为：

$$P = P_a + P_b + P_c$$

　　对三相三线制电路，无论负载是否对称，均可采用二表法。即利用两只单相功率表来测量三相功率，其接线如图 10-9 所示。三相总功率为两个功率表的读数之和，即 $P = P_1 + P_2$。若负载功率因数小于 0.5（即 $|\varphi| > 60°$），则其中一个功率表的读数为负，会使此功率表的指针反转。为了避免指针反转，需将其电压线圈或电流线圈反接，这时三相总功率为两个功率表的读数之差。注意，这里每只功率表的读数单独都没有实际的物理意义，只有两只功率表读数的代数和才是三相总功率。

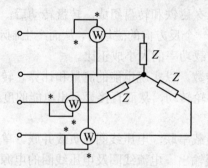
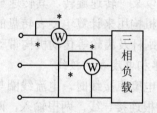

图 10-8　三表法测三相功率　　　　　图 10-9　二表法测三相功率

　　我国生产的三相功率表包括二元功率表和三元功率表，专门用于测量三相三线制电路的总功率和三相四线制电路的总功率，且三相总功率均可直接从表上读出。二元功率表和三元功率表的接线如图 10-10（a）、（b）所示。

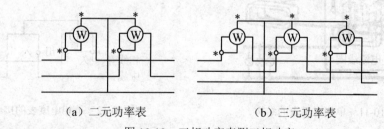

（a）二元功率表　　　　　　　（b）三元功率表

图 10-10　三相功率表测三相功率

10.3.4　电能的测量

测量电能采用电度表。电度表是用来测量某一段时间内发电机发出的电能或负载所消耗的电能的仪表。电能是电功率在时间上的累积，电力工业中电能的单位是千瓦时，也称度，所以电度表又称千瓦时计。凡是用电的地方几乎都用到电度表，因此电度表是电工仪表中生产和使用数量最多的一种。

1. 单相电度表的结构和工作原理

根据工作原理的不同，电度表可分为感应式、电动式和磁电式 3 种；按接入电源的相数不同，又有单相和三相之分。目前主要使用成本低、稳定性高的感应式电度表，各种型号的基本结构是相似的。如图 10-11 所示是单相电度表的结构示意图，其主要组成包括驱动机构、制动机构和积算机构（又称计度器）3 个部分。

驱动机构用来产生转动力矩，包括电压线圈、电流线圈和铝制转盘。当电压线圈和电流线圈通过交流电流时，就有交变的磁通穿过转盘，在转盘上感应出涡流，涡流与交变磁通相互作用产生转动力矩，从而使转盘转动。

制动机构用来产生制动力矩，由永久磁铁和转盘组成。转盘转动后，涡流与永久磁铁的磁场相互作用，使转盘受到一个反方向的磁场力，从而产生制动力矩，致使转盘以某一转速旋转，其转速与负载功率的大小成正比。

积算机构用来计算电度表转盘的转数，以实现电能的测量和计算。转盘转动时，通过蜗杆及齿轮等传动机构带动字轮转动，从而直接显示出电能的度数。

2. 单相电度表的接线

单相电度表接线时，电流线圈与负载串联，电压线圈与负载并联。单相电度表共有 4 根连接导线，两根输入，两根输出。电流线圈及电压线圈的电源端应接在相（火）线上，并靠近电源一侧，如图 10-12 所示。

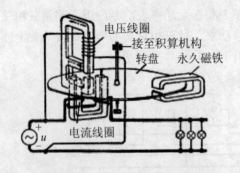

图 10-11　单相电度表的结构

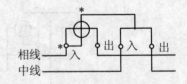

图 10-12　单相电度表的接线图

10.4　电阻的测量

电阻的测量方法有多种，如伏安法、电桥法、欧姆表法等。伏安法是通过测量被测电阻的电流及其两端的压降，然后由欧姆定律求出被测电阻。电桥法测电阻的准确度较高，属于比较测量法，限于篇幅，本章不作介绍。欧姆表法最简便，得到了广泛的应用，准确度可达 2.5%，满足一般要求。本节主要介绍万用表和兆欧表。

10.4.1　万用表

万用表是一种多量程、多用途的便携式常用直读式仪表，在工程技术人员中得到了广泛的应用。万用表一般可以测量交、直流电流、交、直流电压和电阻等，有的还能测量电感、电容等其他电学量，所以又称为繁用表或多用表。根据内部结构及原理的不同，万用表可分为磁电式和数字式两种类型。

1. 磁电式万用表

磁电式万用表主要由测量机构、转换开关和测量电路组成。

测量机构又称表头，通常由磁电式直流微安表组成。在表头面板上刻有多种量程的刻度盘，另外还有指针及调零器等。转换开关是利用固定触头和活动触头的接通与断开来达到多种测量量程和种类的转换。测量电路将被测量转换成适于用表头指示的电量，如图 10-13 所示是一般万用表测量电路的原理图。

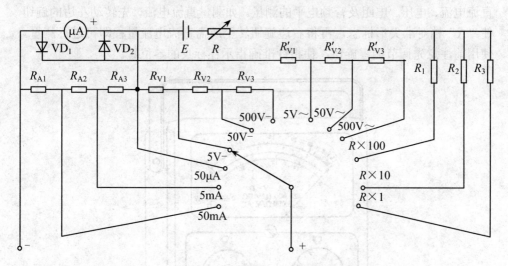

图 10-13　万用表测量电路原理图

（1）直流电流的测量。将转换开关置于直流电流档，被测电流从"＋"、"－"两端接入，便构成了直流电流的测量电路。图 10-13 中 R_{A1}、R_{A2}、R_{A3} 是分流器电阻，与表头构成闭合电路。通过改变转换开关的档位来改变分流器的电阻，从而达到改变电流量程的目的。

（2）直流电压的测量。将转换开关置于直流电压档，被测电压接在"+"、"–"两端，便构成了直流电压的测量电路。图 10-13 中 R_{V1}、R_{V2}、R_{V3} 是倍压器电阻，与表头构成闭合电路。通过改变转换开关的档位来改变倍压器的电阻，从而达到改变电压量程的目的。

（3）交流电压的测量。将转换开关置于交流电压档，被测交流电压接在"+"、"–"两端，便构成了交流电压的测量电路。表头因属磁电式直流表，测量交流时必须加整流器。图 10-13 中用两个二极管 VD_1 和 VD_2 组成半波整流电路，表盘刻度反映的是交流电压的有效值。R'_{V1}、R'_{V2}、R'_{V3} 是倍压器电阻，电压量程的改变与测量直流电压时相同。

（4）电阻的测量。将转换开关置于电阻档，被测电阻接在"+"、"–"两端，便构成了电阻的测量电路。由于电阻自身不带电源，因此在电路中接入了电池 E。由于被测电阻越小，通过表头的电流越大，所以在电阻档的刻度盘上，电阻的刻度与电流、电压的刻度方向相反。又由于电流与被测电阻不成正比关系，所以电阻的标度尺的分度是不均匀的。

如图 10-14 所示为 500 型万用表的面板图。它有两个"功能/量程"转换旋钮，每个旋钮上方均有一个尖形标志。利用两个旋钮不同位置的组合，可以实现交、直流电流、电压、电阻及音频电平的测量。如测量直流电流，先转动左边的旋钮，使"A"档对准尖形标志，再将右边旋钮转至所需直流电流量程即可进行测量。使用前注意先调节调零旋钮，使指针准确指示在标尺的零位置。

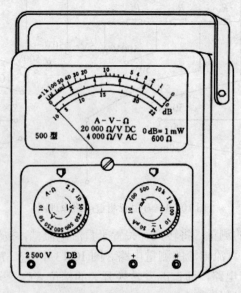

图 10-14　500 型万用表的面板图

2. 数字式万用表

数字式万用表和普通磁电式万用表一样，也是一种多量程、多用途（可以测量交、直流电流、交、直流电压和电阻、电容、二极管等）的便携式常用直读式仪表。与普通磁电式万用表相比，数字式万用表测量速度快、精度高、输入阻抗高、保护功能齐全，并且以十进制数字直接显示，读数直接、简单、准确。

数字式万用表由功能变换器、转换开关和直流数字电压表 3 部分组成，其原理框图如图 10-15 所示。

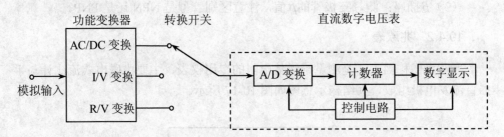

图 10-15　数字式万用表的原理框图

直流数字电压表是数字式万用表的核心部分，各种电量或参数的测量，都是首先经过相应的变换器，将其转化为直流数字电压表可以接受的直流电压，然后送入直流数字电压表，经模/数转换器变换为数字量，再经计数器计数并以十进制数字将被测量显示出来。

数字万用表的外形结构如图 10-16 所示。各部分的功能如下：

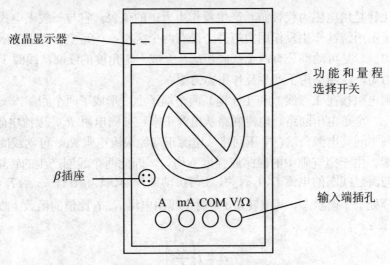

图 10-16　数字万用表的外形结构

（1）输入端插孔：黑表笔总是插"COM"插孔。测量交、直流电压、电阻、二极管及通断检测时，红表笔插"V/Ω"插孔；测量 200mA 以下交、直流电流时，红表笔插"mA"插孔；测量 200mA 以上交、直流电流时，红表笔插"A"插孔。

（2）功能和量程选择开关：交、直流电压档的量程为 200mV、2V、20V、200V、1000V，共 5 档。交、直流电流档的量程为 200μA、2mA、20mA、200mA、10A，共 5 档。电阻挡的量程为 200Ω、2kΩ、20kΩ、200kΩ、2MΩ、20MΩ、•))200，共 7 档，其中 •))200 档用于判断电路的通、断。

（3）β 插座：测量三极管的 β 值，注意区别管型是 NPN 还是 PNP。

10.4.2　兆欧表

兆欧表俗称摇表，是测量绝缘体电阻的专用仪表，主要由磁电式流比计与手摇直流发电机组成，其结构示意图如图 10-17 所示。

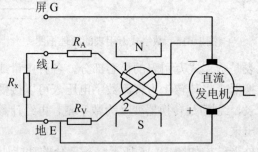

图 10-17　兆欧表内部原理图

流比计是用电磁力代替游丝产生反作用力矩的仪表。它与一般磁电式仪表不同，除了不用游丝产生反作用力矩外，还有两个区别：一是空气隙中的磁感应强度不均匀；二是可动部分有两个绕向相反且互成一定角度的线圈，线圈 1 用于产生转动力矩，线圈 2 用于产生反作用力力矩。

被测电阻接在 L（线）和 E（地）两个端子上，形成了两个回路，一个是电流回路，一个是电压回路。电流回路从电源正端经被测电阻 R_x、限流电阻 R_A 和可动线圈 1 回到电源负端。电压回路从电源正端经限流电阻 R_V、可动线圈 2 回到电源负端。由于空气隙中的磁感应强度不均匀，因此两个线圈产生的转矩 T_1 和 T_2 不仅与流过线圈的电流 I_1、I_2 有关，还与可动部分的偏转角 α 有关。当 $T_1 = T_2$ 时，可动部分处于平衡状态，其偏转角 α 是两个线圈电流 I_1、I_2 比值的函数（故称为流比计），即：

$$\alpha = f\left(\frac{I_1}{I_2}\right)$$

　　因为限流电阻 R_A、R_V 为固定值，在发电机电压不变时，电压回路的电流 I_2 为常数，电流回路的电流 I_1 的大小与被测电阻 R_x 的大小成反比，所以流比计指针的偏转角 α 能直接反映被测电阻 R_x 的大小。

　　流比计指针的偏转角与电源电压的变化无关，电源电压 U 的波动对转动力矩和反作用力矩的干扰是相同的，因此流比计的准确度与电压无关。但测量绝缘电阻时，绝缘电阻值与所承受的电压有关。摇手摇发电机时，摇的速度须按照规定，而且要摇够一定的时间。常用兆欧表的手摇发电机的电压在规定转速下有 500V 和 1000V 两种，可根据需要选用。因为电压很高，测量时应注意安全。

　　兆欧表的接线端钮有 3 个，分别标有 "G（屏）"、"L（线）" 和 "E（地）"。被测的电阻接在 L 和 E 之间，G 端的作用是为了消除表壳表面 L、E 两端间的漏电和被测绝缘物表面漏电的影响。在进行一般测量时，把被测绝缘物接在 L、E 之间即可。但测量表面不干净或潮湿的对象时，为了准确地测出绝缘材料内部的绝缘电阻，就必须使用 G 端，如图 10-18 所示为测量电缆绝缘电阻的接线图。

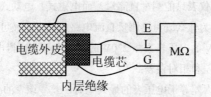

图 10-18　测量电缆绝缘电阻的接线图

　　（1）电工测量包括电学量的测量和磁学量的测量，本章只介绍了电学量中电流、电压、功率、电能及电阻的测量。

　　（2）仪表误差是仪表的主要技术指标之一，包括基本误差和附加误差。仪表的准确度用最大绝对误差 ΔA_m 与仪表量程 A_m 之比即最大引用误差表示，为：

$$K = \frac{\Delta A_m}{A_m} \times 100\%$$

　　我国指针式仪表的准确度分为 7 个等级。准确度等级 K 的数值越小，仪表的基本误差就越小，准确度也就越高。但仪表的高准确度还要与仪表的量程相配合，测量时最好使被测量的值在仪表量程的 2/3 以上。

　　（3）电工仪表按其工作原理可分为磁电式、电磁式、电动式、感应式、整流式等类型。磁电式、电磁式和电动式仪表是常用的 3 种指针式仪表。磁电式仪表利用载流线圈在磁场中受力作用而产生转动力矩，其准确度较高，用于测量直流电流和直流电压。电磁式仪表利用铁心受到线圈电流产生的磁场磁化后，铁心与线圈或铁心与铁心相互作用产生转动力矩的，可用于交、直流电流、电压的测量，但测量直流时准确度较低，故主要用于交流测量。电动式仪表利用载流线圈之间的相互作用力而产生转动力矩，可用于交、直流电流、电压及功率的测量，主要用作功率测量。

（4）万用表是一种多量程、多用途的常用电工仪表，有磁电式和数字式两种类型，可以测量交、直流电流、交、直流电压和电阻等，有的还能测量电感、电容等其他电学量。若要测量绝缘电阻，则必须使用兆欧表。

 **习 题 十**

10-1 仪表的准确度等级是如何定义的？

10-2 为什么磁电式仪表只能测量直流量？而电磁式、电动式仪表能交、直流两用？

10-3 电动式功率表为什么既可以测量直流电路的功率，又可以测量交流电路的功率？

10-4 用量程为 250V 的电压表去测 220V 的标准电源，读得电源电压为 219V。求：

（1）测量的绝对误差和相对误差；

（2）若此时的绝对误差等于电压表的最大绝对误差，该表的准确度为多少？

10-5 一只电流表的量程为 10A，准确度为 1.5 级，试确定测量 3A 和 6A 电流时的最大相对误差。并根据计算结果确定应如何选择仪表的量程。

10-6 有一个单相电动式功率表，满刻度有 150 格，电流量程为 0.5A 和 1A 两种，电压量程为 37.5V、75V、150V 和 300V 四种，额定功率因数 $\cos\varphi = 1$，试确定各量程的仪表分格常数 C。

10-7 已知表头内阻为 25Ω、满量程电流为 40μA，欲将其改装成具有 10mA 和 100mA 两个量程的电流表，如图 10-19 所示，求分流器电阻 R_1、R_2 的阻值。

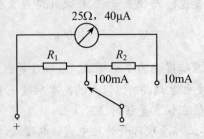

图 10-19 习题 10-7 的图

10-8　已知表头内阻为 25Ω、满量程电流为 40μA，欲将其改装成具有 10V 和 100V 两个量程的电压表，如图 10-20 所示，求倍压器电阻 R_1、R_2 的阻值。

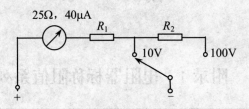

图 10-20　习题 10-8 的图

附　　录

附录 1　电阻器标称阻值系列

E24 系列	E12 系列	E6 系列
允许误差±5%	允许误差±10%	允许误差±20%
1.0	1.0	
1.1		
1.2	1.2	1.0
1.3		
1.5	1.5	
1.6		
1.8	1.8	1.5
2.0		
2.2	2.2	
2.4		
2.7	2.7	2.2
3.0		
3.3	3.3	
3.6		
3.9	3.9	3.3
4.3		
4.7	4.7	
5.1		
5.6	5.6	4.7
6.2		
6.8	6.8	
7.5		
8.2	8.2	6.5
9.1		

电阻器的标称阻值应符合上表所列数值之一，或表列数值再乘以 10^n，n 为整数。

附录 2　电阻器阻值的色环标志法

颜色	有效数字	乘数	允许误差
黑	0	10^0	—
棕	1	10^1	±1%
红	2	10^2	±2%
橙	3	10^3	—
黄	4	10^4	—
绿	5	10^5	±0.5%
蓝	6	10^6	±0.2%
紫	7	10^7	0.1%
灰	8	10^8	
白	9	10^9	—
金	—	10^{-1}	+50%，−20%
银	—	10^{-2}	±5%
		—	±10%
无色			±20%

说明：

（1）普通电阻，4 道环的色环标志法

色环的第 1、第 2 道色环表示电阻值的第 1、第 2 位有效数字，第 3 道色环表示有效数字后面 0 的个数，或乘以乘数（倍率），第 4 道色环表示电阻值的允许误差。

例：电阻器上 4 道色环依次为：

绿、棕、金、金——表示 5.1Ω（±5%）

黄、紫、棕、银——表示 470Ω（±10%）

棕、绿、绿、银——表示 1.5MΩ（±10%）

（2）精密电阻，5 道环的色环标志法

色环的第 1、第 2、第 3 道色环表示电阻值的第 1、第 2、第 3 位有效数字，第 4 道色环表示有效数字后面 0 的个数，或乘以乘数（倍率），第 5 道色环表示电阻值的允许误差。

例：电阻器上 5 道色环依次为：

棕、黑、绿、金、红——表示 10.5Ω（±2%）

红、蓝、紫、棕、棕——表示 2.67kΩ（±1%）

棕、红、黄、黄、紫——表示 1.24MΩ（±0.1%）

部分习题参考答案

第 1 章

1-1 （1） $U_{ab} = 5\,V$；（2） $U_{ab} = 5\,V$；（3） $I = -2\,A$；（4） $I = 2\,A$

1-2 （a）10W；（b）$-48W$，30W；（c）$-50W$，25W

1-3 （3） $P_1 = -560\,W$，$P_2 = -540\,W$，$P_3 = 600\,W$，$P_4 = 320\,W$，$P_5 = 180\,W$

1-4 $I_3 = -2\,mA$。$U_3 = 60\,V$

1-5 $U_S = 225\,V$，$R_0 = 0.5\,\Omega$；$I_S = 450\,A$，$R_0' = 0.5\,\Omega$

1-6 （1） $I_N = 10\,A$，$R_N = 22\,\Omega$

1-7 不能，$P = 10\,W$

1-8 $U_{ab} = 9\,V$

1-9 10mA，10V；0mA，10V；100A，0V

1-10 $P = 50\,W$

1-11 $U_{ac} = 26\,V$，$U_{bd} = 7\,V$

1-12 $U_{ab} = 11\,V$，$I_2 = -3\,A$，$I_3 = 2\,A$，$R_3 = 5.5\,\Omega$

1-13 $-18W$，$-18W$，4W

1-14 $U_{ab} = 0\,V$，$I = 0\,A$

1-15 $U_{S2} = 8.75\,V$

1-16 $U_1 = 3\,V$，$U_3 = 9\,V$，$U_4 = 12\,V$，$U_{ae} = 30\,V$

1-17 $U_a = 5\,V$

1-18 $U_a = 12\,V$，$U_b = 15\,V$

1-19 $I_1 = 6\,A$，$I_2 = 8\,A$，$I_3 = -2\,A$

1-20 $R = 17.5\,\Omega$，$U_a = 35\,V$

第 2 章

2-1 （a）8.2Ω；（b）12.5Ω；（c）2Ω

2-2 $U = 4\,V$

2-3 $I = 2.5\,A$，$U_{ab} = 7\,V$

2-4 $I = 1\,\text{A}$

2-5 $U_{ab} = 1\,\text{V}$

2-6 $I_1 = 3\,\text{A}$, $I_2 = 8\,\text{A}$, $I_3 = 11\,\text{A}$

2-7 $I_1 = -1\,\text{A}$, $I_2 = 1\,\text{A}$

2-8 $I_1 = 7\,\text{A}$, $I_2 = -11.5\,\text{A}$, $I_3 = 3.5\,\text{A}$, $I_4 = -1\,\text{A}$

2-9 $I_1 = 1\,\text{A}$, $I_2 = -1\,\text{A}$, $I_3 = 3\,\text{A}$

2-10 （a）$U_{OC} = 7\,\text{V}$, $R_0 = 6\,\Omega$；（b）$U_{OC} = 100\,\text{V}$, $R_0 = 15\,\Omega$

2-11 $I = 1\,\text{A}$

2-12 $U_2 = 0.2U_1$

2-13 （a）$I = 1.5\,\text{A}$；（b）$I = 2\,\text{A}$

2-14 $I = 4\,\text{A}$

2-15 $I = 2\,\text{A}$

2-16 $U_{ab} = 7\,\text{V}$

2-17 $I = 2\,\text{A}$

2-18 （1）$I_1 = 15\,\text{A}$, $I_2 = 10\,\text{A}$, $I_3 = 25\,\text{A}$；

   （2）$I_1 = 11\,\text{A}$, $I_2 = 16\,\text{A}$, $I_3 = 27\,\text{A}$

2-19 （a）$U_{OC} = 14\,\text{V}$, $R_0 = 2\,\Omega$

   （b）$U_{OC} = 60\,\text{V}$, $R_0 = 6\,\Omega$

   （c）$U_{OC} = 14\,\text{V}$, $R_0 = 10\,\Omega$

2-20 （a）$U_{OC} = 4\,\text{V}$, $R_0 = 8\,\Omega$；

   （b）$U_{OC} = 3\,\text{V}$, $R_0 = \dfrac{4}{3}\,\Omega$

2-21 $I = 1\,\text{A}$

2-22 $I = 0.25\,\text{A}$

2-23 $I = 0.5\,\text{A}$

2-24 $I_L = 2.2\,\text{A}$

2-26 （1）$U_5 = 0\,\text{V}$, $I_5 = 0\,\text{A}$；（2）$I_5 = 0.3\,\text{A}$

2-27 $I = -25\,\text{A}$

2-28 $I = 0.2\,\text{A}$

2-29 （a）$I_1 = -1.2\,\text{A}$, $I_2 = 4.8\,\text{A}$；（b）$I_1 = 0.5\,\text{A}$, $I_2 = 1\,\text{A}$

2-30 $I = 1.4\,\text{mA}$

2-31 $U_{OC} = 10\,\text{V}$, $I_{SC} = \dfrac{1}{150}\,\text{A}$, $R_0 = 1500\,\Omega$

2-32 $I = 1.5\,\text{mA}$, $U = 6\,\text{V}$

第 3 章

3-2　（1）$i = 10\sqrt{2}\sin(100\pi t + 45°)$ A；（2）$90°$，$10\sqrt{2}$ A

3-4　$A + B = 14.66 + j13$，$A - B = -2.66 + j3$，$AB = 100\underline{/83.1°}$，$A/B = 1\underline{/23.1°}$

3-7　$i_1 + i_2 = 12.8\sin(314t + 21.34°)$ A，$i_1 - i_2 = 12.8\sin(314t + 98.67°)$ A

3-8　$u_S = 1000\sqrt{2}\sin(10^6 t + 45°)$ V

3-9　$i = 0.707\sin(t + 45°)$ A，$u_C = 7.07\sin(t - 45°)$ V

3-10　$i = 20\sin(2t + 75°)$ A

3-11　5A，1A，7A

3-12　（a）7.07V；（b）7.07V

3-13　0.065H

3-14　（a）$2\sqrt{2}\ \underline{/-45°}\,\Omega$；（b）$\sqrt{2}\underline{/45°}\,\Omega$；（c）$2\sqrt{2}\ \underline{/-45°}\,\Omega$

3-15　（1）$i = 2\sin(10^3 t - 45°)$ A，$u_R = 20\sin(10^3 t - 45°)$ V，

　　　　$u_L = 40\sin(10^3 t + 45°)$ V，$u_C = 20\sin(10^3 t - 135°)$ V

　　　（2）$f = 112.6$ H，$i = 2\sqrt{2}\sin 707t$ A，$u_R = 20\sqrt{2}\sin 707t$ V，

　　　　$u_L = 40\sin(707t + 90°)$ V，$u_C = 40\sin(707t - 90°)$ V

3-16　$i = 0.25\sqrt{2}\sin(10^4 t + 45°)$ A，$i_R = 0.25\sin 10^4 t$ A，$i_L = 0.25\sin(10^4 t - 90°)$ A，

　　　$i_C = 0.5\sin(10^4 t + 90°)$ A

3-17　$\dot{I}_1 = 10\underline{/45°}$ A，$\dot{I}_2 = 10\sqrt{2}\ \underline{/90°}$ A，$\dot{I}_3 = 10\ \underline{/-45°}$ A，$\dot{U}_S = 100\ \underline{/-8.1°}$ V

3-18　$\dot{I}_1 = 0.5\sqrt{2}\underline{/45°}$ A，$\dot{I}_2 = 1\underline{/90°}$ A，$\dot{I}_3 = 0.5\sqrt{2}\ \underline{/-45°}$ A

3-19　$P = 880$ W，$Q = 660$ Var，$S = 1100$ VA，$Z = 44\underline{/36.9°}$

3-20　$r = 200\,\Omega$，$L = 3.12$ H

3-21　（1）$P = 2528$ W，$\lambda = 0.766$；（2）$C = 60\,\mu$F

3-22　$\lambda = \cos\varphi = 0.55$，$R = 6\,\Omega$，$X = 9.22\,\Omega$

3-23　756A

3-24　1100V

3-25　$R = 100\,\Omega$，$L = 0.573\,$H，$C = 17.6\,\mu$F

3-26　$X_C = 30\,\Omega$

3-27　（1）$R = 60\,\Omega$，$L = 16.5$ mH；（2）$Q = 2078$ Var，$S = 2400$ VA，$\lambda = 0.5$

3-28　（1）$i = 28\sqrt{2}\sin(\omega t - 26.6°)$ A，$i_1 = 12.5\sqrt{2}\sin(\omega t + 53.1°)$ A，

　　　　$i_2 = 25\sqrt{2}\sin(\omega t - 36.9°)$ A

3-29　$\dot{U} = 36\ \underline{/-171.9°}$ V，$P = 622.08$ W，$Q = -466.56$ Var，$S = 777.6$ VA，$\lambda = 0.8$

3-30 $\dot{I}_1 = 40 \underline{/-60°}\,\text{A}$, $\dot{I}_2 = 50 \underline{/-83.1°}\,\text{A}$,

$P = 4800\,\text{W}$, $Q = -3600\,\text{Var}$, $S = 6000\,\text{VA}$, $\lambda = 0.8$

3-31 $U_o/U_i = 0.999$, $\varphi = 0.46°$

3-32 $\omega_0 = 10^4\,\text{rad/s}$, $I = 2\,\text{A}$, $U_L = 8000\,\text{V}$, $Q = 160$

3-33 $L = 19\,\text{mH}$, $C = 0.053\,\mu\text{F}$

3-34 $f_0 = 199\,\text{Hz}$, $Q = 40$, $Z_0 = 3200\,\Omega$, $I_1 = I_C = 2.75\,\text{A}$, $\dot{I} = 69\,\text{mA}$

第 4 章

4-1 $\dot{U}_A = 220 \underline{/90°}\,\text{V}$, $\dot{U}_B = 220 \underline{/-30°}\,\text{V}$

4-2 $\dot{U}_A = 220 \underline{/120°}\,\text{V}$, $\dot{U}_C = 220 \underline{/-120°}\,\text{V}$,

$\dot{U}_{AB} = 380 \underline{/150°}\,\text{V}$, $\dot{U}_{BC} = 380 \underline{/30°}\,\text{V}$, $\dot{U}_{CA} = 380 \underline{/-90°}\,\text{V}$

4-5 $U_p = 220\,\text{V}$, $I_p = I_l = 22\,\text{A}$

4-6 $U_p = U_l = 220\,\text{V}$, $I_p = 22\,\text{A}$, $I_l = 38\,\text{A}$

4-8 （1）$\dot{I}_a = 11 \underline{/0°}\,\text{A}$, $\dot{I}_b = 11 \underline{/-120°}\,\text{A}$, $\dot{I}_c = 11 \underline{/120°}\,\text{A}$, $\dot{I}_N = 0\,\text{A}$

（2）$\dot{I}_a = 11 \underline{/0°}\,\text{A}$, $\dot{I}_b = 11 \underline{/-120°}\,\text{A}$, $\dot{I}_c = 11 \underline{/90°}\,\text{A}$, $\dot{I}_N = 5.7 \underline{/15°}\,\text{A}$

4-9 $I_p = 44\,\text{A}$, $I_l = 44\,\text{A}$, $I_N = 0$

4-10 $I_l = 4.18\,\text{A}$, 星形连接：$I_p = 4.18\,\text{A}$；三角形连接：$I_p = 2.42\,\text{A}$

4-11 $Z = 61.6 + \text{j}46.2\,\Omega$

4-12 星形连接：$P = 8687\,\text{W}$；三角形连接：$P = 26060\,\text{W}$

4-13 $I_p = I_l = 22\,\text{A}$, $P = 14480\,\text{W}$

4-14 $I_p = 38\,\text{A}$, $I_l = 66\,\text{A}$, $P = 43440\,\text{W}$；过载损坏

第 5 章

5-1 $u_C(0_+) = 4\,\text{V}$, $i_1(0_+) = 1\,\text{A}$, $i_C(0_+) = 1\,\text{A}$, $i_2(0_+) = 0\,\text{A}$

5-2 $u_L(0_+) = 3\,\text{V}$, $i_L(0_+) = 3\,\text{A}$, $i_1(0_+) = 1.5\,\text{A}$, $i_2(0_+) = 1.5\,\text{A}$

5-3 $u_C(0_+) = 6\,\text{V}$, $u_L(0_+) = 6\,\text{V}$, $i_L(0_+) = 0\,\text{A}$, $i_C(0_+) = 0\,\text{A}$, $i(0_+) = 0\,\text{A}$

5-4 $u_C(0_+) = 0\,\text{V}$, $u_L(0_+) = 0\,\text{V}$, $i_L(0_+) = 3\,\text{A}$, $i_C(0_+) = 0\,\text{A}$, $i(0_+) = 3\,\text{A}$

5-5 （1）$U_S = 0.6\,\text{V}$, $R_0 = 500\,\Omega$；（2）$\tau = 1\,\text{ms}$；（3）$10^{-3}\dfrac{\text{d}u_C}{\text{d}t} + u_C = 0.6$

5-6 （1）$U_S = 4\,\text{V}$, $R_0 = 100\,\Omega$；（2）$\tau = 10\,\text{ms}$；（3）$0.01\dfrac{\text{d}i_L}{\text{d}t} + i_L = 0.04$

5-7 $u_C = 2(1 + \text{e}^{-t})\,\text{V}$, $i_C = -2\text{e}^{-t}\,\text{A}$

5-8　　$i_L = 1 - e^{-5t} \, A$，　$u_L = 5e^{-5t} \, V$

5-9　　4s；10s

5-10　0.25s；0.1s

5-11　$u_C = 4(1 + e^{-4000t}) \, V$

5-12　$u_C = 4(1 - e^{-2000t}) \, V$

5-13　$u_C = 20e^{-1000t} \, V$

5-14　$u_C = 4(1 + e^{-0.25t}) \, V$

5-15　$i_L = 1 - e^{-1.5t} \, A$，　$u_L = 1.5e^{-1.5t} \, V$

5-16　$i_L = 2 + 8e^{-\frac{4}{3}t} \, A$，　$u_L = -\dfrac{24}{3} e^{-\frac{4}{3}t} \, V$

5-17　$u_C = 45\left(1 - e^{-\frac{2000}{9}t}\right) V$，　$i_C = 30e^{-\frac{2000}{9}t} \, mA$，

　　　　$i_1 = 7.5 + 22.5e^{-\frac{2000}{9}t} \, mA$，　$i_2 = 7.5\left(1 - e^{-\frac{2000}{9}t}\right) mA$

5-18　$i_L = 5 - 3e^{-2t} \, A$，　$u_L = 6e^{-2t} \, V$，　$i_1 = 2 - e^{-2t} \, A$，　$i_2 = 3 - 2e^{-2t} \, A$

5-19　$u_C = 2 + 3e^{-0.5t} \, V$

5-20　$i_L = 1 - 2e^{-\frac{4}{3}t} \, A$

第 6 章

6-2　　33 盏；$I_1 = 2.25 \, A$，　$I_2 = 13.75 \, A$

6-3　　$k = 10$，　$P = 0.78 \, W$

6-4　　$k = 7.1$，　$U_1 = 5 \, V$，　$I_1 = 12.5 \, mA$，　$U_2 = 0.71 \, V$，　$I_2 = 88.7 \, mA$，　$P = 62.5 \, mV$

6-5　　（1）$N_1 = 1000$，　$N_2 = 164$；　　（2）$I_1 = 0.197 \, A$，　$I_2 = 1.2 \, A$

6-6　　（1）$U_2 = 36 \, V$，　$U_3 = 24 \, V$；　　（2）$I_1 = 1.69 \, A$，　$I_2 = 5 \, A$，　$I_3 = 8 \, A$

　　　　（3）$R'_L = 130 \, \Omega$

6-8　　Y, y 接法时，　$U_l = 230 \, V$，　$U_p = 133 \, V$

　　　　Y, d 接法时，　$U_l = 133 \, V$，　$U_p = 133 \, V$

6-9　　10；$10\sqrt{3}$；10；$\dfrac{10}{\sqrt{3}}$

6-10　（1）$I_{1N} = 5.77 \, A$；$I_{2N} = 144.3 \, A$；（2）1000 盏；（3）500 盏

6-11　500 匝，$I_1 = 22.7 \, A$，　$I_2 = 20 \, A$

6-13　（1）280A；（2）4.375A

第 7 章

7-4　$p = 2$，转速为 0 时 $s = 1$，转速为 1440 r/min 时 $s = 0.04$

7-5　$p = 3$

7-6　$s_N = 0.04$，$f_2 = 2\text{ Hz}$

7-15　（1）$s_N = 0.04$，$I_N = 11.6\text{ A}$，$T_N = 36.5\text{ N}\cdot\text{m}$

　　　（2）$I_{st} = 81.2\text{ A}$，$T_{max} = 80.2\text{N}\cdot\text{m}$，$T_{st} = 80.2\text{N}\cdot\text{m}$，$P_1 = 6.43\text{ kW}$

7-18　（1）$T_N = 131.3\text{ N}\cdot\text{m}$，$\cos\varphi_N = 0.89$

　　　（2）$I_{Yst} = 106.7\text{ A}$，$T_{Yst} = 56.9\text{N}\cdot\text{m}$

7-19　（1）△连接，$I_N = 10.4\text{ A}$，$I_{st} = 72.8\text{ A}$，$T_N = 9.7\text{N}\cdot\text{m}$，$T_{st} = 14.5\text{N}\cdot\text{m}$，

　　　$T_{max} = 21.3\text{N}\cdot\text{m}$

　　　（2）Y 连接，$I_N = 6.0\text{ A}$，$I_{st} = 42.2\text{ A}$，$T_N = 9.7\text{N}\cdot\text{m}$，$T_{st} = 14.5\text{N}\cdot\text{m}$，

　　　$T_{max} = 21.3\text{N}\cdot\text{m}$

7-20　$\lambda = 2$

第 8 章

8-11

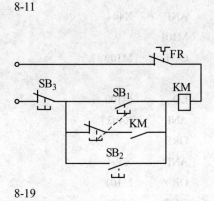

8-12

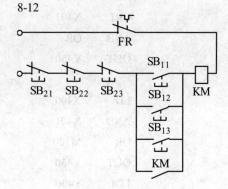

8-19

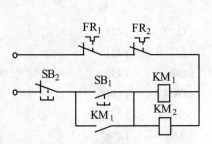

8-22

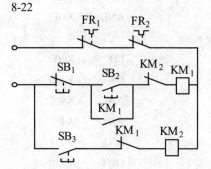

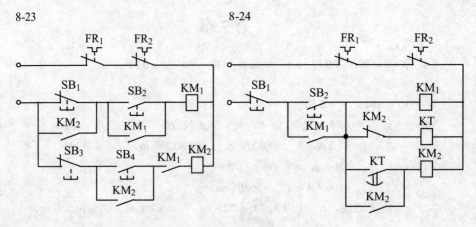

8-23   8-24

第 9 章

9-4

LD	X400	LDI	Y430
OR	M100	AND	X402
LD	X401	OR	M100
ORI	X403	ANI	X404
ANB	OR	M101	
OUT	Y430	OUT	M100

9-5

LD	X400	LD	M100
AND	X401	ANI	X403
OR	M100	ORB	
OUT	Y430	ANI	X404
LDI	Y430	OR	M101
AND	X402	OUT	M100

9-6

LD	X400	OUT	Y431
OR	Y430	LD	Y431
ANI	X402	OR	Y430
ANI	X401	OUT	T450
ANI	Y431	K	2
OUT	Y430	ANI	T450

LD	X401	ANI	Y433
OR	Y431	OUT	Y432
ANI	X402	LD	T450
ANI	X400	ANI	Y432
ANI	Y430	OUT	Y433

9-7

LD	X402	RST	C460
OR	M200	LD	T450
ANI	T450	OUT	C460
OUT	M200	K	19
LD	M200	LD	T450
ANI	M100	PLS	M100
OUT	T450	LD	C460
K	40	OUT	Y430
LD	M107		

9-8

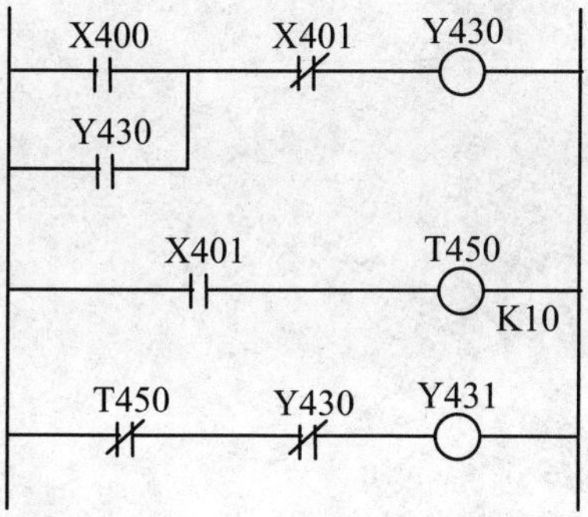

9-9

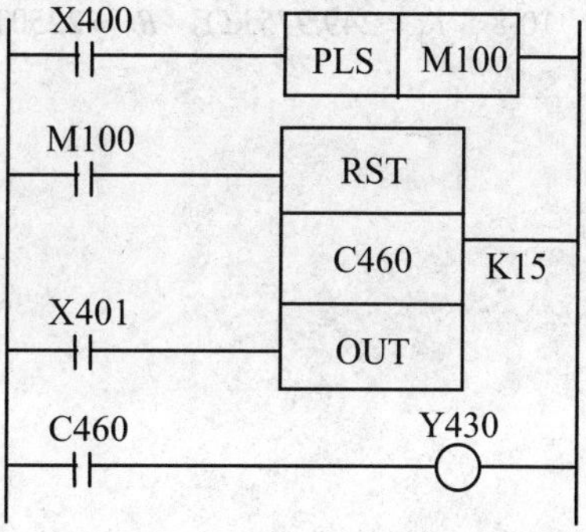

9-10

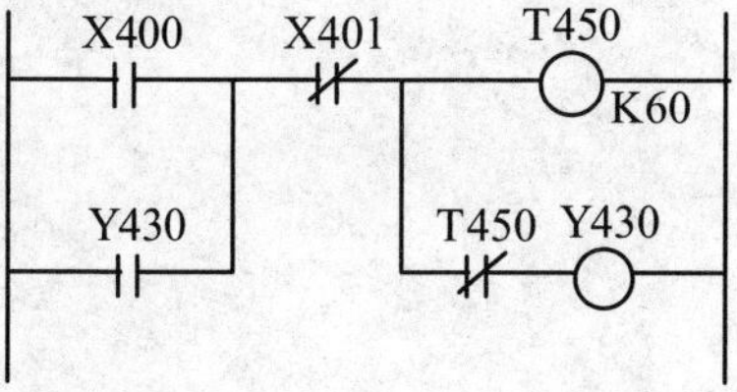

9-11

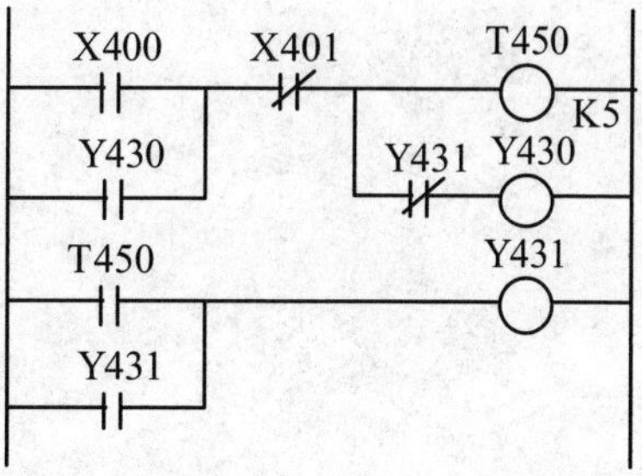

9-12

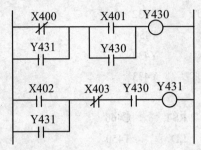

第 10 章

10-4　（1）1V，0.5%；（2）0.5 级

10-5　5%；2.5%

10-6　电流量程为 0.5A 时：0.125W/div，0.25W/div，0.5W/div，1W/div；

　　　电流量程为 1A 时：0.25W/div，0.5W/div，1W/div，2W/div；

10-7　$R_1 = 0.01\,\Omega$，$R_2 = 0.09\,\Omega$

10-8　$R_1 = 249.975\,\mathrm{k\Omega}$，$R_2 = 2250\,\mathrm{k\Omega}$

参考文献

[1] 秦曾煌主编. 电工学（上册）. 第 5 版. 北京：高等教育出版社，1999.

[2] 陈宗穆主编. 电工技术. 第 2 版. 长沙：湖南科学技术出版社，2001.

[3] 李中发主编. 电工电子技术基础. 北京：中国水利水电出版社，2003.

[4] 李中发. 电工技术基础. 北京：中国水利水电出版社，2004.

[5] 李中发主编. 电子技术基础. 北京：中国水利水电出版社，2004.

[6] 陈远龄主编. 机床电气自动控制. 第 2 版. 重庆：重庆大学出版社，1995.

[7] 王鸿明编. 电工技术与电子技术（上册）. 北京：清华大学出版社，1990.

[8] 陈景谦主编. 电工技术. 北京：机械工业出版社，2001.

[9] 田华荣，李中发主编. 计算机课程上机操作与实验指导大全. 北京：气象出版社，1995.

[10] 符磊，王久华主编. 电工技术与电子技术基础. 北京：清华大学出版社，1997.

[11] 丁承浩主编. 电工学. 北京：机械工业出版社，1999.

[12] 姚海彬主编. 电工技术（电工学Ⅰ）. 北京：高等教育出版社，1999.

[13] 林平勇，高嵩主编. 电工电子技术. 北京：高等教育出版社，2000.

[14] 徐淑华，宫淑贞，卢明珍等编著. 电工技术（电工学Ⅰ）. 东营：石油大学出版社，1999.

[15] 罗守信主编. 电工学（上册）. 第 3 版. 北京：高等教育出版社，1993.

[16] 刘守义，张永权主编. 应用电路分析. 修订版. 西安：西安电子科技大学出版社，2001.

[17] 李瀚荪主编. 简明电路分析基础. 北京：高等教育出版社，2002.